棚田の水環境史

Environmental History of Water in Terrace Paddy Fields

琵琶湖辺にみる
開発・災害・保全の
1200年

山本早苗

昭和堂

棚田の水環境史
琵琶湖辺にみる開発・災害・保全の1200年

はじめに

　20世紀から21世紀にかけて，国内外では相次ぐ災渦に見舞われた。1995年阪神淡路大震災による甚大な被害を受け，2004（平成16）年には，新潟県中越地震が起こり，山古志村を中心に生存・生活基盤が一瞬のうちに破壊されてしまった。伊勢湾台風（1959（昭和34）年）から半世紀弱が過ぎ，室戸台風（1934（昭和9）年）から70年という節目を迎えた年でもあった。そして，本書は，2011（平成23）年の東日本大震災・福島原発事故後，なかなか思うように進まない被災地の復興と地域再生への焦りという状況を前にして書き進めてきた。

　近年，ローカルな災害の知恵をとりまとめる動きが全国各地で展開している。筆者が育った近江（滋賀県）の琵琶湖辺も，昔から水害常襲地帯で，大湿田が一帯に広がっていた。天災にはかなわないが，人びとが経験してきた水の禍をみてゆくと，かならずしも天災でないことにすぐ気がつくだろう。

　高度経済成長期以降，それまで人が住まなかったような河川沿いの水害地帯まで都市開発や住宅開発が全国的におし進められた。いつ災害に遭うかわからない危険な場所に，新たに人が住むようになった結果，それまでの安全基準は高められ，一気に効率的に水を流し去るために，三面コンクリートで河川を覆う治水方法へと河川政策は転換されていった。ちょうど人と自然とのかかわりと距離が遠いものへと転換してゆく過程でもあった。

　時を同じくして，琵琶湖辺コミュニティでは，1970年代以降，国土計画のローカル版である琵琶湖総合開発計画を契機に，人びとと水とのかかわりが大きく転換しはじめる。棚田や里山では，都市住宅公団の住宅開発による「郊外」の誕生を経験するとともに，これまで「遅れて」いたとされる中山間地域における農業の近代化を推し進める「土地改良事業（ほ場整備事業）」という公共事業をめぐって，むらが大きく揺れ動いていた。

筆者が，中世・平安時代からつづく湖辺コミュニティに通うようになった頃，地域の人びとが選び取ることのできる選択肢はそれほど開かれていたわけではなかった。自分たちが本当に望んでいるものなのかどうかもわからないまま，それでもなにかを選んだり決定したりしていかなければならない状況において，さまざまな利害やしがらみが絡み合った関係のなかで，人びとは懸命にむらの行く末を選び取ろうとしていた。

　しかしながら，開発が進められてゆくと同時に，放置や放棄というアンダーユースにともなう問題も顕在化しつつある。近年，先祖代々，受け継いできた山や田んぼをみずから捨てる人びと，捨てざるをえない人びとが増えてゆくにともなって，放棄された棚田地域では管理がゆき届かず崩れやすくなった土手が現れている。ほ場整備を終えた棚田では，新たに作られた大きな土手が現れ，こうしたところで地すべりが起これば，想像を超える被害がもたらされるだろう。

　湖辺コミュニティが，土地改良事業をはじめとする公共事業を積極的に受け入れてゆく過程に立ち会い，先祖からの土地に対する苦労や申し訳なさ，やりきれなさを感じながらも棚田からしだいに離れてゆく人びとに出会い語りを聴くなかで「なぜ，人びとはこのような厳しい環境に住まいつづけなければいけないのだろうか」「どうして人びとは棚田を拓きつづけるのだろうか」「むらとは何か」「むらで生きるとはどういうことか」という問いに対する自分なりの応答を試みたいと感じるようになった。

　伝統的なものを残しながらも，大きな転換期を迎えて，むらの次の一歩をどのように踏み出すべきかとまどう地域の人びとの暮らしや生きざまを，生活実感のある土地の言葉を手がかりに考えてみたい。本書を貫いている一本の水脈にあるこうした思いは，自分の生きてきた場所とこれから暮らしつづける場所の履歴を，みずからの生活実感のある言葉で問い直す試みのはじまりである。

目　次

はじめに —————————————————————————— ii

第1章　開拓と開発の水環境史
1-1　水環境問題をめぐるグローバル化とローカリティ ——— 3
1-2　環境問題における自然の再コード化 ———————— 6
1-3　湖辺コミュニティをめぐる開発空間の生成 —————— 9
1-4　方法としての水環境史 ———————————— 13
1-5　本書の構成 ——————————————— 16

第2章　棚田における水利組織の構成原理と領域保全
2-1　マージナルな棚田空間 ———————————— 23
2-2　水利研究の転換——農業用水から地域用水へ ———— 27
2-3　仰木村の歴史・なりわい・暮らし ————————— 30
　　2-3-1　仰木村の成り立ち ———————————— 30
　　2-3-2　仰木村のなりわいと暮らし ———————— 38
2-4　井堰親制度というしかけ ———————————— 48
　　2-4-1　井堰の分布 ——————————————— 48
　　2-4-2　井堰灌漑のパターン ——————————— 50
2-5　下流集落の水利用 ——————————————— 53
　　2-5-1　川端井堰の夫役 ————————————— 53
　　2-5-2　番水制と井堰料 ————————————— 56
2-6　上流集落の水利用 ——————————————— 57
　　2-6-1　高野井堰の水利用 ———————————— 57

iv

        2-6-2　井堰間の共同利用 ———————————— 60
        2-6-3　高野井堰と八王寺井堰における番水制 ———— 61
　　2-7　「オヤコ」関係と井堰がかりの境界・領域 ———— 63
        2-7-1　井堰がかりの「オヤコ」関係 ——————— 63
        2-7-2　水の領域と山の領域のゆらぎ ——————— 66
　　2-8　「小さな」水利組織の共同性を支える論理と領域保全 — 68

第3章　棚田の開発／保全をめぐるポリティクス

　　3-1　コモンズと地域コミュニティ ———————————— 85
　　3-2　棚田開発の歴史 ———————————————— 88
        3-2-1　棚田開発をめぐる農業政策と水利制度の変遷 ——— 88
        3-2-2　仰木地区における土地改良事業第一期 ———— 94
        3-2-3　仰木地区における土地改良事業第二期 ———— 98
　　3-3　土地改良事業による水利組織の変化 ———————— 101
        3-3-1　土地改良区と井堰組織 ————————— 101
        3-3-2　井堰組織による管理の変化──水の「平常」時と「非常」時 — 102
　　3-4　「土地」と「水」利用の線引きをめぐる駆け引き ——— 105
        3-4-1　「土地」の境界と「水」の境界 ——————— 105
        3-4-2　10%の自己負担と発言権 ————————— 106
        3-4-3　小規模水利をめぐるポリティクス
　　　　　　　　　──境界の設定と意味の生成 ————— 108
　　3-5　コモンズ複合のポリティクス ———————————— 111
        3-5-1　土地改良事業をめぐるポリティクス ————— 111
        3-5-2　資源の変動性と存続性 ————————— 115

第4章　文化遺産化する棚田——物語装置としての自然

- 4-1　災害を逆手にとる棚田の知恵 ——— 127
- 4-2　自然の文化遺産化 ——— 128
- 4-3　地元の戸惑いと反発 ——— 130
  - 4-3-1　創造された里山への憧憬 ——— 130
  - 4-3-2　土地の言葉の転化——保全の対象としての里山 ——— 132
  - 4-3-3　物語化する装置としての里山 ——— 134
- 4-4　地元の選択と挑戦 ——— 136
  - 4-4-1　あきらめの連鎖と棚田保全の制度化 ——— 136
  - 4-4-2　観光化と女性の負担 ——— 140
  - 4-4-3　米農家としての誇り ——— 142
- 4-5　里山に集う人びとの結い直し ——— 144
  - 4-5-1　棚田復元の挑戦と里山保全活動の展開 ——— 144
  - 4-5-2　地元と都市住民の協働 ——— 149
  - 4-5-3　新たな依存と活動の転機 ——— 152
- 4-6　物語化する装置としての自然 ——— 154

第5章　開発と災害の環境史

- 5-1　開発と災害にむきあうローカルな心性 ——— 163
  - 5-1-1　格差を埋め合わせるしかけ ——— 163
  - 5-1-2　「カミ」と「シモ」のちがい ——— 166
  - 5-1-3　反転する資源の意味 ——— 170
  - 5-1-4　「賭け」の要素と「秘密」の空間 ——— 175
- 5-2　開発と災害の政治化 ——— 181
  - 5-2-1　風景に埋め込まれた政治 ——— 181
  - 5-2-2　水の商品化と景観の政治化 ——— 183
- 5-3　東アジアの水環境史にむけて ——— 186

補論　子ども水環境カルテ

1　井戸を媒介する水脈と人脈 ———————————— 195
2　「カミ」と「シモ」の伏流水利用 ———————————— 198
3　井戸水と女性の暮らし ———————————— 206
4　井戸のカミサンと水車の風景 ———————————— 211
5　「イケ」を媒介にしてつながる関係性 ———————————— 214

初出一覧 ———————————————————————— 219
謝辞 —————————————————————————— 221
参考資料 ———————————————————————— 225
 1　仰木村絵図 ———————————————————— 227
 2　仰木の出来事史・略年表 ————————————— 228
 3　本籍人口と現住人口 ———————————————— 232
 4　植田井堰社寺所有田面積 ————————————— 233
 5　仰木村の神社 ——————————————————— 233
 6　仰木村の寺院 ——————————————————— 234
 7　仰木全図 ————————————————————— 235
 8　井堰がかり田と天水田の分布（上仰木, 辻ヶ下） ——— 236
 9　井堰がかり田と天水田の分布（平尾, 下仰木） ——— 237
 10　開拓および近代的土地改良の展開 ————————— 238
 11　辻ヶ下の井戸分布調査結果 ————————————— 248
 12　下仰木の井戸分布調査結果 ————————————— 249
 13　辻ヶ下・下仰木の井戸たんけん調査シート ————— 250
 14　川端井堰に関する慣行 ——————————————— 252
 15　河川法処分旧慣ニ依リ河川ヨリ引水ヲ為スモノノ整理ノ件
  ———————————————————————————— 253
 16　下仰木の慣行水利権一覧 —————————————— 256
 17　仰木の井堰親制度と天水田 ————————————— 257

目次　vii

18	水害による井堰復旧事業	258
19	井堰親・宮座に関する文書目録	260
20	高野井堰と八王寺井堰の水がかり	262
21	仰木・宮座関係資料，その他	263
22	滋賀県行政文書目録（仰木の河川・ため池関係）	264

参考文献 ──────────────── 265
索　　引 ──────────────── 277

第1章
開拓と開発の水環境史

1-1　水環境問題をめぐるグローバル化とローカリティ

　現代社会において，水環境問題はかつてないスピードと深度でグローバル化するとともに，ローカルな生存や生活のあり方を大きく規定している。いまや20世紀が「石油戦争」の時代だとすると，21世紀は「水戦争」の時代になるとさえ語られるようになった（バーロウ 2003）。資源をめぐる争いは，たんに資源をいかに平等かつ公正に配分するかという問題にとどまらない。資源のもつ意味そのものが大きく変化し，持続可能な社会を形成するためのグローバル／ローカルな規範を問い直してゆく過程でもある。

　資源の開発や利用をめぐる競争と資源の商品化がグローバルに展開するなか「圧縮された近代化」（Chang 1999）と呼ばれる東アジア的近代において，近代化がもたらした社会的矛盾や構造的差別は，開発／環境問題に典型的に表れてきた。開発／環境問題をめぐって「圧縮された」近代の再帰性がどのように立ち現れているのかを問い直すことは，これまで欧米の経験をもとに組み立てられてきた近代化論や資源管理理論（コモンズ論）を相対化して，東アジアの経験に基づいた理論形成を目指す試みでもある。しかも，これは東西における近代化の差異という地平にとどまるものではない。「圧縮された」近代という場合，そこにはなお東アジアのなかにおける巨大な差異，日本と韓国・中国との差異が存在しており，日本の近代化は西欧とも，韓国・中国とも等間隔に100年離れている（ベック他編 2011：228）。この圧縮の量的な差が，いかなる質的な差をもたらしているのかが次に問われるべき課題となる。

　圧縮された近代を代表する日本の戦後開発をふりかえってみると，大きく3つの段階に分けることができる。①電源開発を主体とする資源開発型の「資源開発期」，②太平洋ベルトを中心とする製鉄所や石油コンビナートの建設を行った「工業立地期」，③工業化を達成した地域と工業化に取り残された地域との格差是正を目的とした「地域開発期」である[*1]（町村編 2006）。

　日本において，水環境問題は，ながらく治水問題とされてきたが，①では水

力発電などのダム開発を主とする水資源開発が重要なイッシューとなり，②では戦後最大の水環境汚染と甚大な被害をもたらした水俣病をはじめとする公害問題があげられる。1950年代以降の高度経済成長を背景に，世界に先駆けて大規模な公害問題が引き起こされ，現在にいたるもまだ解決されていない。その後，ダム開発など大規模開発をめぐる水環境問題では「利水」が中心的争点となり，1960年代以降の全国総合開発では地域指向型となった。とりわけ1970年代以降，工業化と都市化にともなう生活の場と密接にリンクした水環境問題が生成され，これが戦後開発の第三期にあたる。さらに，水環境問題の対象は拡大しつづけ，生活環境問題が生成されるとともに，グローバルな水市場の形成により，グローバルな水環境問題とローカルな水環境問題との相互作用へと展開していった。

農山村においても，水資源開発や全国総合開発計画などの国家開発の波と無関係でありつづけることはできず，1987（昭和62）年に制定された総合保養地域整備法（リゾート法）により，過疎地の開発やレジャー産業の隆盛に拍車がかかり，中山間地域問題が顕在化した（松村編 1997）。その後，1998（平成10）年に「21世紀の国土のグランドデザイン」が制定され，2005（平成17）年には人口減少や高齢化，地域の活力低下を背景に，それまでの国土総合開発法から「国土形成計画法」へと転換がはかられていった（図1-1）。

本書の目的は，戦後の開発や災害に対してローカルな水利用のしくみが変化してゆく過程を問い直し，その過程で資源利用の権利をめぐる社会的承認の工夫を明らかにすることである。災害常襲地帯であり，近代化の波からこぼれ落ちてきた棚田地域では，何世代にもわたって災害を受容する生活文化を形成し，社会的弱者に対する独自のセーフティネットを編み出してきた。ときに積極的に，ときに飲み込まれるように近代化を選び取ってきた人びと（生活者）と，その過程で変貌するコミュニティの姿（生活文化）をとらえながら，棚田と人びととのかかわりが，どのように変化してきたのか，そしてどのように組み直されようとしているのかを明らかにする。本書では，これらを明らかにすることをつうじて，現代の農村社会を取り巻く問題へのアプローチと問題解決

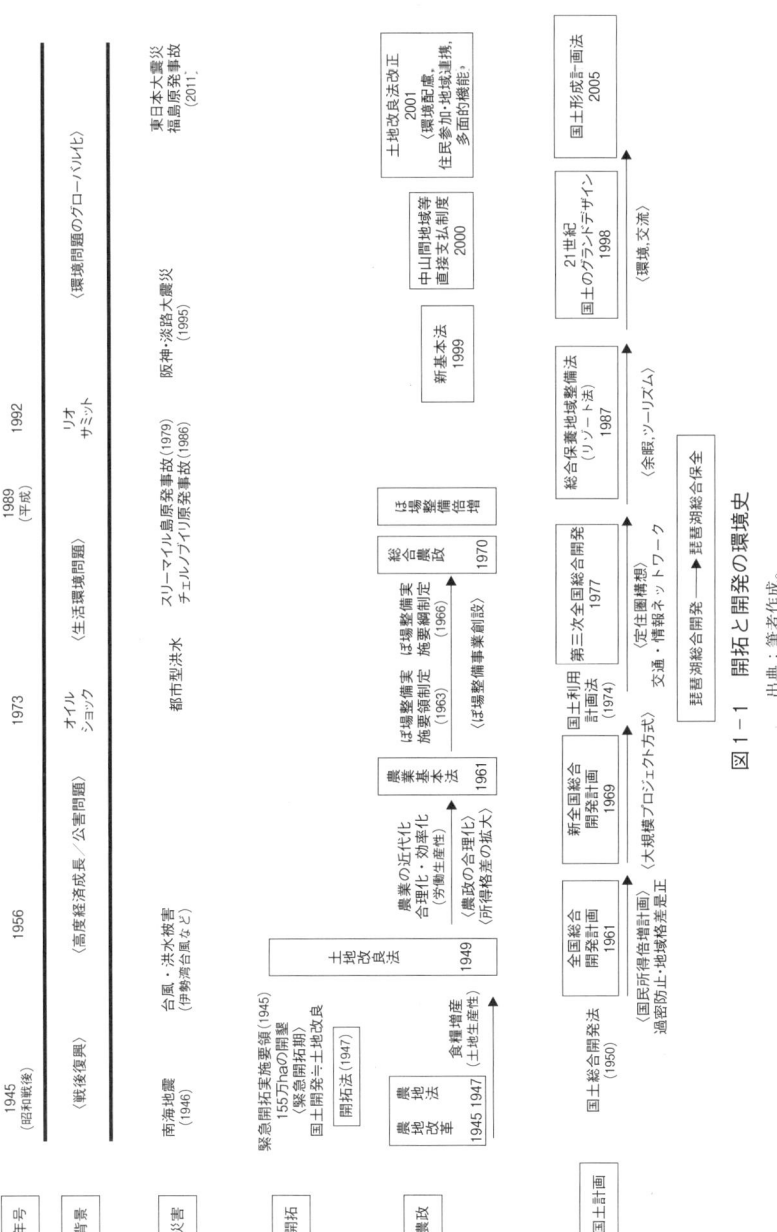

図1-1 開拓と開発の環境史

出典：筆者作成。

にむけた処方箋を提示したい。これまで試みられてきたカンフル剤としての地域活性化ではなく，コミュニティ再生（地域再生）へとつながる中長期的な社会設計のあり方を展望する。

1-2　環境問題における自然の再コード化

　里山や棚田は，地域づくりの場として，子どもの環境教育の場として，さらにはセカンドライフを満喫する場として，世代を問わず根強い人気をたもっており，里山ブームと呼ばれる社会現象を巻き起こした。こうした里山に対する憧憬は，過去に喪失したものや実際に存在したことのないものへの郷愁というノスタルジーにもとづくものであるが，里山には人と自然との望ましいかかわり方への願望が織り込まれているからこそ，多くの人が惹きつけられるのだろう。

　里山や棚田は，多様な状況定義を可能にしているため社会的合意を形成することは困難で，それぞれの歴史的・社会的・文化的・政治的文脈に応じて意味づけられてきた自然である。近年のメディアでは，身体化されたローカルな里山の範囲をこえて，里山や棚田をめぐる表象があふれ返るほど生み出されてきた。里山や棚田は，ときに日本の原風景というナショナル・アイデンティティと結びつけて語られ，生物多様性の宝庫を育んできたローカルな生活知の再発見として称揚され，文化遺産に認定されることでグローバルに消費されてきた。ローカルな里山の姿は，日常的利用とつながったリアリティに支えられた非常に多様な自然であるにもかかわらず，現在の里山空間は，生物多様性や環境保全，持続可能な資源利用という意味づけのもとで再発見されている。

　近年のように身近な自然に人の手が加わらなくなり，生業や生活から里山や棚田が切り離されていった時，里山や棚田という自然のあり方，さらに人と里山／棚田とのかかわりのあり方も変化してゆく。現代の里山／棚田を取り巻く状況は，いったん人の手が遠ざかって放置された自然をふたたび利用したり，

再生・復元したりすることの意味を問い直す過程でもある。こうした自然の再コード化をつうじて，環境に対する認識のあり方が問い直されている。

　環境は，五感など身体地図をつうじて知覚される環境と，メディアを媒介として頭のなかでヴァーチャルに構築される脳内環境に分けられる（関他 2009）。里山や棚田を五感の延長上にとらえるなら身体環境だが，生物多様性を育む持続可能な社会あるいは日本の原風景として里山を想像してシンボル化する「まなざし」やイメージは，頭のなかでヴァーチャルに構築された脳内環境としての里山／棚田像である。価値観が多様化した現代社会において，里山／棚田は，人びとが「望ましい自然」を共有するためのシンボルであるとともに，里山／棚田＝日本の原風景というステレオタイプ化をつうじて，人びとに里山的自然を欲望させる。環境問題の語られ方が変化するプロセスで，人びとが積極的に自然に介入すること，さらに自然の構成要素を組み換えてパッケージ化する過程がどのように進行していったのかを見てみよう。

　これまで里山研究は，造園学（ランドスケープ研究）や生態学を中心に展開され，里に近いところに育ったクヌギやコナラなどの雑木林だけでなく，人びとが暮らす集落，水田（農地），ため池や水路などの水系をあわせたパッケージ化された自然として把握されてきた（深町・佐久間 1998，武内他編 2001）。とりわけ里山が稲作農業とつながっていることが，持続的な資源利用や生物多様性という観点から再評価されてきた。これら里山や棚田がはたす水源涵養などの機能は，生態系サービス[*2]として理解することもできる（佐藤 2009：26）。

　これらの機能主義的アプローチに対して，民俗学の四手井綱英による里山文化の発掘をはじめ，里山における人と自然とのかかわりのあり方そのものを問い直すという立場は「文化としての自然」というアプローチへと接合される。野生か栽培かという二分法で自然をとらえるのではなく「栽培化の中途段階，生育・生息環境（ハビタット）の改変，人間の認知の改変の３つのレベルを含む，人間と自然との間の多様な相互関係のこと」を意味する「半栽培」という存在として里山をとらえることで，野生と栽培あるいは原生自然と人為的自然（二次的自然）とを対置して理解する二分法を相対化することが可能になる（宮

内 2009：17-18）。

　このように自然をとらえなおすと，全国で展開している里山保全や棚田保全など身近でローカルな自然の再評価の動きは，脳内環境としての里山イメージや棚田イメージを身体環境へと接合する試みとしてとらえ直すことも可能になる。里山や棚田における人と自然とのかかわり方は，大きく3つに分けてとらえることができる。ひとつめは「認識」としての里山／棚田である。里山／棚田をだれが，どのように「まなざす」のかというポジショナリティの問題であり，どのような里山／棚田を望ましいと考え，再構成された里山／棚田像をいかに共有してゆくのかという正当性／正統性をめぐる問題へと接合される。つぎに「社会設計」としての里山／棚田である。里山／棚田をどのようにゾーニングして，その利用のあり方をいかにデザインするかという問題を中心にしながら，地域社会の新たな経営モデルを志向する。これらはいずれも手段として，あるいは効用として里山や棚田を理解するものである。これらに対して，3つめは「美」としての里山／棚田というアプローチがあげられる。ここでは，里山や棚田を生活の場とする人びとの生きがいや，里山や棚田を媒介にして得られる生の充足と歓び，そこで育まれる感性が含まれる。

　都市開発や住宅開発，郊外の大学建設にともない，里山が開発されていったが，棚田地域でも別の形での開発（開拓化）が進んでいた。棚田地域では，1980年代以降，土地改良事業（ほ場整備事業）をつうじて，畦畔の崩壊をふせぐために巨大な土手を造成してきた。その結果，多くの耕作放棄された棚田では，いったん地盤がゆるめば以前とはくらべものにならないほど大規模な災害が引き起こされるリスクを抱えている。棚田の放棄・放置は，個人の意思決定やコミュニティの合意でなされているにもかかわらず，地域住民の生存・生活基盤を破壊するリスクを急速に高めている。さらに流域規模で考えると，郊外の棚田の下流部は都市部であることが多いため，棚田地域の災害リスクの増大は，下流域の住民や都市住民の生存・生活基盤に対するリスクをも同時に高めていることになる。環境問題における自然の再コード化は，たんにエコ，癒しというイメージやノスタルジーという機能あるいは日本の原風景や国民アイデ

ンティティというシンボル化にとどまらず，人の生命や安全と直結するリスクをいかに受容するのかという問題とも密接につながっているのである。

1-3　湖辺コミュニティをめぐる開発空間の生成

　本書が調査対象とする滋賀県西部の湖辺コミュニティは「郊外」農村であるがゆえに，戦後の開発プロジェクトや近年の環境認識の転換という変化をたえず受けつづけてきた地域のひとつである。湖辺をめぐる開発のプロセスは，大きく3つに分けられる。まず，高速道路や鉄道など交通網などインフラの発達による開発である。なかでも1970年代にJRのローカル線開通が地域にもたらした変化は，とりわけ大きかった。2つめは，交通網が整備されたことにより，大都市の通勤・通学圏と広く認識され住宅開発が推し進められた結果，湖辺地域はベッドタウン化し「郊外」が誕生したことである。1980年代に入ると，京都や大阪など，京阪神圏に通勤・通学する人びとのベッドタウンとして琵琶湖辺の都市開発が本格的に進められた。都市部から30分～1時間以内に位置するにもかかわらず，自然環境が豊かであることも，人びとを惹きつける魅力であった。かつて里山として利用されていた丘陵地帯には高級住宅街が形成され，鉄道沿線の水田地帯には一戸建てのマイホームを買い求める人びとむけの住宅地が造成されていった。1980年代に入ると，山村部での開発投資も展開し，スキー場やゴルフ場を典型とした中山間地のリゾート開発が本格的に展開しはじめる。とくに滋賀県では，ガリバー村やオランダを模した風車村などヨーロッパをモデルとするテーマパークを次々に建設し，山間地ではスキー場やゴルフ場の建設に着手していった。戦後の開発主義を徹底化させたリゾート開発では，自然環境や歴史的環境は軽視された。高度経済成長期を中心に日本社会に形成された「開発の空間」の構造とその結果，環境にもたらされたインパクトは大きかった（町村編 2006）。

　3つめは，国家的開発プロジェクトである全国総合開発およびそのローカル

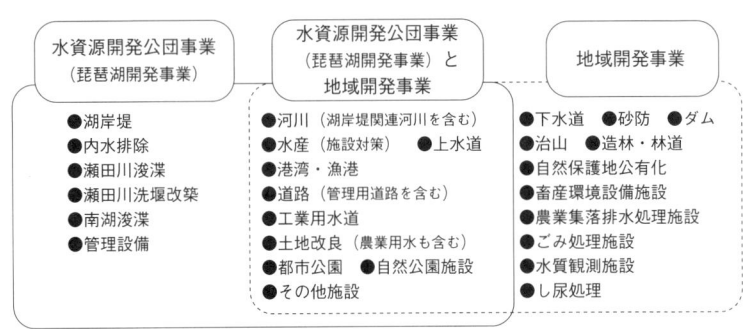

図1-2 琵琶湖総合開発事業のしくみ

出典：アクア琵琶（http://www.aquabiwa.jp/aqua/develop.html）

版である琵琶湖総合開発を代表とする開発主義に基づいた工業化，農業の近代化，農山村の都市化である。琵琶湖総合開発事業は，1972（昭和47）年度から1996（平成8）年度にかけて実施された。図1-2のように，この事業は，水資源開発公団が実施する「琵琶湖開発事業」と国・県・市町村などが実施する「地域開発事業」から構成されており，なかでも琵琶湖治水と水資源開発を行う「琵琶湖開発事業」は，日本で初めて水資源開発と水源地域開発を一体的に進めた事業として位置づけられている。

　琵琶湖辺のコミュニティでは，全国総合開発とリンクして実施された琵琶湖総合開発が推し進められる過程で，なんでも余すことなく資源を循環利用していた「使い回し」の水利用から，物質循環を断絶させた「使い捨て」の水利用へと大きく転換していった（嘉田 2001）。琵琶湖は，人びとの信仰の対象という象徴資源であり，農業用水・生活用水に欠かせない自然資源であるとともに，長い歴史のなかで育まれてきた生活文化やローカルな規範が埋め込まれた文化資源でもある。1970年代以降の開発主義期は，こうした琵琶湖に根ざした人びとの暮らしが大きく組み直されてゆく時期でもあった。

　開発主義期に，里山や棚田地域が，住宅地や観光地として開発されていった結果，失われた「よき自然」として里山や棚田への憧憬が高まっていくというアイロニーをもたらした。こうして20世紀から21世紀への転換期に里山保全や棚田保全の動きが大きく展開していった。制度面においても，棚田保全を推進

する施策が積極的に取り入れられるようになる。2007（平成19）年に農林水産省「農地・水・環境保全向上対策」が本格的に開始されて以降，滋賀県はこの対策の上位を占めており，とくに営農支援はトップに位置している。

　近年の「田舎暮らし」ブームや「里山」ブームの背景に，農林漁業や農的生活へのノスタルジーが隠されている点は否めない。とくに「自然への憧憬の言説が，ともすれば産業化のかげで田舎暮らしをロマン化する都市の論理に回収され，そこで暮らしを営む人びとの現実を神秘化してしまうことを自覚する」ことは不可欠である（古川 2004：4）。ここで忘れてならないのは，棚田や中山間地域と呼ばれる地域は，地域住民の生活の必要にみあった水田の開拓だけでなく，生活の必要を大きく超える戦後の食糧増産による国家政策によっても開拓されてきたという事実である。戦後農政の矛盾や棚田を耕作してきた人びとの過重労働を覆い隠したところに，現在の棚田保全・復元の動きが展開していることを，まずは批判的にとらえておくべきである[*3]。

　ただし，棚田保全活動[*4]の数は，年々，全国的に増加している。農水省の「美しい村づくり推進事業」や「農村型リゾート地区指定事業」にくわえて，1993（平成5）年からスタートさせた新政策のもとでの「ふるさと水と土保全事業」などの実施がひとつの契機となっている（中島 1999：143）。戦後の大型化と機械化を主軸とした農業政策からこぼれ落ちてきた棚田が，環境や住民参加（都市住民交流）の名のもとで，新たな「まなざし」をむけられている。棚田百選では全国134地区が指定され（1999（平成11）年），現在これらの地区と一部重なるかたちで，棚田オーナー制度が，全国116地区で行われている。本格的な農業体験を含むものもあるが，基本的に都市住民と地域住民との交流を主とした，新たな地域づくりとして展開している。

　いまや里山や棚田の保全や再生・復元の実践において，中高年層をはじめ，若者たちの参加も少なくない点が注目される。近年の棚田保全・復元の動きに焦点をあてると，現代の農山村が抱える問題を，都市・農村間の対立や支配の問題ととらえるにとどまらず，人びとの生きがい（生き方モデル）の模索や地域連携，地域経営のあり方という別の角度から読み解くことも可能になるよう

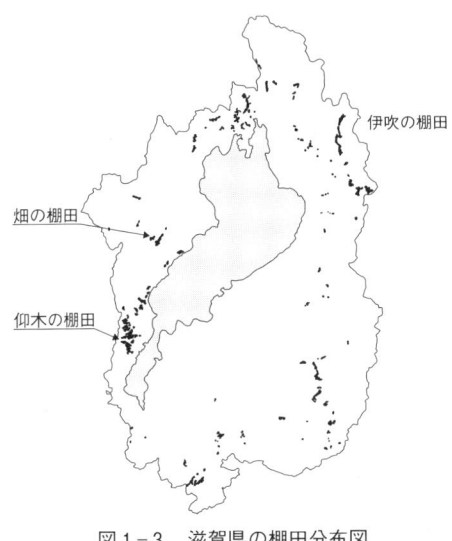

図1-3 滋賀県の棚田分布図

出典:滋賀県農村振興課
http://www.pref.shiga.jp/g/noson/tanada/tanadamap/tanadamap.htm

に思える。

こうした問題関心に基づき、滋賀県の棚田地域を中心に、2001（平成13）年から参与観察と聞き取り調査を主体に、住民参加型調査も取り入れて調査を行ってきた。本書の調査対象地である滋賀県大津市仰木地区は、琵琶湖をのぞみ比叡山を背にして、標高200メートル前後の古琵琶湖層の丘陵（滋賀丘陵）に広がっている。峠をひとつ越えると京都・大原につながり、比叡山の麓に小さくまとまって作られた集落は、いわゆる里山と呼ばれる丘陵頂部の平坦部分に東西に細長く伸び、谷の傾斜面を利用して階段状の棚田を築いている。湖から集落、田畑をへて山林までの距離がわずか3〜4キロメートルという、ひとつながりのエコトーン的な景観となっている。

全国の棚田（傾斜20分の1以上）面積は、22万2,848haにおよぶ（1988（昭和63）年）。このうち滋賀県は、京都・大阪まで1時間以内の通勤・通学圏内にあり都市近郊村落が多くみられるが、現在約2,200haの棚田が残されている。ここでいう棚田とは、主傾斜20分の1以上の農地の面積が当該地域の全農地の面積の半数以上を占める地域のことである。このうち仰木の棚田地域は約200haを占めている。

空からむらを見ると、急峻な谷間に田んぼが幾重にも広がる。河川はすべて谷底を流れ、尾根沿いに集落が建ち並ぶ不思議な景観をしている。一般的に水は高いところから低いところへ流れてゆくにもかかわらず、この地域ではなぜか尾根に地下水や伏流水が豊かに湧き出す。そのため地下水と伏流水が仰木の暮らしに欠かせない生活用水と農業用水になってきた。「一番いい土地は田ん

ぽに」と地元の言葉で語られるように，いい土があり水の条件もよい土地を優先的に水田に開拓していき，どうしても水田にできそうもない土地にむらを拓いていった。また水害に遭わないように集落を高い尾根に開いていったともいわれる。人びとの生業と生活を成り立たせるための工夫であった。

　この地域では，河川はすべて谷底を流れており，集落は一番高い尾根部に作られているため，川の水を生活用水に利用できなかった。それぞれの家では，水道が導入されるまで，井戸やため池を掘り，灌漑用の水路の水を生活用水にも利用していた。生活用水も灌漑用水もすべてうまく使い回して利用してきたのである。

　こうしてさまざまな工夫をこらして棚田は作られ，そこで人びとは暮らしを成り立たせてきた。仰木の棚田は，棚田百選に申請しなかったため選定されていないが，耕作放棄田も比較的少なく，生活の場としてよく維持されており，伝統的な棚田景観をいまなお残している。ほ場整備がなされて棚田景観が一変した場所もあるが，伝統的な水利慣行がいまなお根づいている地域でもある。

　仰木は，1990年代後半から本格的に棚田保全活動や農家民泊を取り入れた体験講座を展開した。2005（平成17）年からは，国内ではじめて地域通貨を導入した棚田保全・復元活動に取り組み，翌年から棚田オーナー制度を開始した。これらは地域住民と近隣の都市住民が協働した活動であり，同年，両者によって「平尾　里山・棚田守り人の会」が発足した。里山と棚田の保全・復元活動の企画と運営を行う組織で，将来的にNPO化を視野にいれた活動を展開している。現在，棚田とどのようにかかわっていくのかを問い直す大きな転換点にさしかかっている。

1-4　方法としての水環境史

　ここで本書のアプローチを提示しておこう。環境社会学では，大きく分けると「環境問題の社会学」と「環境共存の社会学」という2つの立場がとられてきた。「環境問題の社会学」では，公害問題や社会運動にかかわる研究者によ

るイッシュー型のアプローチで，そこでは公害が引き起こされる社会構造とそのメカニズムを解明した加害・被害構造論や受益・受苦圏論が提示された。これに対して，「環境共存の社会学」では，加害・被害構造に回収されない人と環境との関係の多様性を解明することを目指し，生活環境主義という立場を提示した。生活環境主義とは，近代技術の発展によって環境問題の問題の解決をはかろうとする「近代技術主義」や，生物学や生態学の知識をもとに，ある自然の状態を維持することで環境問題を解決できるという「自然科学主義」に対して，居住者・生活者の立場から生活文化論的に環境問題にアプローチする立場のことである（古川 2004，鳥越・嘉田 1991）。

「環境問題は，運動論的見地からだけでもなく，また地域社会病理としてだけでもなく，正常の地域社会学として位置づけるべき課題であること，しかも，それは，日常生活論と密接に関係している」と問題提起した（嘉田 1995：117）。古川は「むらの成員が生活史を相互に認知し，歴史的に集合意識を具体的に共有してきた生活世界」に着目して，内外の条件にあわせながら，生活の必要におうじて柔軟に生活知を変容させてゆく小さな共同体の生活知のあり方を生活環境史として描き出した（古川 2004：293-297）。

こうした生活環境史と同じく居住者や小さなコミュニティという視点に基づいて，環境と社会との相互作用を考察するアプローチとして環境社会史が提示された。「「環境社会史」とは，社会と環境との相互作用の積み重ねとして歴史を読み解き直すもの」であり，小さなコミュニティに焦点をあてて「社会の歴史を社会の変化／環境の変化の相互関係のうちに把握」してゆく立場をとる（山下 2008：50-52）。とくに災害やリスクを組み込んだ相互作用に焦点をあてたリスクコミュニティの可能性が論じられる。

本書も，これら生活環境主義に基づいた先行研究と問題関心を同じくしている。地域開発や観光化の波にくわえて，グローバルな環境認識の変化を経験して大きく変容する中山間地域でのフィールドワークに基づいて，近代化による都市近郊農村の資源利用・管理システムの変化について，災害を受容して組み立てられる資源管理のしくみと社会的弱者を排除／包摂するローカルなシステ

ムという観点から考察する。

　ただし，筆者がフィールドワークでかかわった地域は，嘉田や古川らと同じように湖辺コミュニティではあるものの，すでに近代化や都市化の進んだ郊外農山村であり，古川が示したような，生業をともにいとなみ生活世界を共有するコミュニティの姿と重なるわけではない。本書が取り上げた湖辺コミュニティ・仰木地区は，平安時代の中世荘園制村落からつづくコミュニティでありながら，一方で多様な人びとが交錯・折衝する場として立ち現れる場であり，近代化・工業化・都市化さらには文化遺産化の波を受けつづけてきた地域でもある。また，仰木地区は，水源に比叡山延暦寺を仰ぎ，下流は琵琶湖へといたる小流域に広がっており，開発空間として大きく組み換えられてきた地域のひとつでもある。

　本書では，棚田の開拓／開発に不可欠でありながら，ときに災害を引き起こす原因ともなる「水」を媒体にしながら，コミュニティを取り巻く大きな構造変動や外部からの多様なまなざしとの相互作用のなかで立ち現れてくる棚田をとらえなおし，人と自然とのかかわりの変化を通時的に把握する方法として水環境史を提示する。水環境史とは，人と「水」とのかかわりを切り口にして，地域の自然利用や環境認識の変化を通時的に分析するための方法論である。

　水環境史という方法をとることによって，徹底した開拓（開発）を推し進めつつも，一方では災害と折り合いをつけながら棚田とともに生きる人びとの姿を描き出したい。もちろん本書で明らかにするローカルなしかけや対抗の論理は，地域性と歴史的性格に規定される側面も大きいため安易な一般化はできないが，棚田地域のような周縁化された農山村や限界的自然条件のもとで生活を組み立てる論理に通低する志向性を提示することが可能になるだろう。近江の棚田地域における1,200年にもわたる開拓・開発，災害，保全の歴史を水環境史として描き直すことで，限界的な自然環境にむきあいながら，不安定で生きづらい社会を生き抜くためのローカルな知恵と工夫を明らかにすることができると考える。

　本研究では，調査者がコミュニティで調査主体として一方的に聞き取りを行

うだけでなく，地域の人びとと一緒に調査を企画運営する「住民参加型調査」を試みた．これは，水と文化研究会が行った「水環境カルテ調査」を次世代に引き継ぐための「子ども水環境カルテ調査」として実施したものである．補論に調査シートおよび聞き書き資料を掲載している．このように水環境史を作成する過程をつうじて，実践的知の形成をも同時に目指した．

1-5　本書の構成

本書の目的は，棚田地域における資源利用のローカルなしかけと，資源利用の権利をめぐる社会的承認の工夫を明らかにすることである．災害常襲地帯であり近代化の波からこぼれ落ちてきた日本の棚田地域では，何世代にもわたって災害を受容する生活文化を形成し，社会的弱者に対する独自のセーフティネットを編み出してきた．本書では，平安時代の中世荘園制村落からつづく歴史をもつ琵琶湖辺集落・仰木をフィールドにした長年にわたる調査をもとに，近代化やグローバル化のなかでローカルな流域管理システムが変化し，再構築されてゆくダイナミズムを「水環境史」として描き出すことを試みる．

本書は，災害常襲地帯にあり近代化の波からこぼれ落ちてきた棚田地域が，1970年代以降，地域開発や観光化の対象となり，1980年代からは農業近代化の対象として発見され，さらに近年ではグローバルな環境認識の転換に呼応して文化遺産化されてゆく過程を描き出したあわせて5つの章から構成される．

第1章「開拓と開発の水環境史」では，水環境問題がグローバル化するなかで，あらためて注目される地域コミュニティの役割に着目し，湖辺コミュニティが経験してきた近代化の意味を再考するとともに，棚田における開拓と開発の歴史を水環境史としてとらえなおす意味を考えた．日本の再帰的近代におけるローカルな諸相を理解するために「水環境史」という方法論を提示したうえで，本書の見取り図を示す．

第2章「棚田における水利組織の構成原理と領域保全」では，膨大な研究蓄

積をもつ水利研究における棚田地域の水資源管理の特質を明らかにするとともに，水利と棚田の領域保全とのかかわりを明らかにすることを目的とする。具体的には，湖辺コミュニティの水利慣行である「井堰親（イゼオヤ）制度」を取り上げ，オヤコという構造を作り出すことによって，社会的排除のメカニズムをローカルに救済して，社会的弱者を生み出さない資源管理システムを構築してゆくしかけを解明した。「井堰親制度」は，自然環境や歴史的要因によって起こる不平等な資源配分を平準化するローカルなしくみであり，それは水資源の公正な配分の実現にとどまらず，水源から下流にいたるまでの領域保全をも組み込んだ資源利用のしくみであったことを示す。

第3章「棚田の開発／保全をめぐるポリティクス」では，棚田地域における現代の水利システムの実態を分析することをつうじて，社会経済的変化のなかで共的資源管理システムがいかに変容するのか，その社会的しくみを明らかにすることを目的とする。具体的には，第2章で取り上げた水利システム（井堰親制度）が，ほ場整備事業という水利近代化によって変化してゆくメカニズムを論じた。1980年代以降，棚田地域を対象に土地改良事業（ほ場整備）が展開するが，この事業の受け入れをめぐって人びとが繰り出す「言い分」を手がかりに，土地と水の境界と領域をめぐる環境認識の変化を明らかにし，空間と資源を新たに意味づけてゆく過程を考察する。むらを地域資源管理主体としてとらえなおす近年の村落社会研究や環境社会学におけるコモンズ論を参照しながら，資源のローカル性・不可視性・分割不能性についても検討をくわえた。土地改良区という新たな中間集団を形成してゆく過程で，人びとが流域管理にむけたコモンズ複合を形成してゆくダイナミズムを描き出す。

第4章「文化遺産化する棚田——物語装置としての自然」では，グローバルな自然認識の変化を背景に，ローカルな環境利用のしくみと環境認識がどのように変化しているのかを明らかにした。生産・生活の場としての棚田が，文化資源へと転換されてゆく過程で，都市と農村をつなぐネットワークがいかに再編され，人びとの社会関係がいかに変化しているのかを論じる。具体的には，都市・農村協働による地域づくりや里山・棚田保全活動を事例に，多様なアク

ターによる棚田への「まなざし」の交錯に着目して，物語化する装置として棚田を再定位する動きを取り上げる。新たな物語の回路へと流れ込むプロセスで，コミュニティがどのように創造されていくのかを明らかにする。

第5章「開発と災害の環境史」では，第1章から第4章までの内容を総括したうえで，ローカルな資源管理システムを担う人びとを駆動する力に焦点をあてて，開発や災害にむきあってきた人びとのローカルな心性を明らかにする。「バクチ（博打）」や「カクシダ（隠田）」などローカルな隠された存在に着目する。最後に，再帰的近代において，開発や災害が政治化されてゆくなかで，東アジアにおける開発と災害の環境史の可能性について論じた。

本書の特色は，災害常襲地帯におけるローカル・コミュニティのダイナミズムを歴史的に解明するために「水環境史」という方法を用いることによって，従来のコモンズ研究に欠けていた通時的な分析を可能にした点にある。流域を基本にして暮らしを組み立てるという日本の経験に基づいた「水環境史」という方法を提示することをつうじて，欧米の経験に基づいた近代化認識やコモンズ論を相対化して，今後，東アジアにおける再帰的近代のあり方を再考し，新たなコモンズ論を展開するための基本的分析枠組みを構築することに貢献しうると考える。

注

*1 町村らの整理によると（町村編 2006），これまで先行研究では，③地域開発期を主たる対象としており，例外として，②工業立地期から③地域開発期への移行期を対象とした福武直（1965）の「地域開発の構想と現実」があげられる。町村らは，開発がなぜ「地域」へと結びつけられたのかという地域開発の前史に着目する。

*2 生態系サービスについては，以下4つのサービスに分類される。「食糧，木材や薪炭，繊維，遺伝子資源などの財の「供給サービス」，大気や気候の調整，水の流れの緩衝と土壌浸食の制御，感染症の制御などの「調整サービス」，レジャーや観光，教育資源，審美的価値などの「文化的サービス」，および，これらすべての基盤となる一次生産や土壌形成などの「基盤サービス」に大別される」（佐藤 2009：26）。生物多様性は，これら生態系サービスの基盤となっている。

*3 棚田保全／復元に加えて，里山保全／復元の動きも歴史的経緯を踏まえて批判的

に見ておく必要がある。1950年代以降，立地条件のよかった平尾の里山林を中心に，仰木のなかに勝手に山を売ろうとする人たちが出はじめた。一部，ゴルフ場の予定地に買い取られたり，個人の別荘地に買い取られたりした山も出た。生産森林組合設立後にも山が売られることがあり，いったん売られてしまった土地を買い戻すこともされたという。平尾と下仰木では，個人で山林を売買する行為に対して網掛けをするべく，1967（昭和42）年12月4日に第1回逢坂山入会林野整備組合の会合をひらいた。1969（昭和44）年に登記を完了し，逢坂山生産森林組合発起人会と同準備委員会により，同年，逢坂山生産森林組合が設立された。構成員は291名，組合所有の森林面積は127haである。逢坂山生産森林組合は，国際射撃場と契約をむすんで，入会林野を貸し出してきた。しかし，琵琶湖にそそぐ天神川流域の水源地にあたる上流部に射撃場があり，銃弾の亜鉛汚染の心配や不安がたかまり，2006（平成18）年の契約更新は見送られた。

＊4 棚田保全活動の類型化については，中島が，つぎのように整理している（中島1999）。生産性と基盤整備に基づいた農水省の類型として「生産性の向上を指向する基盤整備・営農対策型」「現状維持を図る基盤整備型」「離農による非農業的利用型」に分けられる。棚田保全の施策に基づいた類型としては，最小限の基盤整備と高付加価値のコメ生産を行う「自主営農型」，棚田オーナー制など都市と農村住民の交流を図る「交流共生型」，観光資源として棚田を保全し滞在型の余暇活動を行う「観光開発型」に分けられる。中島は，自主営農型が，基盤整備・営農対策型に対応し，交流共生型と観光開発型は，現状維持をはかる基盤整備型に対応していると指摘する。

第2章

棚田における水利組織の構成原理と領域保全

2-1　マージナルな棚田空間

　日本の農山村のなかでも，自然環境の制約から条件不利地とされる棚田地域では，生産性と効率性を高めて農業の近代化をはかるために土地改良事業が行われ，景観の画一化が進められてきた。しかし，棚田は，生産の場であるとともに生活の場でもあり，他者との「つながり」や「つきあい」といった関係性に支えられた地域資源のひとつである。

　日本の棚田は，中世以降，絶対的な水不足のもとで，山あいの湧水や伏流水の豊かな地域に拓かれてきたと考えられている（田村・TEM 研究所 2003，竹内 1984）。現代の一般的な農村のイメージは，平場に広がる水田や水路である。しかしながら，扇状地などの水害常襲地帯は，近世以降に大規模に開発されたものであり，それ以前は丘陵地を利用した田畑の開墾がなされてきた。棚田が地すべり地に作られるのは，湧水が豊かなことにくわえて，地すべりにより傾斜のゆるくなった山林を人力や牛馬を使って開墾することが可能だったからである。地すべりという災害を利用することで田畑を拓き，集落を作り，暮らしを成り立たせることが可能となったのである。

　経営農地の大規模化と大型機械化を導入して成り立たせた戦後の近代的農業経営において，棚田地域では，自給的農業を基礎にしながら，湧水や伏流水を灌漑用水や生活用水に利用する一方で，湧水や伏流水による地すべりにたえず悩まされてきた。一度ゆるんだ地盤は，棚田だけでなく，ときには生存と生活の基盤であるむらをも押し流してしまう。棚田地域に暮らす人びとは，地すべり地を利用して棚田を切り拓きながら，災害とつねにとなりあわせの関係で生産と生活を成り立たせる工夫をこらし続けなければならなかった。

　じつは，棚田での水利用は，適度に水を抜くことによって災害を防止する「排水」という重要な役割を担ってもいたことが指摘されている（竹内 1984）。粘土層と砂礫層とのあいだに流れる伏流水は，地表に湧き出して灌漑用水や生活用水になる一方で，伏流水が滞留しつづければ地すべりを起こす原因ともな

る。ときには、むらさえも壊滅させてしまうほどの水害と土砂災害のリスクが常態化している棚田地域においては、水利用・管理の知恵と工夫のなかに、ローカルな資源利用の規範が明確に現れる。

　ローカルな資源利用の規範は、棚田景観にも現れている。棚田の水路網や畦畔で区切られた田面は、一朝一夕にできあがったものではなく、何十世代にもわたってくりかえされた日々のいとなみにより形作られ、土地にきざまれた歴史が幾重にも折り重なって形成されてきたものである。とくに水田一枚ごとの水利用のしくみは、それぞれの地域の風土と分かちがたく結びついており、個人と個人とのやりとりや駆け引きのなかで、その地域固有の関係性が編み出されてきた。

　棚田の由来を歴史的にたどると、江戸時代の1794（寛政６）年に大石久敬が著した『地方凡例録』の「田畑名目之事」に「棚田」という言葉がみられる（田村・TEM研究所　2003）。こうした水田では米の収量が極端に少なかったため、徴税対象にさえならなかった。棚田は、急傾斜な谷を利用して階段状に作られ畦畔をつけて拓かれた小さな区画の水田のことで、もともと糯田といわれていたのが、中世に棚田の言葉が使われるようになったとも指摘されている（中島　1999：13）。これまでの棚田を対象とした研究は地理学的視点からなされており、景観的にみて棚田的でも、米を生産していないところは棚田とは呼ばれない。現在、棚田は、主傾斜20分の１以上の農地の面積がその地域の全農地の面積の半数以上を占める地域のことと景観的に把握されている。

　これらの棚田地域はかならずしも水田稲作農業に特化しつづけてきたわけではなく、かつて焼畑であった歴史をもつところも多い。水田の畦で畦豆を育てたり、土手に柿を植えたりするなど、土地をあますことなく使っている。そのため近畿圏では、棚田と呼ばずに「だんだんばたけ（段々畑・畠）」と呼びならわす方が一般的である。近代的な国家政策として水田化が展開されるまで、水田稲作と畑作をくみあわせた複合栽培は、むしろ日常の景観であり、日々のなりわいの基本であった。山林と田畑の境界も明確に区分されたものではなく、移行帯が広く存在する自然利用がなされていた。こうした棚田地域では「隠田

（カクシダ）」と呼ばれるような天水田（仰木ではバクチと呼ばれる棚田）が人目を忍んで耕作されており，川や池から直接灌漑できない場合，伏流水や地下水をうまく使い回す水利用を工夫して編み出してきた。[*1]

　こうした棚田が，全国にどのぐらい存在しているかというと，1992（平成4）年時点で全国の棚田（傾斜が20分の1以上ある水田）面積は22万1,067ha，日本の水田面積のおよそ10分の1を占めている。中部地方，北陸地方，北九州地方など山脈や丘陵地が発達した地域に多くみられるが，埼玉・東京・沖縄をのぞくと，広く全国的に分布している。棚田は西南日本に約3分の2が集中している[*2]（中島 1997）。

　棚田は，日本の原風景として描かれることが多いが，日本だけに存在しているわけではない。世界的にみると，東アジアや東南アジアに集中して存在している。とくにモンスーン・アジアの気候のもとで水田稲作を行っている地域に棚田（rice terrace, terrace paddy）が発達している。たとえば，中国雲南省，フィリピンのルソン島，インドネシアのジャワ島やバリ島，ネパール，ベトナム，タイ，ラオスでも多くの棚田をみることができる。これらの棚田は，日本の棚田とちがって，広大な山の頂上まで棚田が開かれており，まさに天にいたるかのような棚田景観である。なかでも，インドネシアのバリ島には，スバック（subak）と呼ばれる日本の水利慣行と似た緻密な用水システムが作り上げられている。ジャワ島でも，同様に，ゴトン・ロヨンと呼ばれる相互扶助の慣習によって，棚田が維持管理されている。しかしながら，近年，世界的にも棚田地域での耕作放棄地が増加している。棚田地域での耕作放棄をめぐる問題は，平場農地での耕作放棄をめぐる問題とは位相を異にする。獣害問題にくわえて，地すべりを典型とする災害のリスク増大という問題を含んでいるためである。[*3]

　ここでは日本の水田面積に占める耕作放棄率をもとに考えてみよう。農業センサスによると，全国の経営耕地面積は388万3,943haあり，このうち水田が226万625haを占めている。1985年から2005年にかけて，耕作放棄地は13.5万haから38.6haへと約3倍に増加した。

第2章　棚田における水利組織の構成原理と領域保全　　25

表2-1 耕地の荒廃が原因で過去5年間に被害が発生した旧市区町村数（複数回答）

	被害のあった旧市区町村数 (旧市町村全体に対する割合)	地域の住民や農作物に及ぼしている被害の種類						
		鳥獣害	病虫害	土砂崩れ	ほ場の荒廃	水害	土壌汚染	水質汚染
全国	1,317 (11.6%)	485	619	143	524	120	7	14
平地農業地域	258 (7.5%)	47	134	27	112	28	1	2
中山間地	803 (14.8%)	378	362	106	288	75	4	5

資料：農林水産省「農業センサス」1995年。
出典：農林水産省 http://www.maff.go.jp/j/study/other/cyusan_siharai/matome/ref_data2.html

　耕作放棄されていない水田で土砂災害が発生する確率に対して、耕作放棄率50％未満の水田では3倍、耕作放棄率50％以上では4倍の発生率で、災害リスクが増加する[*4]。災害が起こるリスクが高まるだけでなく、獣害や環境汚染などのリスクも高まっていることが表2-1から読み取れる。

　これまで丘陵地や山間地に広がる棚田地域での農業は、平場農村での農作業の数倍もの仕事量をこなしても収量は少なく、生産性と効率性が低いため農業政策の対象からつねにこぼれ落ちる存在であった。平場をサトとするならば、山間部に広がる棚田地域は、サトに対するヤマと位置づけられ、たえずマージナルな存在として認識されてきた。しかし、中山間地域のなかでも京阪神地区など大都市近郊の棚田地域は、都市化によるニュータウン建設やレジャー産業などの開発の波と、その後の観光や環境による「まなざし」の変化をもっとも強く経験してきた地域のひとつである。

　「効率性」という基準のもとに切り捨てられつづけてきた棚田が、近年「多面的機能」という新たな基準のもとで脚光をあびている。棚田景観が多くの人を魅了するのは、山を切り拓いて等高線にそって作り上げられたなだらかな曲線や、田んぼ1枚1枚のあいだに必要以上と思えるほど丁寧に作られた土手などであろう。

しかしながら，棚田が注目されるかどうかにかかわらず，そこで暮らす人びとは，日々その土手の崩れをなおし，1枚1枚，鍬1本で田を耕し，少ない水をうまく引き入れ分け合いながら米を育ててきた。平場とは異なる条件のもとで，棚田の維持のためにさまざまな工夫がこらされてきたのである。棚田の多面的機能としては，景観の文化的価値が強調されることが多いが，ほかにも生産機能・保水機能・洪水調節機能・土壌浸食防止機能の重要性も指摘されている。

　これまで棚田は生産性が非常に低いとみなされてきたため，棚田の生産組織や耕作システムについては十分に検討されてこなかった。とくに棚田＝天水田というイメージが強かったためか，棚田の水利組織についてはごく最近まで水利研究の対象にすらされていなかったのが実態であろう。このような状況のなかで，棚田の「多面的機能」への着目は，棚田維持のしくみ，とくに棚田水利の特質を明らかにするとともに，その水利と，棚田という領域保全とのかかわりについての検討を要請しているともいえる。本章もまたその要請にこたえようとするものである。

2-2　水利研究の転換――農業用水から地域用水へ

　棚田での水田耕作においては，平場農村以上に灌漑のもつ重要性が大きいこと，とくに末端部における水利のもつ重要性が大きいことが指摘されており（田村・TEM研究所 2003, 中島 1999），本章でも，棚田における末端水利に着目している。とはいえ，棚田水利の特殊性のみを強調するのではなく，できるだけこれまでの水利研究のなかに棚田を位置づけたうえで，検討を進めていきたいと思う。効率性から多様性へという視点の変化は，平場での水利をおもな対象としてきた農業水利研究のなかにも広くみられる。これまでの農業水利研究では，灌漑稲作農業において，用水を効率的・合理的に利用・管理するための技術や制度のあり方が問題とされてきた。

研究史をさかのぼれば，農業水利の形成要因の重点を自然条件においた「風土決定論」（和辻 979）と，用具の発達と人間の生産活動との関係に着目して，労働態様のちがいが風土を超えた地域社会の差異を生み出すとする「用具決定論」（玉城 1972）とに分けられる。用具決定論は，水利技術の発達や技術的変化によって水利が地域の風土性から脱却できるとする「施設決定論」（志村 1987）へとひきつがれていった。

　池上は，玉城の比較農業構造論を下敷きにして，これまでの水利研究の流れを大地改造型から施設改造型への転換としてとらえ自然環境に大きなインパクトを与える制度から，水利技術の変革によって水利制度や水利組織が合理化されていく過程を分析する（池上 1991）。戦後の水利研究は施設改造型を対象としており，池上の整理によれば，大きく2つに分けられる（池上 2003）。ひとつめは「機能論」的研究で，農業用水を生産要素である資源として一元的に把握し，農業水利を市場経済的に理解しようとする。それに対して「構造論」的研究が現れ，日本農業の構造的特質と関連させた農業水利秩序の原理や特質の解明に焦点があてられた。ただし，どちらも伝統的な農業水利がなぜ近代化されないのかというアプローチが主流だったため，高度経済成長以降は水利用主体形成論などをのぞくと急速に関心が失われた。なぜなら近代的な水利技術の導入により，農業水利の抱える矛盾や問題は解決されると考えられていたからである。つまり，直線的に進化するものとして近代化をとらえる段階発展論的な認識のもとに水利研究が展開されてきた結果，水利近代化の枠組みにおさまらない多様な水利システムや，近代化されない水利の地域社会における位置を生活連関の諸相においてとらえることができなくなってしまったのである。

　大地改造型も施設改造型も構造決定論的かつ技術決定論的な水利制度理解であるという限界を抱えている。たしかに土地改良事業やほ場整備が全国的に展開してゆく水利施設建設期には，水利施設と制度との因果論的説明は一定の説得力をもちえた。しかし，水利技術の変革がゆきわたった1980年代以降の水利研究の焦点は，水利技術や水利制度を操る個人に着目するようになる。真勢は，水利制度や水利組織を構成する個人の「本質意思」や主体性に着目して，

水利の共同性を成り立たせている個人の志向性や動機を解明する「動機決定論」を提起する（真勢 1994）。

　この背景には，風土決定論や施設決定論のように，ただひとつのパターンを前提に直線的に展開してゆく水利アプローチに対して，1960年代後半以降に現れた多系的な展開を視野におさめたアプローチによる水利研究があげられる。たとえば，玉城は，他国の灌漑農業との比較を行って，日本の灌漑農業に独自の特質を明らかにしようと比較灌漑農業論を提起した（玉城 1972）。さらに志村は，これまでの水利研究が農業用水に特化しているため，地域用水として再定置しようと試みている（志村 1990）。

　これまでの農業水利研究は，基本的に水利近代化を到達点とする段階発展論的アプローチによって研究が蓄積されてきたため，生産性が低く近代化の対象にすらされなかった条件不利地の傾斜地水田は研究対象としてみなされてこなかった。これには，一般的に棚田が天水田と誤解され，水利制度や水利慣行が存在しないとみなされていたことも関係していると思われる。戦後になって，地理学の竹内常行らが，全国二十数ヵ所の棚田における灌漑施設の実態を明らかにし，棚田水利の基礎的研究が行われた（竹内 1984）。しかし近年では，棚田の耕作放棄の増大が問題とされ，棚田景観の研究が活発になされるのに対して，竹内らの棚田水利研究を深める方向へは展開されておらず今後の課題として残されている。

　人と水との関係を生産力という点から単系的に展開するものとしてとらえる水利研究は，マクロな経済状況や社会構造における水利共同体規制の諸相を解明できるものの，そこで暮らす人びとの生活の場における多様な水との関係を排除してしまう。さらに，それぞれの地域固有の水利共同のあり方や，地域の風土性を水利共同関係に色濃く残さざるをえない棚田地域の独自の関係性をも排除してしまうことにもつながる。自然環境に大きく規定される棚田地域では，つねに災害の危険や絶対的な水不足ととなり合わせであり，非常時の臨機応変な対応や状況におうじた個人の創意工夫という柔軟性や創発性がなければ地域社会はすぐに崩壊してしまう。棚田地域において生成されてきた水利共同

をめぐる関係性を明らかにするためには，共同体規制という側面の把握のみでは不十分である。むしろ，水利組織内部の個人と個人の関係のとり方に焦点をあてた真勢の動機決定論と，予測不能な状況に生成される共同性を組み込んだ関係論的アプローチを試みることが有効だと考える。

　棚田の水路網や畦畔で区切られた田面は，一朝一夕にできあがったものではなく，長い年月をかけて繰り返された日々の営みにより開拓されてきたのである。とくに一筆ごとの水利用のしくみは，それぞれの地域の風土と分かちがたく結びついており，個人と個人とのやりとりや駆け引きのなかで，その地域固有の関係性が編み出されてきた。

　本章では，個人の創意工夫と地域の風土性をもっとも強く反映する棚田の末端水利に着目して，水利権をもつ人びとが共有している水利用のルールがどのようなものであるか，またそのルールによって棚田という領域はどのように生み出されているのかを明らかにすることを目的とする。ここでは，棚田地域のなかでも水利権をもつ人びとの水利用に焦点をあてて，共同的な水利用の規則の実態を明らかにする。なお，調査方法は，この地域の水利慣行についての文書がほとんど残されていないので，聞き取り調査を中心に行った。

2-3　仰木村の歴史・なりわい・暮らし

2-3-1　仰木村の成り立ち

　本書で取り上げる滋賀県は，近江（おうみ）や淡海（あはふみ）とも呼ばれ，琵琶湖西岸に位置する大津市仰木地区は，琵琶湖を望み比叡山を背にして，標高200メートル前後の古琵琶湖層の丘陵（滋賀丘陵）に広がっている。峠をひとつ越えると京都の大原につながり，比叡山の麓に位置する集落は，いわゆる里山と呼ばれる丘陵頂部の平坦部分に東西に細長くのび，谷の傾斜面を利用して階段状の棚田を築いている。平場の堅田町と丘陵地の仰木がつらなっており，ヤマからサトまでの距離がたいへん近い，ひとつらなりの景観を特徴とする。

滋賀県は，1950年代には全国で7番目に高い高齢化率（6.3％）を示し，1960年代に人口も減少に転じたが，それ以降，高齢化率が著しく低下するとともに人口も増加傾向に転じるようになった。滋賀県が全国の高齢化率に占める順位は，1970（昭和45）年に18位（8.9％），1990（平成2）年に35位（12.0％），2010（平成22）年には43位（20.3％）となり，全国で5本の指に入るほど高齢化率が低く，近畿圏のなかではもっとも高齢化率が低い地域のひとつとなっている（山下 2012：71）。この背景には，大阪・京都・神戸など大都市の通勤・通学圏内であることに加えて，一戸建て住宅の購入費用が相対的に安いこと，自然環境が豊かで子育て環境が整っていることがあげられる。全国的に人口減少が問題となるなか，滋賀県は人口増加がみられる地域のひとつでもある。

　滋賀県では，琵琶湖西岸部のことを「湖西」，東岸部を「湖東」，北部を「湖北」，南部を「湖南」と呼び慣わしている。これら4地域には，それぞれの自然環境や歴史，文化，社会に特徴がある。湖西は，湖東にみられるような多くの戦国武将が群雄割拠した華やかな歴史物語からほど遠く，琵琶湖の湖上貿易を握っていた堅田の「湖族」の人びとを除くと，人びとのつつがない日常の暮らしが脈々と営まれてつづけてきた場所であった。

　湖西に位置する仰木地区は，平安時代からつづく中世荘園制村落であり，近年では，縄文遺跡も発掘され，タタラ跡が発見されるなど，古代から人びとが暮らしを営んでいたことがわかってきた。『江州高日山由来』によると，広大な野山であった仰木は，字名を上野山といい，この上野山に住む上野山宗治郎という1人の老翁が斧1本で薮を切り拓いたのがはじまりとされている[*5]（小栗栖 2003：48）。この老翁は「さらに奥山へ木を伐りに入り，そこで賀太夫（伽太夫）仙人に出会った。奥山に入り仰木を開発した翁は日吉大宮権現であり，出会った伽太夫仙人こそが仰木の地主神だった」のである（小栗栖 2003：48）。現在の仰木の地にもともと住んでいた伽太夫仙人を始祖とするむらと，その後に開発を行った上野山宗治郎を始祖とするむらの成立の由来がここにある。

　図2-1のように，最初に開発された下北坂本は，仰木を開創した翁を大宮権現（1番目の神）として祭祀し，上北坂本は地主神である伽太夫仙人を田所

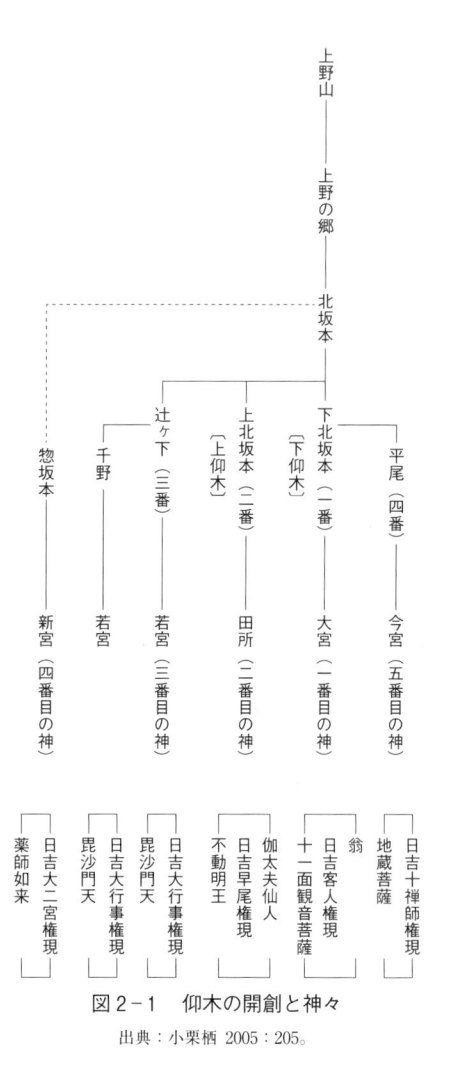

権現（2番目の神）として祭祀した。辻ヶ下と平尾は，疫病が流行したときに現れた神を勧請し，辻ヶ下は若宮権現（3番目の神），平尾は今宮権現（5番目の神）と称した。4ヵ村は「惣坂本」とも称し，4番目に現れた新宮権現を惣坂本の氏神として祀っている（小栗栖 2003）。伽太夫仙人には，浄恵・浄光・宗徳・真法という4人の子どもがおり，この子どもの名前をとった株が「親村（シンムラ）」と呼ばれる荘宮座のなかに現在も継承されている[*6]。親村は仰木4ヵ村のうち，上仰木と辻ヶ下に在住する人たち，それも限られた家筋によって構成されている[*7]。

このように仰木の開村の由来をたどると，開村のはじまりは，現在の下仰木に相当するが，そこには，もともと上仰木の祖先にあたる仙人が暮らしていたとされ，上仰木は「在地の民」で，下仰木は「開拓の民」ということになる。仰木のうち上仰木と辻ヶ下は「カミ」，平尾と下仰木は「シモ」と呼ばれ，むらの歴史の正統性をめぐってカミ，シモそれぞれを始祖とする異なる2つの歴史

図2-1　仰木の開創と神々
出典：小栗栖 2005：205。

上野山 ― 上野の郷 ― 北坂本

北坂本:
- 下北坂本（一番）[下仰木] ― 大宮（一番目の神） ― 不動明王／日吉早尾権現／伽太夫仙人／十一面観音菩薩／翁
- 上北坂本（二番）[上仰木] ― 田所（二番目の神） ― 毘沙門天／日吉大行事権現
- 辻ヶ下（三番） ― 若宮（三番目の神） ― 毘沙門天／日吉大行事権現
- 千野 ― 若宮 ― 地蔵菩薩
- 平尾（四番） ― 今宮（五番目の神） ― 日吉十禅師権現
- 惣坂本 ― 新宮（四番目の神） ― 薬師如来／日吉大二宮権現

を語り継いでおり，カミとシモでは水利用，入会林野（水源林）など自然利用も異なり，文化も暮らしぶりも異なる。

2つの歴史と4つのむらからなる仰木は，小椋神社をして，これら異なる歴史と異なるむらを統合する精神的シンボルとしている。仰木庄の鎮守社である小椋神社（旧称・田所神社）は『延喜式神名帳』に記される滋賀郡八座のひとつでもある。平安時代中期にあたる927（延長5）年に式内社に選ばれている。仰木は，山岳仏教の興隆もあいまって比叡山延暦寺の北の門前町として発展した。比叡山延暦寺の荘園や天領として支配されてきた歴史をもつことから，基本的に水田稲作を中心にした開発が早くからなされてきた。小椋神社は，農耕に欠かすことのできない水をもたらす水神（クラオカミ）を祀る滝壼宮の里宮であり，9世紀なかばに現在地に勧請された。仰木が歴史資料上に現れるのは831（天長8）年で，慈覚大師円仁の横川入籠にはじまる。横川の開発は，その山麓の仰木を比叡山延暦寺とふかく結びつけ，横川の発展とともに仰木を開発していった。927（延長5）年，小椋神社が『延喜式』の式内社に選ばれていることは，仰木が朝廷とすでに深い結びつきをもち，重視されていたことを語っている。平安時代に入ると，都に近接した大津に注目があつまるようになり，仰木は山岳仏教の興隆もあいまって比叡山延暦寺の北の門前町として発展した。

源氏物語など平安朝の文学にもしばしば横川の名前が現れており，比叡山横川は，権勢をふるいがちな東塔・西塔に対して，より純粋な深い信仰の対象として映っていたとされる。この比叡山横川と深い結びつきをもってきた仰木は，平安期に「仰木庄」として知られているが，恵心僧都源信と源満仲との深いかかわりが語られる。源満仲は，977（貞元2）年に横川の恵心僧都に帰依して満慶と号し，かつて仰木に住んだという。満仲は横川で念仏運動を行い恵心僧都の手伝いをし，恵心僧都源信は仰木の専念寺・真迎寺・華開寺・三宝寺・龍光寺の各寺を開創したと伝えられる。

仰木の人びとは，源満仲のことを「満仲公（まんじゅうこう）」と呼んで親しんでいたため，満仲がこの地を離れるときには，みな心から別れを惜しみ，満

仲の姿が見えなくなってもなお名残を惜しんで見送っていたという。いまでも，田植え前に行われる年中行事の仰木祭では，源満仲との別れの場面が儀礼のなかに組み込まれており，祭りの最大の見せ場として伝承されている。一般的に，真偽のほどはさておき，全国の棚田には平家の落人伝説が数多く残されているが，仰木の地には源氏の棚田という誇りが語り継がれている。

　むらの開拓の歴史に話をもどすと，伝説上の仰木の開拓者は伽太夫仙人とされているが，記録に残された文書が示すところによると，比叡山延暦寺の荘園として平安時代末期に仰木庄として開発されたものが，現在の仰木であるとされる。仰木の各集落の名が文書に現れるのは，小栗栖によれば，平安時代後期から仰木4ヵ村の成立していることが指摘されているが，現在の地名である「上仰木（カミオオギ）」「辻ヶ下（ツジガシタ）」「平尾（ヒラオ）」「下仰木（シモオオギ）」となるには江戸時代寛永期の「近江国石高帳」まで待たなければならない。辻ヶ下から分家してできた集落が，仰木の南部にある千野村である。[*12]

　仰木庄が延暦寺との結びつきを強めていったのは，この庄の年貢の一部が1271（文永8）年に延暦寺の講堂の造営料にあてられていることからもわかる。その後，仰木庄は「正元元年（1259）佐々貴神主重方が地頭に補任されているが（安土町佐々木文書），14世紀ごろには妙法院領で，応安4年（1371）北朝がこれを青蓮院に付したため（門葉記），延暦寺衆徒が集会して同庄を妙法院に還付するよう議し（含英集抜萃），青蓮院門徒と妙法院門徒とが合戦に及んだ結果，青蓮院門徒側が敗退している（祇園執行日記・愚管記）」。仰木庄だけでなく，堅田町域は，延暦寺に近いため山門所領が多く，南北朝期以降の動乱においては，幕府や六角氏と対立的であった山門を背景として，在地勢力は独自の動きをみせた。

　その後，江戸期に入ると，仰木は江戸幕府の天領（直轄領）となり，大津代官支配となったが，1634（寛永11）年の『近江国石高帳』によれば，大津代官の支配として上仰木村1,158石6斗4升5合，下仰木村997石2斗9升8合，辻ヶ下村422石8斗1升4合，平尾村406石6斗1升4合の石高が計上されていた。仰木4ヵ村は，1678（延宝6）年に後水尾天皇皇女の賀子内親王領に移さ

れたが，幕府としては対朝廷宥和策としてとった処置と考えられている（林屋他編 1984：285-286）。

仰木4ヵ村は，1696（元禄9）年にはふたたび天領にもどされたのち，江戸時代中期にいたって，上仰木村は淀藩領，旗本の黒川氏・長崎氏の三給（3人の支配者への分給）に，下仰木村は旗本の黒川氏・日根野氏・赤井氏の三給に，辻ヶ下村は長崎氏，平尾村は日根野氏・赤井氏の相給へと，複雑な入り組み支配にうつされた。滋賀郡では，このような入り組んだ支配はめずらしいものではなく，むしろ数多くみられる。

しかし，旗本たちは江戸で生活しているため，現実の支配においては，何事かトラブルがあれば大津代官所の乗り出すところとなるが，日常的にはむらの長老たちがとりしきっていたのが実情だった。江戸時代には，仰木各村にも大津宿の助郷役が課されていたが，日吉山王祭への奉仕を理由に免除を嘆願したり，または忍達上人の尽力によって夫役を免除されている。また仰木には，大工・杣木挽（製材業）も居住しており，これらの人びとは，大名や旗本などの領主ではなく，直接京都の大工頭中井家の支配を受け，種々の特権が与えられていた。たとえば，夫役・伝馬（助郷）および国役による他郷の池川普請の免除などがある。こうして，淀藩以下旗本五家の入り組み支配のなかでも，仰木の人びとはむらをこえて団結して問題を解決してきたのである。

仰木の行政区分の変遷については，表2-2に示すように，1871（明治4）年の廃藩置県にともなって，従来の領有関係に基づき，大津・膳所・淀の諸県に属したが，翌年には滋賀県に統一された（滋賀県市町村沿革史編さん委員会 1967：153）。1872（明治5）年に戸籍編成のため区制が施工され，各村は滋賀郡第12（現大津市雄琴千野町も含む）・13・14区に分属したが，地券発行などの関係で合村や分村がくわだてられた（前述：153）。そして，1874（明治7）年5月2日第12区の上仰木・下仰木・辻ヶ下・平尾が合併して仰木村（1879（明治12）年5月30日上仰木を甲組，辻ヶ下を乙組，平尾を丙組，下仰木を丁組と呼ぶこととなった）を形成した。1879（明治12）年には区制が廃止され，むらはふたたび独立した行政単位となったが，1885（明治18）年には連合戸長制が実施

第2章 棚田における水利組織の構成原理と領域保全

され，仰木・南庄の2ヵ村は仰木村ほか1ヵ村連合戸長役場にまとめられた。*13
これらは従来の区よりせまい範域で，役場はむらにおかれ，官選の戸長が任命
された（滋賀県市町村沿革史編さん委員会 1967）。

　1889（明治22）年の町村制施行にさきだって，県では，旧連合戸長役場区域
を新村造成の予定地域とする案を示し，村吏やおもだった者に諮問したところ，本堅田2ヵ村，真野村ほか5ヵ村ではとくに反対はなかったが，仰木村ほか1ヵ村では南庄が北方の村々と関係が深かったので，分離して仰木村のみで新村を造成することとなった。こうして仰木村は，一村でむらを形成することになった。旧仰木村では，参考資料3に示すように，本籍人口は1936（昭和*14
11）年に1890（明治23）年の1.42倍となったけれども，その後はわずかながら減少した。しかし，現住人口は本籍人口を大幅に下回っている。*15

　堅田村・真野村・仰木村・伊香立村・葛川村の5ヵ村は，たがいに密接な関係を保ちながら，以後65年間にわたり地方行政の役割をそれぞれはたしてきた。しかし，1953（昭和28）年にいたって町村合併促進法が施行されると，5町村の合併機運がうまれ，関係町村で合併促進協議会を設けて種々検討をくわえた結果，とくに反対もなかったので，同年3月18日に各町村とも同時に町村会をひらき，1955（昭和30）年4月1日からの合併を，それぞれ満場一致で議決した。

　堅田町は，1955（昭和30）年4月1日，旧堅田町・真野村・仰木村・伊香立村・葛川村の一町4ヵ村が合併して成立し，衣川・本堅田・今堅田（以上堅田町），真野・普門・佐川・大野・家田・谷口（以上旧真野村），仰木（旧仰木村），南庄・生津・向在地・上在地・下在地・北在地・下竜華・上竜華・途中（以上旧伊香立村），坂下・木戸口・中村・坊村・町居・梅ノ木・貫井・細川（以上旧葛川村）の27ヵ字から構成されることになった（滋賀県市町村沿革史編さん委員会 1967：143）。1967（昭和42）年に，堅田町が大津市と合併したことで，現在の大津市仰木町が誕生する。

　以後，仰木村は，藩政村と行政村が重なり合って存在してきた。仰木町は，滋賀県と京都府の県境に位置し，北には若狭から朽木を経た流通のネットワー

表2-2 仰木村の行政区画の変遷

		1634 (寛永11)		1701 (元禄14)		1837 (天保8)	1868 (明治1)		1871 (明治4)		1872 (明治5)	1874 (明治7)	1885 (明治18)	1889 (明治22)	1955 (昭和30)
		石高	領主	石高	領主	石高	石高	藩・県		県	区	合併改称	連合	合併	合併
上仰木		1,158.654	⑦小野	1,011.255	⑦?	1,034余	328.372	大津県	大津		第12区	仰木村	仰木村他1ヵ村戸長役場	仰木村	堅田町
							706.609	淀藩	淀						
下仰木		997.298	⑦小野	1,016.008	⑦?	1,016余	1,016.008	大津県	膳所						
辻ヶ下		422.814	⑦小野	370.800	⑦?	370余	370.800	大津県	大津						
平尾		406.614	⑦小野	587.317	⑦?	587余	587.317	大津県	大津						

出典:滋賀県市町村沿革史編さん委員会 1967:155。

クも存在していた。人もモノも情報もゆきかう里に近い山村であり，里道や街道が早くから発達していた。交通網としては，1923（大正3）年に江若鉄道が叡山から堅田まで開業し，1969（昭和44）年に全区間が廃止になった。その後，1974（昭和49）年に国鉄湖西線が山科から近江塩津間にかけて開業され，京阪神への通学・通勤に便利になった。1966（昭和41）年になると，比叡山ドライブウェイにつづいて上仰木まで奥比叡ドライブウェイが開通するなど，交通条件も改善され，京都への自動車通勤にも便利になり，郊外ベッドタウンとしての位置を確立してゆく。

2-3-2　仰木村のなりわいと暮らし

仰木は，急峻な谷間のすみずみまで襞に分け入るようにこまかな田んぼを開拓してきた歴史をもち，山が浅いため灌漑用水を確保するうえで非常に苦労を積み重ねてきた地域である。天神川と大倉川の河川をのぞいた6つの小河川，山水や湧水から流れ出る小渓流，74のため池にたよってきた。村誌によると河川の水路で灌漑される水田は270町歩，ため池灌漑は27町と記載されている。また水路では灌漑できないところは小池を作って灌漑し，その灌漑面積は30町歩と伝えられる。さらに，灌漑用水を引きこめない田んぼでは，天水（雨水）のみを頼りとして，天候に大きく左右されながら耕作せざるをえなかった。こうした天水を利用した水田は，20町歩にも及んでいた。このほかの小河川としては，月谷川，落合川，宮川，北谷川，南谷川，宮城谷川が流れていた。[*16]

仰木村が含まれていた堅田町の各村の石高は，江戸時代をつうじてあまり変化しなかったとされるが，湖岸のむらでは，新田開発による農地の増大がみられた。旧仰木村では，1878（明治11）年，総戸数457のうち，農家が413戸（90.4％）で，農業が主であったが，その割合は年を追うごとに減少し，1906（明治39）年87.5％（1,611人），1919（大正8）年75.7％（1,013人）となった。山あいのため大工・木挽など木材関係も30戸ほどみられた。また筵織や養蚕もさかんだった。[*17]

『滋賀県物産誌（滋賀郡）』の記載によると「人口二一七八人　但平民」「人

表2-3　仰木村の米作反当収量

年度	石	年度	石
1878（明治11）	0.965	1927～1931（昭和2～6）	1.963
1899～1906（明治32～39）	—	1932～1936（昭和7～11）	1.935
1907～1911（明治40～44）	1.832	1937～1941（昭和12～16）	1.884
1912～1916（大正1～5）	2.093	1948～1952（昭和23～27）	2.188
1917～1921（大正6～10）	1.885	1953～1956（昭和28～31）	2.270
1922～1926（大正11～昭和1）	1.852		

注：1石は，現在の150kgに相当する。
出典：滋賀県市町村沿革史編さん委員会 1967：182。

戸　四五七軒，農　四一三軒，傍ラ製茶或ハ採薪等ヲ事トス。工　二九軒，大工或ハ木挽等ナリ。商　一五軒，酒造家或ハ煮売店其他雑商等ナリ。反別七八六町五畝二五歩」と記述されている。

　仰木を含めた堅田町域のわずか15.2％が耕地であり，そのほとんどが水田であったが，農家1戸あたりの耕地面積は約7.35反で，滋賀県の平均よりやや低かった。しかも水田の7割以上が一毛作田で，わずかの土地で二毛作田の裏作として麦類・豆類・菜種などが作られていた。水田は，湖岸の沖積平野および滋賀丘陵の傾斜地に棚田として拓かれ，1878（明治11）年には仰木・本堅田・南庄・真野の順に多かった。当時の水田作付面積は1,244.4町で，その収穫高は18,286石を示し，平均反収も1石4斗をあげ，肥料には油かす・石灰などの金肥のほか枯草もかなり利用していた。米作の作付面積は，すでに限界をむかえており，1907（明治40）年から1941（昭和16）年までのあいだにわずかしか増加せず，戦後は減少して，1948（昭和23）年と1960（明治35）年においてもあまり変わらなかった[*18]（滋賀県市町村沿革史編さん委員会 1967：179）。

　水稲栽培を中心とする仰木であるが，これまでの作付面積の変化を見てみると，たとえば麦作地は，1906（明治39）年に他村の麦作地が増加するのに対して，仰木村では576反へと大幅に減少した。大正期に入ってから各村とも作付けは減少し，1928（昭和3）年には仰木村田作308反・畑作79反へとさらに減少した。しかし，日中戦争から第二次大戦下にかけて食糧増産が叫ばれるよう

になって作付けは倍増し，1941（昭和16）年には田畑合わせて仰木村で410反となり，さらに戦後は食糧事情の窮迫からわずかながらも増加し，1950（昭和25）年には仰木村で495.3反・651.0石となった（滋賀県市町村沿革史編さん委員会　1967：183-184)。[*19]

　旧仰木村では，1908（明治41）年の水田裏作率が23.0％で，その後も25％前後にとどまり，1955（昭和30）年にも27.9％にすぎない。麦作は，1878（明治11）年時点で，仰木村850反・720石となっており，伊香立村についで多い（滋賀県市町村沿革史編さん委員会　1967：183）。一般に自給用大麦の栽培が多く，小麦・裸麦・蕎麦なども作られた。その後，麦類の栽培は田地裏作が主になった。仰木村では，他村にくらべて水田裏作としての菜種栽培はそれほど広がらなかった。[*20]

　畑作については，1878（明治11）年に旧仰木村に畑作がもっとも多く44.3町もあるが，その後もあまり増減はない。普通畑がほとんどを占めており，茶畑や果樹園や桑畑も行われていた。仰木村では，豆類のなかでもとくに大豆を自家消費用に多く栽培していた。ほかの村とくらべても仰木村と伊香立村の占める割合がもっとも高かった。大正から昭和期にかけて，価格の安い満州大豆の輸入におされて作付けは減少したが，畦畔や畑での大豆栽培は自家消費用に行われつづけた。第二次大戦下と戦後の食糧不足の時代に主食の代用とするために，サツマイモとジャガイモなどが栽培され，1948（昭和23）年のイモ類の作付面積は仰木村203反（50,760貫）と，真野村についで多かったが，昭和30年代に入ると全体的に減少する（滋賀県市町村沿革史編さん委員会　1967：185）。葉タバコは，早くから畑作として作られ，滋賀丘陵に位置する仰木と伊香立両村に多かった。1878（明治11）年には旧仰木村が640貫の生産高を示しており，他村から抜きでている（滋賀県市町村沿革史編さん委員会　1967：185）。

　仰木には「一戸に牛一頭」といわれるほど，どこの家でも牛を飼っていた。これらの牛は肉牛ではなく，農耕用の牛で，田んぼを耕したり鋤いたりする重要な労働力であり，家族以上にたいせつに育てていた。堅田町では，農家の副次的な農耕・運搬・肥料などの目的をも兼ねて和牛の飼育が多いが，そのなか

表2-4 仰木村の米作付面積と米推定実収高

年度	米作付面積(町)	米(推定)実収高(石)	年度	米作付面積(町)	米(推定)実収高(石)
1906（明治11）	305.4	2,950	1931（昭和6）	328.6	6,279
1907（ 40）	316.1	5,911	1932（ 7）	328.8	6,283
1908（ 41）	316.2	5,265	1933（ 8）	313.3	7,061
1909（ 42）	316.2	5,331	1934（ 9）	310.1	6,118
1910（ 43）	316.1	5,937	1935（ 10）	298	4,975
1911（ 44）	316.6	6,563	1936（ 11）	306.7	5,681
1912（大正1）	316.9	6,337	1937（ 12）	309.8	6,019
1913（ 2）	316.9	5,699	1939（ 14）	313.4	4,212
1914（ 3）	316.9	6,627	1940（ 15）	312.8	6,460
1915（ 4）	316.9	7,616	1941（ 16）	326	7,088
1916（ 5）	321.6	6,981	1948（ 23）	300.7	6,752
1917（ 6）	321.1	6,242	1949（ 24）	301.9	6,853
1918（ 7）	321.6	5,567	1950（ 25）	301.6	6,612
1919（ 8）	324.2	6,019	1951（ 26）	301.9	6,332
1920（ 9）	324.2	6,662	1952（ 27）	303.4	6,468
1921（ 10）	324.2	5,965	1953（ 28）	303.9	5,162
1922（ 11）	320.4	6,213	1954（ 29）	306.1	6,287
1923（ 12）	321.9	5,443	1955（ 30）	307.7	8,611
1924（ 13）	322.9	5,518	1956（ 31）	290.2	5,713
1925（ 14）	321.9	6,245	1957（ 32）	—	—
1926（昭和1）	310.2	6,010	1958（ 33）	—	—
1927（ 2）	310.1	6,541	1959（ 34）	—	—
1928（ 3）	317.7	5,977	1960（ 35）	—	—
1929（ 4）	330.3	6,347	1961（ 36）	—	—
1930（ 5）	330.1	6,596			

出典：滋賀県市町村沿革史編さん委員会 1967：180-181。

でも仰木村がもっとも多く，1878（明治11）年に仰木村で200頭が飼育されていた。その後，1909（明治42）年には全般的に減っていくが，とくに仰木村では152頭へと急激に減少した。しかし，大正以降，真野・仰木での飼育頭数はふたたび増加し，1934（昭和9）年には仰木村で251頭まで増加した。さらに，戦後は戦前よりもむしろさかんとなり，1954（昭和29）年に仰木村で365頭（ほかに乳牛7頭）となった。しかし農業の機械化などによって役牛の需要が減退していった。図2-2をみると，1970年代なかば以降，牛にかわって機械化が進められたことがよくわかる。とくに1980年代以降，ほ場整備を終えた水田を中心にやや大型の田植え機やトラクターの導入が一気に広がった。

　仰木村の農家1戸あたり平均耕作面積は，明治末から大正期にほぼ8.5～9.1反，昭和期で7.7～9.2反となり，戦後は1947（昭和22）年の7.0反から1954（昭和29）年の8.8反へと開拓面積が増大した（滋賀県市町村沿革史編さん委員会1967：187）。現在よりも2～3反ほど大きな耕作面積をもっていたことになるが，反あたり収穫量が現在の2分の1から3分の2程度と低かったため，収穫量の総計は現在より低かったことになる。

　表2-5には，明治末期以降の農家の経営規模・土地所有規模・自小作別の戸数を示している。[*21] 旧仰木村では，1916（大正5）年ごろまで自作が多かったが，大正中期から自小作が増加しはじめる。これに応じて経営規模も1930（大正5）年ごろまで主流を占めていた5反未満層が減少して，大正中期以後になると，5～10反層と10～20反層が多くなった。しかし，所有別に農家経営をみると，全般的に零細化が進み，5反未満・5～10反層が増大した。戦後は農地改革により自作が増加して小作が減少し，経営規模別では5～10反層と5反未満層が増加した。

　旧堅田町での地主小作関係についてみると，大正期の小作事情調査によれば，小作契約はほとんど口約束によるもので，小作証書によるものは2～3割ほどであった。契約期間については小作人に不都合のないかぎり継続するのが普通で，定期契約の場合は3～10年，5～10年であった。小作料は毎年12月10日ごろから31日までに現物で納入し，品質は一般に近江米同業組合検査に合格

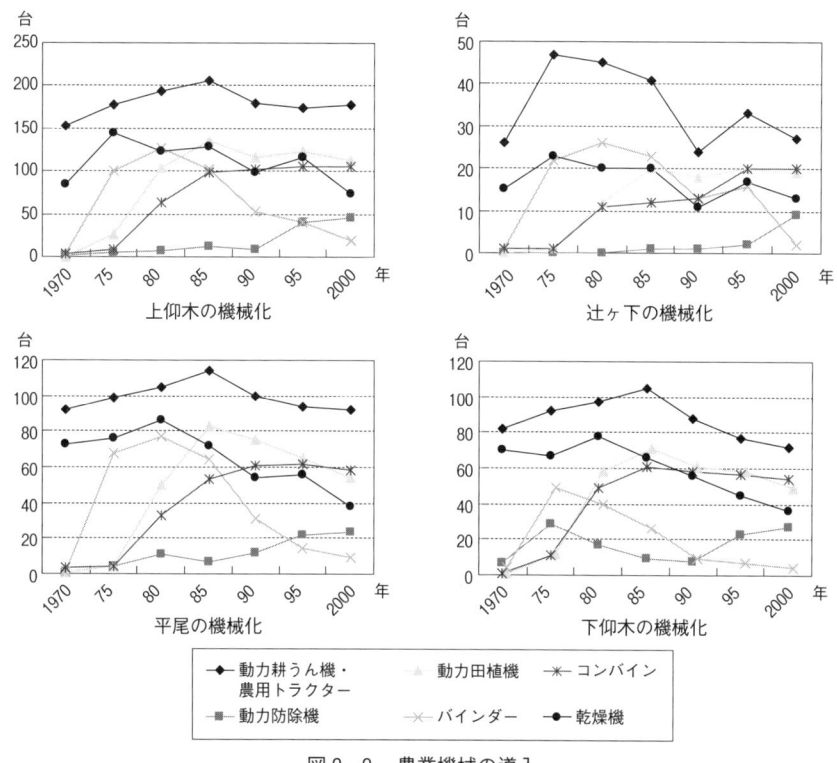

図2-2 農業機械の導入

出典：「世界農業センサス」（仰木町）。

した乙米を基準としていたが，なかには丙米を許しているところもあった。小作料は普通一毛作田で1石2斗，二毛作田で1石3斗，畑で8斗，宅地では1石8斗の割（1925（大正14）年度調査）であった。また小作争議も湖南地方にくらべて少なく，特筆するような事件はみられなかった（滋賀県市町村沿革史編さん委員会 1967：190）。争いがまったくなかったわけではないが，むら内部の調停で相論を解決できていたため，公の仲裁・調停を必要とすることはなかったのだと思われる。

各村には，農業を生業とする人びとだけでなく，大工・木挽・鍛冶屋・指物・畳職・左官など，さまざまな生業で暮らしを立てている人びともいた。仰

木では，製茶業が営まれ，その生産高は312斤にものぼった。製茶業は，ほかにも葛川村でもさかんで，伊香立村や真野村でもみられた。仰木は地理的に京都大原に近いこともあり，京都との交流圏や市場が重要な位置を占めていた。商家は西近江路・若狭街道にそってみられ，1878（明治11）年の仰木では，酒造・煮売・雑商が15戸あったとされている。1960（昭和35）年には，仰木に20戸もの商店が存在したとされるが，現在では，ほとんど残っていない。仰木村では，伊香立村につづいて干し柿の生産が多く，3,125貫を京都に出していた。とくに仰木の干し柿は高級品というイメージがあり，嗜好品として京都ではたいへん人気があったという。仰木は，比叡山麓の山あいだけに閉じているわけではなく，情報がとびかう市場でもあり，広い交流圏を形成していたのである。

　今では放置され荒れはてている山もかつては重要な生業の糧であった。琵琶湖の西岸は比良・比叡山系がつらなっており，旧堅田町域は山地と滋賀丘陵（古びわ湖層）地帯に広がっているため，早くから林業を営んできた。1878（明治11）年の山林は全体で3,073.8haあり，旧葛川村と伊香立村では1,200町以上で，これにくらべると旧仰木村では348.7町と小規模であった。旧堅田町域の75.7％を占める7,565.6haが林野（経済林2,961.4ha，非経済林4,414.9ha，原野189.2ha）であるが，雑木林が多い。経済林はおもにスギ・ヒノキ・アカマツなどであり，所有別では部落有林（226.4ha），財産区有林（139ha）が多い。1956（昭和31）年には，林業経営世帯数720のうち，農業との兼業が7割以上を占めている。このうち薪炭林は113.6ha（29,595石）にもおよぶ（滋賀県市町村沿革史編さん委員会 1967：191）。

　このように仰木村では，農業・林業・茶業さらには商業をなりわいとして暮らしを成り立たせてきたことがわかる。林業や茶業は衰退してしまったが，農業はいまなお受け継がれており，段々畑では稲作や畑作がいとなまれている。全国には約20万haの棚田が存在するが，滋賀県には現在約2,200haの棚田が残されている。このうち仰木の棚田地域は約200haにおよぶ。2005（平成17）年現在の仰木の人口は2,595人，762世帯。このうち農家人口は1,762人，総農

表 2-5　仰木の農家階層

年度	農家戸数	自小作別 自作	自小作別 自小作・小自作	自小作別 小作	経営耕地広狭別(反) 5未満	5～10	10～20	20～30	30～50	50～100	所有耕地広狭別(反) 総数	5未満	5～10	10～30	30～50	50～100	100～500
1913 (大正2)	388	210	137	41	142	126	111	9	0	0	388	100	151	120	15	2	0
1916 (5)	408	206	156	46	164	125	110	9	0	0	389	104	149	118	17	1	0
1922 (11)	426	123	249	54	139	141	135	11	0	0	426	210	127	75	12	2	0
1926 (昭和1)	423	80	298	45	80	210	130	3	0	0	423	211	125	75	12	0	0
1930 (5)	444	175	224	45	48	121	265	10	0	0	444	94	188	147	12	3	0
1935 (10)	383	135	179	69	102	143	133	5	0	0	395	182	97	104	12	0	0
1940 (15)	379	137	178	64	81	145	146	7	0	0	394	173	101	108	12	0	0
1947 (22)	475	175	207	93	171	204	100	1	0	0	―	―	―	―	―	―	―
1950 (25)	478	263	203	12	130	187	160	1	0	0	―	―	―	―	―	―	―
1953 (28)	473	―	―	―	108	172	187	6	0	0	―	―	―	―	―	―	―

注1：1947(昭和22)年の旧仰木村の農家数と経営耕地広狭別とは一致しないが，原資料のままとした。
注2：―はデータ不明(原資料のまま)。
出典：滋賀県市町村沿革史編さん委員会 1967：188-189。

表2-6　集落別にみた世帯数（農家数）の推移（戸）

	1950	1960	1970	1980	1990	2000	2010
上仰木	—	225 (190)	235 (188)	265 (188)	252 (178)	375 (166)	250 (145)
辻ヶ下	—	64 (50)	63 (50)	105 (46)	373 (40)	101 (32)	260 (29)
平尾	—	145 (125)	151 (124)	156 (117)	148 (105)	711 (93)	900 (80)
下仰木	—	139 (110)	145 (109)	138 (97)	631 (93)	2,731 (86)	3,500 (66)
仰木村計	(478)	573 (475)	594 (471)	664 (448)	1,404 (416)	3,918 (377)	— (320)

出典：「世界農林業センサス」各年次。
注：（　）内は農家数および農家人口を示す。
　旧集落に基づく仰木村全体では，約700〜770世帯で推移している。1990年以降の集落調査では，集落範囲に変更が加えられたため，世帯数が急激に増減している。

表2-7　集落別にみた耕地の利用状況の変化

		耕地面積計（ha）	水田率（％）	樹園地（a）	耕作放棄地（a）	耕作放棄地率（％）
上仰木	1960	158.5	93.7	20	—	—
	1970	133.5	95.3	—	338	2.6
	1980	111.5	96.9	25	15	0.1
	1990	107.8	97.5	—	611	5.5
	2000	108.1	95.6	34	982	8.5
	2010	81.7	92.8	41	415	4.8
辻ヶ下	1960	41.7	93.5	10	—	—
	1970	24.4	93.9	—	40	—
	1980	17.7	95	—	132	1.5
	1990	14.2	94.4	—	68	7
	2000	15.3	96	—	68	4.6
	2010	13.7	97.7	—	16	5.1
平尾	1960	104.4	93.6	20	—	—
	1970	83.5	92.7	30	23	0.3
	1980	69.3	93.6	18	73	1.1
	1990	59.6	94.1	94	339	5.2
	2000	54.6	96.3	13	344	6.5
	2010	49.6	93.5	—	226	4.4
下仰木	1960	91.7	93.6	10	—	—
	1970	79.5	94.2	1	84	1.3
	1980	62.7	93.3	87	242	3.6
	1990	57	94.9	3	258	4.4
	2000	48.2	93.4	10	563	10.4
	2010	37.2	92.8	—	111	2.9

出典：「世界農林業センサス」各年次。
注1：90年の耕地利用率は販売農家のみのもの。
　2：—はデータが未公表ないし数値が小さすぎて表示されないもの。
　3：1975年以降の耕作放棄地率データしかないため，1970年欄に記載した耕作放棄地面積と耕作放棄地率のデータは1975年の数値を記載した。
　4：上記の数値については，小数点第2位を四捨五入して計算した。

家数377戸（販売農家数278戸），専業農家は19戸である．1戸あたり平均約0.6ha の水田で自給的な小規模農業をいとなんでいる．耕作放棄率は，全国平均より やや高い程度でおさえられている．

表2-8　仰木村の経営耕地面積規模別にみた農家数

	0.3ha 未満	〜0.5ha	〜1.0ha	〜1.5ha	〜2.0ha	〜2.5ha	〜3.0ha	3.0ha 以上
1950	68	62	187	138	22		1	—
1960	61	60	186	138	27	3	—	—
1970	70	82	201	61	6		—	—
1980	104	106	185	50		2	—	—
1990	36	93	171	42		4	—	—
2000	—	93	138	39		7	1	（5ha以上）
2010	—	45	118	37		—	5	（うち5ha以上は2戸）

出典：「世界農林業センサス」各年次．

表2-9　仰木村の専業種類別にみた農家の割合の変化

	総農家数（戸）	専業農家（戸）	計（人）	恒常的勤務	出稼ぎ	日雇い・臨時雇い	自営兼業	自給的農家の割合（%）
1950	478	308	—	—	63	—	—	—
1960	475	146	—	—	—	—	—	—
1970	471	10	973	437	19	460	62	—
1980	448	9	901	569	3	225	104	—
1990	416	14	865	659	1	116	89	25.5
2000	377	19	604	465	—	62	77	26.3
2010	320	31	452	346	—	73	72	

（兼業従事者（人））

出典：「世界農林業センサス」各年次，農業集落カード「仰木村」．
注：2010年の兼業従事者数について集計がないため，2010年欄に記載されている兼業従事者数は2005年データを使用．
　　—はデータ不明．

2-4 井堰親制度というしかけ

2-4-1 井堰の分布

　仰木を空からみると，急峻な谷間に細かな田んぼが拓かれている様子がわかる（写真2−1）。仰木は，比叡山延暦寺の荘園や天領として支配されてきた歴史をもつことから，基本的に水田稲作を中心にして開発がなされてきた。そのため，水田の灌漑用水を確保するのに苦労をかさねて独自の工夫を行ってきた地域でもある。仰木では，天水田をのぞいたすべての水田で井堰親（イゼオヤ）制度と呼ばれる水利慣行がなされてきた。

　仰木の河川灌漑の利用は，市町村沿革誌によると，河川灌漑214町，ため池灌漑27町と記載されている。仰木には，棚田を灌漑するために全部で34ヵ所の井堰（イゼ）が存在していた。大きく分けると，天神川から灌漑する井堰と大倉川から灌漑する井堰である。カミは，基本的に天神川がかり，シモは大倉川がかりと天神川がかりである。ただし，シモのうち下仰木の下流部は，天神川と大倉川が合流した天神川下流の水を利用している。このほか山水や沢水そして湧水を利用している。また，現在では数が少なくなっているものの，近畿地方に特徴的なため池灌漑も多く存在していた。梅雨場の渇水や水不足時には，雨乞い行事がなされてきた。[*23] 水をめぐるカミ・シモ区分は，水源林や入会林野においても徹底されている。

　参考資料17では，聞き取り調査をもとに，それぞれの井堰ごとの取水口，水がかり面積，構成員をまとめている。これをみると，各集落に，ひとつずつ大きな井堰組織が存在し，それ以外の井堰組織は十数名ほどのたいへん小さな集まりであることがわかる。小さな井堰組織の場合は，日常的に顔のみえる範囲であるため，とくに取り決めや規約というかたちをもうけておらず，問題が起きるたびに，井堰親を中心にして問題解決をはかってきた。基本的に，井堰間でもめごとが起こることはほとんどなく，番水を行う場合でも，基本的にひとつの井堰組織内部での取り決めとなっており，井堰間で番水を行っていた例は

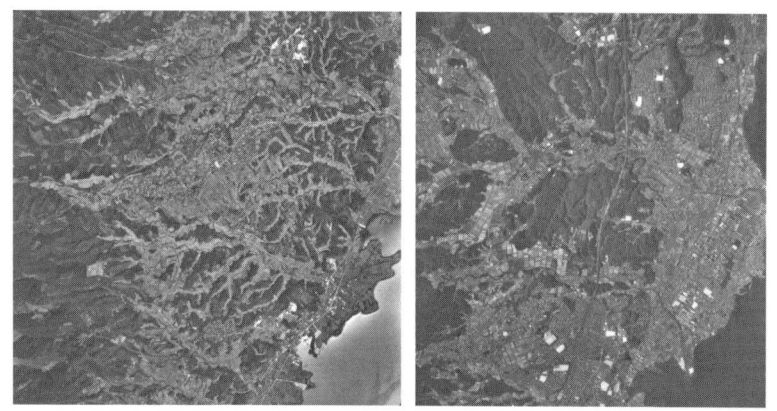

写真2-1　空から見た仰木，左は1963年撮影，右は2003年撮影
（出典：国土地理院撮影の空中写真）

ひとつしかみられない。

　番水や取水堰の設置場所や分水割合を決定するにおいては，水利開発の歴史が非常に重要なポイントになってくる。いわゆる，「古田優位」，「上流優位」の法則といわれる水利の基本原則が存在しており，最初に開発した古田あるいは取水口に近い上流の水田の方が，あとから開発された新田や下流部よりも特権的な地位を占める。仰木の場合，カミの開発は，得田（ウルダ）と呼ばれる最上流部であろうといわれており，シモの開発は植田（イエダ）と呼ばれる小椋神社のかたわらに広がる水田であろうといわれている。文書に残されていないため実証できないが，取水口である井堰の設置場所や分水の権利などを考えても，開発順序として，これらの説明は妥当なものと思われる。

　基本的に，ひとつの家が1ヵ所にまとまって水田を所有することはなく，複数の井堰組織に同時に所属している。ひとつの井堰がかりをみても，1ヵ所に水田をまとめてもっている場合は少なく，基本的に水田を分散して所有している。水田農家は，複数の井堰に入っているため，自分の関係するすべての井堰の夫役に参加しなければならず，夫役の負担はたいへん大きいものであった。

　次節以降では，仰木に存在している井堰灌漑を分類した後，カミを代表する

井堰組織として高野井堰を，シモを代表する井堰組織として川端井堰を取り上げる。この2つの井堰組織は，組織内部の取り決めを厳格に定めており，井堰親から詳細な説明を受けることができた。改めて井堰がかりに含まれていない天水田の存在は，参考資料8および参考資料9に示しているが，これらは個人で所有している山を開墾して水田にした場合と，開拓に遅れて参加したなどの歴史的理由により水利権をもたない水田とがある。ここでは井堰親制度に直接関係しない天水田については論じないが，この問題については第5章で取り上げる。

2-4-2 井堰灌漑のパターン

仰木では，水を確保するしくみとして井堰を用いている。井堰とは，河川に石や粘土を材料とする堰をもうけて，川の水を堰き止め，それぞれの水路へ取水するしくみのことである。基本的に，井堰は取水口を意味する言葉であるが，仰木では支線水路も含めて井瀬（イゼ）と呼んでいる。[*24] 井堰にもちいる石や粘土は，田の石や土の場合もあるが，近くの入会山からとってくることもある。また入会山や私有林は，水を引き入れたり渡したりするための「樋（ヒ）」に用いる竹をとる重要な場所でもあった。

仰木地区における井堰親制度のもっとも大きな特徴は，図2-3に示すように，支線がかりの水田のもっとも下流の最末端に位置する水田の所有者が，水利管理責任者（井堰親）になるという点にある。この井堰親制度の原則は，ほかのすべての井堰組織にもあてはまる。聞き取り調査では，仰木地区全体で34

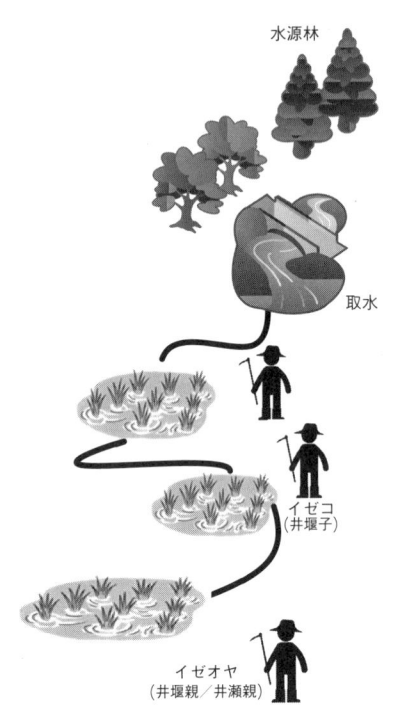

図2-3 井堰親制度のしくみ

の井堰組織が確認された。平均すると，ひとつの井堰の水配分面積は6.3haとなる。河川下流部は，仰木内で比較的規模の大きい井堰組織が存在しているが，上流部は地形的要因もあり比較的小規模の井堰組織が多い点が特徴的である。

　仰木の井堰親制度は大きく４つのパターンに分けることができる。もっとも多いのが，①最下流の水田所有者が管理責任者となる場合で，上流には特権的地位が存在せず，渇水時には井堰内部で時間給水である番水を行うものである。②は，①と基本的に同じだが，渇水時に番水を行わないもの。③は，①のように最下流に管理責任者（井堰親）をおくが，上流に特権的な地位が存在する場合で，井堰組織内部で番水を行うもの。④は，③と基本的に同じだが，井堰組織間で番水を行うものである。③④の特権的地位が存在する井堰組織は，仰木地区の３つの井堰でみられた。

　このように，仰木地区の大半の井堰では，井堰のもっとも下流に位置している田の所有者を井堰親として，水利管理責任者に位置づけている点に特徴がある。井堰親制度の成立については，資料もなく聞き取りからも明らかではない。

　しかし，井堰親の存在理由については，誰に聞いても次のような語りが一般的になされる。

　「井堰親がいつからはじまったんかはわからんけどな，一番下の田を持ってるもんをイゼオヤゆうてな，水路の管理責任者にするんや。こうしたら一番下までちゃあんと水がいくやろ」（T.K，2001（平成13）年12月８日）。

　このように井堰親の存在は，下流まで平等に配水するためのしくみとして認識されているのである。

　井堰親は，河川から取水する井堰を維持管理する。水路の泥さらいや草刈りなどの水路掃除と水路の穴をつめる補修作業に必要な労働力を夫役として徴収し，会計の仕事も行う。井堰親の権利と義務を列挙すると次のような内容になる。井堰親の権利は，日常時と非常時（大雨，水害，地すべりなど）に行う井堰の開閉，各田への水の配分の決定，ほかの井堰組織との連絡や調整役である。

井堰親の義務は，作業時の指揮・管理，水路の点検・管理，災害時の補償の申請，作業の召集，管理経費の配分と集金，連絡である。

井堰組織の成員である井堰子（イゼコ）には，井堰から取水した水を利用するために，水利施設および組織運営に必要な義務が課される。井堰子の義務は，井堰立て（イゼタテ）や井堰刈り（イゼカリ）などの共同の管理作業への参加，水路の改築や補修，および水路の管理にともなう費用負担もまた井堰子の義務である。前述のように，水利においては取水位置などの関係上，上流が優位になりやすい。しかし，仰木地区の井堰親制度では，最末端に水利管理責任者をおくことにより下流田が上流田をコントロールしている。

仰木の多くの井堰では，これまでみてきた井堰親制度をとるが，3つの井堰組織（上仰木・平尾地区）のみ，下流優位の原則をとらない。そこでは，井堰の上流部の耕地面積が比較的大きい「番次（バンツギ）」という特権的な農家の存在がみられた。これはおそらく古田優位の原則にしたがったものと推察される。宮座とつながっている番次は，井堰の管理作業参加と費用負担を免除されている。

井堰親制度のもうひとつの特徴は「番水（バンスイ）」制度である。番水とは，渇水などの水不足時に，水を利用できる人数と取水量を制限し，一定時間ごとに順番に配水するしくみである。ここでは「番水」制度がとられている井堰組織とそうでないものとがある。また番水制をとるところでも，番水が井堰組織内部だけで行われる場合と，組織間で行われる場合とがある。

仰木地区の井堰組織は，上流の特権的地位（番次）の有無，番水の有無，番水が組織内部で行われているか組織間かという点に着目して，以下のように分類することができる。

　　1）「下流優位」型――番次なし――①番水あり
　　　　　　　　　　　　　　　　└②番水なし

　　2）「上流優位」型――番次あり――番水あり――③井堰組織内部
　　　　　　　　　　　　　　　　　　　　　　└④井堰組織間

1）「下流優位型」井堰組織には番次が存在しないが，2）「上流優位型」井

堰組織では，特権的性格を有する番次が存在する。仰木地区では「下流優位型」が大半を占めており，「上流優位型」は3例にすぎない。

　番水を行う背景には，基本的に井堰子が多く水不足に悩まされつづけてきたため，井堰子間での規範形成が不可欠であったという歴史がある。これに対して，比較的井堰子の人数が少なく，配水の時におたがいの了解のみで問題が生じない場合には，②番水なしを取ることになる。「上流優位型」は，すべて番水を行っており，番水がひとつの井堰組織の内部で完結する③井堰組織内部型と，複数の井堰組織間で行われる④井堰組織間型に分かれる。

　両者とも，番水の配水においては，下流から水を入れており，井堰親制度の原則である下流を中心とした水利運営がなされているともいえる。井堰組織は，基本的に独立性が高く，井堰組織連合も形成されておらず，③は，井堰組織の一般的性格と合致する。一方，井堰組織間型には，河川からの取水口を統合する「合口」（井堰の統合）を契機として，井堰組織間で番水を行うようになったという歴史的経緯がある。

2-5　下流集落の水利用

2-5-1　川端井堰の夫役

　下仰木の水利施設は，井堰が9ヵ所，共同ポンプが6ヵ所（私有ポンプ1ヵ所）である。施設の所有主体は井堰組織であり，施設の管理主体は井堰親である。施設管理の内容は，水路の溝さらいや草刈りが中心である。

　井堰親制度は，江戸時代末期から明治初期にかけて，もともと河川灌漑（ここでは沢がかりも含む）によってなされていたといわれているが，その後，ため池を利用して河川灌漑を補完するものもみられる。たとえば，1902（明治35）年5月に，下仰木と平尾の井堰組織が，比叡山の山裾に「逢坂池」を共同で新設した。このため池には，河川水の流入はなく自然の雨水のみにたよっている。

逢坂池づくりに参加した井堰組織は，下仰木からは川端井堰と馬場井堰，平尾からは大倉井堰と梅宮井堰などである。この池作りには，各井堰組織から「人夫」と「金」が徴収された。この人夫と金の量によって，用水権である口数が割りあてられ，各井堰の配水量がきめられた。このため池は，下仰木と平尾の全部の田に，1寸弱ずつためることができるように計算して作られたといわれている。また「ため池ぬいたら雨がふる」といって，3昼夜で空になっても，水口を止めるとかならず大雨が降ったため一度も涸れたことはなかったという。しかし，50年ほど前から，突然ため池の水がたまらないようになったため，廃池になった。その後は，河川からのみ取水するようになったが，水が不足する時は，ため池の建設にかかわった家の者のみ水を利用することができるように計算されて作られている。

　下仰木でもっとも大きい井堰がかり面積を占めるのは，川端（コバタ）井堰である。川端井堰の最後の井堰親をつとめた深田亮三さんは「井堰を守りするには草刈りと穴踏みが大事」だという。[*25] 川端井堰では，まず，田植え前に「荒井堰立て（アライゼタテ）」が行われる。これは，朝から昼まで行われる全員参加の作業である。おもに，水路の穴のあいた部分に泥だんごをつめる「穴埋め」，水路の「崩れ直し」，水を流れやすくするための落ち葉掃除を行う。そして4月下旬に取水堰を止めてはじめて水を通し，まず総井堰子方が約800メートルの本線を行い，昼からはそれぞれの番の「大将（タイショウ）」の指揮の元支線の井堰立てを行う。

　つぎに，水路の草刈りである井堰刈りが行われる。1回目は，荒井堰立ての直後に，2回目は，梅雨から夏場にかけての草が繁茂する時期に行われる。また，ムラヤマ（共有山）の粘土を用いて水路の穴踏みも行われる。作業日時は，井堰立てとは異なり「井堰立て後に水がちょろんだら（水路に水が流れない状態）」するというように井堰組織の成員間で暗黙の約束事とされている。井堰刈りは，少なくとも年間10回はしており，多い時では3〜4日に1回の割合で行っていた。

　このような下準備のあと，それぞれの水田に配水されるが，その方法は井堰

により異なる．もしメンバーが，配水についての井堰組織内部の取り決めを守らなかった場合，井堰親が，違反メンバーのところに直接話し合いに行き，争いの未然防止の役割をはたしてきた．ただし，井堰親の注意にもかかわらず違反をつづけた場合には，水の利用を一定期間禁止するという実力行使をともなう制裁も行われた．

支線水路の一番下流の水田を所有している井堰親は，河川にある取水口（井堰）を上げ下げし，この井堰から井堰子たちの水田までの水路，そして本線水路を毎日見て回らなければならない．井堰親のほかにも，60歳をこえてもなお体力のある人を1人雇って，毎日水路を見回る仕事にあてていたという．米でイゼ料をとっていたころは，見回りを担当する人にも手間賃が出ていた．見回り人は，上流から下流まですべての水路をていねいに見て回り，とくに下流にある水田の稲の生育状況や水回りのぐあいを観察して，毎日夕方になると，その日の水路の状況を井堰親に報告しに行った．

見回りの道中に，もし土で作られた水路に穴があいているのを発見すると，土だんごをつめて水がもれるのを防ぐというような日々のこまかな見回りと点検が，井堰親のとても重要な仕事になっている．これらの仕事とならんで重要な井堰親の仕事は，1年間をつうじて水路を維持管理するためにかかった費用を計算し，その費用をそれぞれの井堰子から徴収する役割である．

井堰子は「井堰立て」と呼ばれる春に行われる溝さらいや，「井堰刈り」と呼ばれる土堀の水路の草刈りに参加することが義務づけられている．井堰立てには「荒井堰立て」と「井堰立て」の2つがあり，「荒井堰立て」は，田植え前の4月ごろに行われるもので，冬のあいだに繁茂した雑草を刈ったり，水路につもった落葉をはいたり，水路の崩れたところを補修したりするなど労力と手間ひまのかかる仕事のことをいう．これに対して「井堰立て」は，荒井堰立て以外に数回行われる水路の掃除や補修のことをいう．また梅雨から夏場にかけてこまめに行う草刈りは「井堰刈り」と呼ばれている．

表 2-10　川端井堰の番水表

	昼水	中番	夜水
戸数	18戸	12戸	28戸
入水時間	午前6時～午後4時	午後4時～午後8時	午後8時～翌午前6時
水口管理責任者	昼水の下流の田	井堰親	副井堰親
角番時の入水戸数	9戸	6戸	14戸

注1：川端（コバタ）井堰の戸数の合計が番水表の戸数の合計よりも少ないのは，複数の番水組に属している家がいくつも存在しているためである。
　2：角番とは，番水時の水利用人数をさらに半数にして行うことをいう。

2-5-2　番水制と井堰料

　井堰組織では，日常の水利用を基本にしながらも，水利組織の特徴は，渇水や大雨などの非常時に典型的に現れる。仰木地区では，渇水時は，井堰組織内部で水の利用を規制する番水が13の井堰組織で行われており，井堰組織間で番水を行うところも3つある。番水とは，水の利用者・取水量を制限し順番に配水するしくみのことをいう[26]。

　たとえば，井堰組織内部で番水する川端井堰では，表2-10のように，昼水・中番・夜水と3つの時間帯に分けて，井堰がかりの田をそれぞれ対応させて割りあてる。戸数の合計と成員数の合計が等しくないのは，農地を分散して所有しており，構成員が複数の番に所属しているためである。

　井堰や水路など水利施設を維持管理するのにかかる水利費は，それぞれの家から徴収する「井堰料」が中心である。井堰料は，1年をつうじて井堰を管理するための経常的費用と，改築・補修工事などにかかる臨時的費用とに分けられる。井堰親に対する手当てとしては，各戸から米換算で徴収されるところもあるが，実際は成員の飲食代などに使われているので，労働報酬は得ていない。また，川端井堰では「戸別」に行われる労働負担を公平化するために，成員の飲食代を「反別」に徴収する「お神酒料（オミキリョウ）」を行ってきた[27]。川端井堰では，1960（昭和35）年ごろから不参料（不参加者が井堰親に支払う徴収金）を徴収しており，労働相場の6割にあたる対価を支払っていた。井堰を維持す

るために人足を確保することが重要であるため，このような不参加は，大規模な井堰でないかぎり行われていない。

2-6　上流集落の水利用
2-6-1　高野井堰の水利用

　上流の井堰組織のうちもっとも大きい高野井堰と八王寺井堰は，上仰木集落の水田であり，天神川から取水して灌漑している。参考資料8の地図には，高野井堰と八王寺井堰がかり田の位置を示している。水路の末端部に位置する水田の所有者が「井堰親」と呼ばれる水利管理責任者としている。これは，土地つきの権利であるため，水田が売買されないかぎり，井堰親田を耕作する人が井堰親の役割を担いつづける。

　高野井堰がいつごろ形成されたものであるかはっきりしないが，1917（大正6）年の『稲苅覚帳』に現在の井堰成員数が書かれている。高野井堰の構成員は24戸，井堰がかりの灌漑面積は約3～4haである。高野井堰の1戸あたり平均所有耕地面積は0.18haとたいへん小規模なものである。仰木地区の平均所有耕地面積がおよそ0.6haであることから，1戸あたり平均3つの井堰組織に同時に所属していることになる。また，高野井堰の構成員のうち11戸が「番次」という地位をもつ。支線の上流部にあたる番次の灌漑面積が約2.4haであり，総灌漑面積の2分の1以上を占めている。

　「番次」というのは，番水制のときに，朝番と夜番のあいだの2時間だけ水を取水するというように，水の番と番を次ぐ意味から名づけられたとされている。番次1戸あたりの平均所有耕地面積は0.24haであるため，たいへん小規模な水田経営であるのだが，番次以外の成員とくらべると1.3倍ほど耕地面積が大きいことになる。さらに番次は，水路の補修や溝さらいや草刈りなどの煩雑で労力のかかる管理作業への奉仕義務を免除されているという権利をもっている。この管理作業は，用水権の確保と密接不可分のものであるだけに，作業

参加義務の免除は大きな権利として井堰子たちはとらえている。

　また棚田で水を管理するためには，ただ用水を引き入れるために水路を共同で管理すればいいというわけではない。棚田は，傾斜が大きいため，小さな穴があいたり水が少し漏れたりしただけで畦畔や土手が崩れてしまうため，いつでも下の田に被害を与える可能性をもっている。そこで，畦畔や土手面の共同管理がこのうえなく重要なものになる。そしてこれは用水管理のように水が必要な期間だけ管理すればいいというようなものではないため，年間をつうじた管理が必要となる。つまり棚田水利においては，この畦畔・土手の管理を含まない用水管理は実態として意味をなさないということがいえよう。実際，土手崩れの復旧とそれにともなう水路の補修は，平場水利からは想像もできないほど労力のかかるものであるため，番次がこの作業を免除されていることは，下流部の井堰子から，とても大きな権利であると認識されてきた。ただし，水路の補修が必要となる水路は，番次が使っている上流部の水路に集中していることから，10〜20年前ぐらいから，暗渠が崩れた場合は，番次も補修作業に参加することが義務づけられるようになった。また，管理にともなう必要経費や工事費は，昔から番次も負担している。

　このようにみてくると，シモにみられた井堰親制度が考えていた下流優位による平等原則が裏切られているようにみえる。では，高野井堰にみられた下流に対する番次の優位性はいったい何に由来しているのだろうか。番次の成員が記された資料[*28]を読み直すと，井堰組織と宮座組織との重なりにヒントをみいだすことができる。番次のメンバーは，上仰木を最初に拓いたとされる「親村」の構成員と重なることが多いことから，番次は古田優位の原則によるものと考えられる。「親村」というのは，中世の仰木庄という荘園を基盤とする宮座で「宗徳・浄恵・浄光・真法」の4株に分かれている[*29]。これら4株の名は，仰木の開発者の子どもの名とされており，仰木村4地区のうち上仰木と辻ヶ下にのみ見られる[*30]。このような開発の歴史にくわえて，聞き取りにおいても「なんでバンツギができたんかいう，くわしいことはわからんけど，下のもんは上から水を分けてもらわなあかんし。それにやっぱり上からさきに拓けていったんや

ろうなぁ」(T.K氏, 2000 (平成12) 年10月8日) といわれている。つまり, 下流の井堰成員は, 事実の当否は明らかではないが, 基本的に仰木では上流に位置する田は早くから開発されたものであろうし (古田優位), そうでなくとも下流より上流は有利 (上流優位) なところとして番次をとらえている。このように上流かつ古田であると認識されているからこそ, 番次の権利を受け入れざるをえないことになる。

　文書の制限のある現時点では, 番次のうち親村構成員については, 開発の歴史上, 古田優位原則を適用することができるけれども, 残りの番次については, 上流という地理的優位性を利用したものと思われる。また聞き取りのなかで, 高野井堰の番次をのぞく成員は, 自分たちを「高野」の者として「番次」と区別していた。高野井堰のメンバーは, 番次をのぞいた下流部に位置する水田の耕作者を正規の高野井堰成員ととらえていたと考えられる。この下流の正規の高野井堰内部では, ほかの井堰組織と同じように, 井堰親制度の基本的な共同関係である井堰親と井堰子による水利運営が行われている。

　現在の高野井堰の井堰親は, 水路の最末端の水田に位置するT.K氏が行っている。そして番次田内においても, 番次のなかで最末端部の水田の所有者が番次井堰親となっている。ただし, 番次井堰親は, 副井堰親的位置づけである。番次井堰親は, 番次の意見を収集し, 高野井堰がかり田の下流部に要望を出すときに番次の代表となる。番次田の水路の見回りも担当している。

　高野井堰では, 井堰を八王寺井堰と共有しているため, 田植え前の3月下旬から4月にかけて「荒井堰立て」を八王寺井堰と共同で行う。これは冬期に水路につもった落葉などを取りのぞく溝さらいを中心に, 水路に生い茂った草を刈る「井堰刈り」とあわせて行われる。荒井堰立ては, 水口から本線は番次以外の成員で行われる。ただし, この井堰立てが行われるのは, 主として番次側の水路である。高野井堰にかぎらず上仰木は急傾斜のため, 上流の水路は崩れやすく, 上流の維持管理をこまめに行わないと下流まで水が流れなくなるため, 下流にとっても上流の維持管理がとくに重要だとされている。

　荒井堰立て後は, 井堰からそれぞれの井堰所有の支線水路に対して取水が行

われるが，高野井堰と八王寺井堰に6：4の割合で配水している。これは番次もあわせた高野井堰の総灌漑面積と八王寺井堰の総灌漑面積の比に対応する。配水は「分木（ブンギ）」と呼ばれる切り込みを入れた木を用いた定木分水を行っていた。

　この他，水路の補修や工事にともなう費用負担は，高野井堰と八王寺井堰のあいだで6：4の割合で費用負担することになっている。これは耕地面積比に基づいてきめられた配水割合比に等しい。また，各戸への負担は反別にしたがってなされている。

2-6-2　井堰間の共同利用

　高野井堰と共同で井堰を利用・管理している八王寺井堰の構成員は14戸である。八王寺井堰の灌漑面積は約2〜5haとたいへん小規模である。灌漑面積を戸数で割った八王寺井堰の1戸あたり平均所有耕地面積は0.18haであり，高野井堰と同じぐらいの小規模な経営がなされている。井堰親は，井堰がかり田のなかでも最末端部の水田の所有者であるI.F氏が担当している[*31]。八王寺井堰には，高野井堰のような番次の存在はみられないため，番次井堰親は存在しない。つまり八王寺井堰は，仰木地区に広くみられる井堰親制度と同じ構造をとっている。

　井堰の管理作業は，基本的に高野井堰と同じ方法でなされる。取水堰から分水点までの本線については，高野井堰と共同で荒井堰立てを行い，本線の水路掃除や水路の補修作業がおわると，八王寺井堰の支線で荒井堰立てや井堰刈りが行われる。水路ごとに井堰立てや井堰刈りを行う日程や頻度は，水路に流れる水の状況などをみて，井堰親が判断して行う。八王寺井堰も，高野井堰と同様に，急傾斜地に位置しているため，井堰立てや井堰刈りをこまめに行って井堰の維持管理につとめてきた。

　荒井堰立て後の配水についても，高野井堰と同じように，支線水路を分岐して配水していくが，1戸あたりの水口はひとつである。ただし，八王寺井堰は，竹で作った「樋」をもちいて配水するところがいくつもあり，田越し灌漑

において樋を利用する事例がもっとも多くみられた。畦に数ヵ所切り込みを入れたところに樋をかけて，下の田に水を落とすこともあるが，田の土手の中央部に長い樋をうめこんで，田の浸透水を下に落とす場合の方がより多かった。これは，田んぼの漏れ水を有効に利用して少ない水を最後の一滴まで使いきるとどうじに，水はけをよくして土手崩れをふせぐための工夫でもある。

一筆ごとの水利用のしくみについてみると，すべての田が水路と接しており，その水路から直接水を田んぼに取り入れている。水田の取水口と排水口は隣接して作られる。ただし，田越し灌漑を行うときは，水田の両端2ヵ所と中央部から下の田へ水を落としていく。ちなみに仰木の田越し灌漑は，所有者をこえて田越し灌漑がなされることはなかった。つまり，所有者が同一の水田の範囲内でのみ田越し灌漑は行われていた[*32]。土地の所有区分と水がかり区分が重なり合って，他者の水田と用水との線引きを明確に示している。

2-6-3 高野井堰と八王寺井堰における番水制

日常的な用水利用は，これまでみてきたような独特のやり方でなされるが，渇水時になると，さらに地域固有の水利用・管理の特徴がはっきりと現れる。これまでにも指摘されているように，この渇水時の対応にこそ，水利慣行の性格が顕在化する。

高野井堰では，番水制のことを「落シ水（オトシミズ）」または「時間水（ジ

表2-11 高野・八王寺井堰の番水表

	1日目 朝 夜	2日目 朝 夜	3日目 朝 夜	4日目 朝 夜	5日目 朝 夜	6日目 朝 夜
高野 上	○ ○	○ ○	● ○	○ ○	○ ●	○ ○
高野 中	○ ○	● ○	○ ○	○ ●	○ ○	○ ○
高野 下	● ○	○ ○	○ ●	○ ○	○ ○	● ○
八王寺 上	○ ○	○ ●	○ ○	○ ○	● ○	○ ●
八王寺 下	○ ●	○ ○	● ○	○ ○	○ ○	○ ○

注：●は落番（取水できる），○は空番（取水できない）。

カンミズ)」と呼び，水を利用する番を「落番(オチバン，オトシバン)」と呼んでいる。井堰間で「落シ水」をする高野・八王寺井堰では，表2-11のように，3日ごとに落番がまわってきて，5日ごとに朝水・夜水ともに一巡するしくみになっている。さらに，高野井堰においても，八王寺井堰においても，下流にあたる水田(表2-11に「下」と表記)がはじめに取水するようになっている。このように下流から順番に取水するように「落シ水」すなわち番水制が作られている。そして，番次は，夕方の5時から7時のあいだの2時間と非常に限定された時間でのみ取水を許可されている。

水は一度水田にためても，水田から漏れていく水が想像以上に大きいので，たんに入水時間のみで比較することはできないが，2時間の入水では「渇水でひび割れた田んぼには，たいした足しにならなかった」(K.T氏，2001(平成13)年10月8日)という。また番次田の面積から考えて，2時間の取水は短かすぎると思われる。渇水時は，他の井堰成員にくらべて，番次の権利性は発揮されておらず，むしろ弱められているといえよう。井堰の管理は，高野井堰親の仕事であり，番次であっても井堰に勝手にさわることはできない。このように，実質的に下流の最末端部の者が管理責任を担っている。たとえば，入水時間を越えても下に水を流そうとしないときは，井堰親を中心に水番をする者が下に水を流させた。

この番水で重要な点は，水利管理責任者である井堰親がいる下流から順番に，かつ番次よりも長い時間取水しているということである。このように上流には「番次」という権利をもつ水田が存在する一方で，渇水時は下流を中心にした水利運営がなされている。番次の優位性の部分を代替するようなしかけが，番水制においてなされていたと考えることができるだろう。平場水利とくらべた場合，棚田水利において上流に対する下流の脆弱性はきわめて大きいものとされる。下流は，そのような脆弱性をもっているがゆえに，最末端まで用水を確保し水路を管理することが絶対的に必要であり，井堰親という存在は非常に合理的なものであったとも考えられよう。

井堰は，川をせき止めて取水するという性質上，井堰間の関係性はつねに緊

張状態にある。そのため，井堰組織間の連絡組織や連合組織が形成される契機がうまれてくる。しかし，おもしろいことに，谷に河川が流れて丘陵部に棚田を拓いている地形では，棚田からの漏れ水をはじめとする伏流水が非常に大きいため，一定の距離をあけて堰をつくれば，水の取り合いをしなくても灌漑に必要な水量を確保することができた。こうした地形的要因と，井堰内部における非常に緻密な水利用・管理によって，仰木地区においては井堰組織間の連合組織が形成されなかったのである。

では高野井堰と八王寺井堰が，井堰を共有して維持管理し，両者のあいだに用水の配分を決めているのはなぜだろうか。高野井堰と八王寺井堰の水利開発の歴史をひもとくと，この2つの井堰は，それぞれ個別に開発され存在していた。高野井堰と八王寺井堰は，昔から井堰を共有していたわけではなく，昭和初期に，天神川が大氾濫したときに，河川に設置されていた井堰がすべて流されてしまい，河川改修にあわせて井堰を合口したという歴史的経緯をもっている。この合口以降，井堰や水路の管理については，高野井堰と八王寺井堰の共有部分である井堰から分水口までを共同で維持管理している。分水口以降のそれぞれの支線水路については，高野井堰と八王寺井堰それぞれの方法により水路を管理し配水を行っている。つまり，水の取水口を統合した合口後においてもなお，井堰組織は，基本的に相互に独立した存在としてとらえることができる。

2-7 「オヤコ」関係と井堰がかりの境界・領域

2-7-1 井堰がかりの「オヤコ」関係

仰木地区の水利慣行である井堰親制度においては，井堰親と井堰子という構造を作り出し，オヤコ関係をつうじて，下流まで平等に水を分配する水利秩序が生み出されてきた。棚田という特殊な地形に規定されながら形成されてきた井堰組織の共同性を理解するには，村落内部の個人個人の関係のとり方とオヤ

コ関係の本質をとらえておく必要がある。井堰組織のオヤコ関係を，民俗学における「番」組織と「衆」組織，および村落社会学におけるオヤコ論を参考にしながら検討してみたい。

民俗学の類型論によれば，日本の農山村では「番」と「衆」という組織の作られ方がある。「番」組織は，①家を単位とした制度，②家の組み合わせで組織される，③原則として個人の条件は考慮されることがない組織，④当番制の組織，という4つの特質をもつ責任担当制の組織である（福田 1997：128-129）。

これに対して，近畿村落に多くみられる「衆」組織は，①原則的に個人を組織，②定員制，③加入・脱退は年齢順や経験順を原則とする，④複数の人間が集まってものごとを処理するという4つの特質をもつ全員合議制の組織である（福田 1997：123-124）。衆組織は，関東地方はじめ近畿地方以外では，ほとんどみられない組織とされる。[*33] 仰木も，近畿村落に典型的な宮座組織を運営している。

「近畿地方の「番」は「衆」の下位組織として「衆」の指示を受けて特定の仕事を担当するものであり「番」が村落運営上に特定の権限や責任を持っていないのが普通である」（福田 1997：129）。関東地方は「衆」組織の欠如しているむらとして把握される。

では，個人を主体とする「衆」組織におけるオヤコ関係は，どのような位置づけとなるのだろうか。ここでいう労働組織としての家は「オヤコ」という言葉をもちいて説明することができる。柳田国男によると，オヤコは，現在のような血縁関係に依拠する親子関係とは異なり，「労働組織における統率者としてのオヤと労働単位としてのコの関係，という広いもの」であるという（福田 1990：70-79）。このようにオヤコは，家父長制的秩序としての関係ではなく，親和的な関係としてとらえられるものである。

これに対して，有賀は，時代を問わず有力者に無力な者が追随して生ずる一種の主従関係として親方子方関係をとらえている。有賀は，寝宿慣行を事例に「宿を引き受ける家が村の有力者にして見識ある旦那方であり，若者達がその薫陶を受け，それに対して最大の敬意を払い，絶対服従をした」と指摘するよ

うに，寝宿主人の村における地位や子に対する絶対的な支配権を意味するものとして親方子方関係を示す（有賀 2000：158）。つまり，オヤはコに対する言葉であり，同族団の本家末家の関係または主従関係を示す言葉として理解される。オヤの地位は，村のなかでの地位獲得と密接にむすびついて形成されていたのである。

　有賀のオヤコ論は，非血縁関係も含めた関係性を射程におさめた柳田の議論を引き継いでおり，大変有効な視点を提供してくれるが，家を単位にしたオヤコ関係は，本家末家関係の写しとして人びとの関係を理解してしまっている。そのため，家ではなく個人を単位とする「衆」組織においては，オヤコ関係がフラットなものに転化されてしまうことをうまく説明できない。井堰組織内部で形成されるオヤコ関係は，有賀が指摘する親方・子方関係のように支配・庇護と服従・奉仕に基づく上下関係に依拠するのではなく，柳田のいう親和的な横のつながりに依拠する関係として形成されている。むしろ，井堰組織のオヤは，日常的な仕事の多さや責任感にくわえて，場合によっては非常に厄介な仕事であり，メンバーである井堰子たちの調停役となるとともに，水争いが生じた場合には，対外的に窓口となって交渉役を引き受けなければならない。

　井堰組織のオヤコ関係は，①オヤの「固定性」，②下流の地位の再定置，③オヤコの労働関係のあり方に特徴がある。第一に，2 つの側面から井堰親を固定化している点に特徴がある。水利といっても水田を基盤にして営まれるため，「井堰親」という役割を，イエではなく，水田そのものに与えていた。そのため，井堰親がイエで代々継承されてゆくわけではなく，井堰親田の所有者が井堰親を担うことになる。水という変動するものを利用・管理するために，土地という固定的なものに水利管理責任者の基準をもとめることで，井堰親の地位や役割も固定的なものになっている。別の側面は，井堰親田の位置である。井堰親田は下流の最末端部におかれ，この水利条件の悪い井堰親田は，基本的には売買されることはなく，ひとつの家で継承されていくことになる。ここに，井堰親の固定制が生み出される基盤が形成される。

　第二に，地理的に水の不利な条件にならざるをえない下流部を救済するとい

う手段をとらず，この下流に井堰親という権利・義務と責任を与えていることである。これによって上流対下流という構造のなかで，下流に独自の地位を与え棚田水利固有の関係性を作り上げていると考えられる。これは，棚田全体を維持していくために，上流と下流のどちらにとっても合理的な選択となっている。

第三に，オヤとコの労働関係に着目すると，オヤは柳田も指摘するとおり，労働組織における統率者としての役割を担う。たとえば，溝さらいや草刈りの準備をし，作業当日の仕事の役割分担を行うなど，全体的な差配が重要な仕事となる。井堰親は，井堰がかり田全体をつねに把握しておくことが必要とされる。ただし，井堰親は柳田のいうような統率者としての役割のみを担っているのではない。仰木での聞き取り調査によると，井堰親は日々の水路の見回りや維持管理を行っていた。これら普段の労働——きつい労働・仕事とされる——に従事すること，そして誰よりも水利や水田の状況に精通していることが，井堰子の井堰親に対する信頼を築き，井堰親の地位を作り上げていた。この信頼関係のもと，井堰子は，井堰親の差配にしたがって割りあてられた労働を行ってきた。とくに決められているわけではないが，井堰子たちは，普段から自分の田畑に隣り合っている道（農道）や水路の草刈りなどをしている。さらに井堰親が目のとどかない細部の問題，すなわち自分の田畑に直接的・間接的に関係してくる問題を井堰親に伝達することも重要な役割となる。このように，さまざまなコの利害関心が存在する状況のなかで，オヤによって全体的な維持管理の方向が決まるというように，オヤとコの関係は相互補完的でもある。

2-7-2 水の領域と山の領域のゆらぎ

末端にいたる小規模な水利共同の基盤にあるオヤコ関係と，井堰がかりの境界や領域はどのような関係にあるのだろうか。いいかえると，水利におけるオヤコ関係は，棚田という空間にどのように反映されるのだろうか。

まず，正規のオヤコ関係が営む水田の範囲と，正規の井堰がかり田の範囲とは一致する。この点では，オヤコ関係と井堰がかり田の境界・領域にはズレが

みられない。しかし，実際の水利用においては，オヤコ関係に含まれない天水田所有者の田にも，井堰の余り水や漏れ水が流れこんでおり，この水を利用して灌漑がなされている。ときには，樋をもちいて配水されているため，一見したところ天水田とはとらえられないものもある。このように，オヤコ関係をこえた領域で水利用がなされており，オヤコ関係と井堰がかり田の範囲にはズレが生じている。

　ただし，天水田の水利用は，比較的水に余裕がある平常時に行われるものなので，天水田に水をまわす余裕がなくなる渇水時になれば，天水田は井堰の水を利用することができなくなってしまう。つまり，水の存在量におうじて，オヤコ関係と井堰がかり田の境界が濃くなったり薄まったりし，両者の領域が広がったり狭まったりする。

　また天水田は，潜在的な「コ」として考えておくことも必要であると思われる。たとえば，上仰木ではみられなかったが，下流集落の井堰では，水余りと労働力の不足などを背景として，天水田を組み込んだ管理をしたり，天水田に用水権をゆずったりする例もみられた。つまり，井堰オヤコと天水田との関係は，完全に断絶しているわけではなく，天水田はつねに「オヤコ」関係に組み込まれる潜在的な可能性をもっている。水利におけるオヤコ関係は，棚田の境界や領域を生成するとともに，変容・再編させるものとして現れてくることがわかる。

　これまで，自然条件のなかでもとくに大きな影響を与える「水」に規定される側面に焦点をあてて，オヤコ関係と棚田の境界・領域との関係をみてきた。では，人びとの主体的で能動的な動きに着目するならば，これらの関係はどのようなものになるのだろうか。

　水利は，自然条件の変動に大きな影響を受けざるをえないが，近年では人びとが作り出す変化が大きくなりつつある。そこで，後者の人びとが作り出す耕作放棄の増加による変化に焦点をあててみたい。実際，仰木でも近年，棚田の耕作放棄地が増加しつつある。ただし，耕作放棄率は安定化している点に特徴がある。棚田はこれまで水田として利用・管理されてきており，減反政策がと

られるようになると，水田の維持管理がたいへんな水利条件の悪い地域，すなわち下流部の田から順に水利用の粗放化が行われ，耕作放棄が進んでいく。

　棚田の耕作放棄とは，基本的に水田の放棄であり，耕作放棄は水田の維持管理作業への不参加を意味する。また水利作業に参加しないということは，水利を維持管理するために作り上げてきた関係を放棄することであり，これは「オヤコ」関係の解消すなわち成員権の喪失へとつながる。つまり，棚田を耕作放棄するとは，棚田１枚を維持管理するために網の目状にはりめぐらされた関係を断ち切る行為なのである。

　これを境界と領域という観点からとらえなおしてみよう。そもそも棚田という「ノラ」（耕作地）は，ヤマ（山林）を開墾することによって作り出されてきた。[*34] 傾斜地に拓かれた水田は「ヤマのノラ化」というプロセスをつうじて生み出される。しかし近年では，これまで棚田であったところが耕作放棄され，そのまま草木がおいしげったり，または積極的に植林が進められたりすることでヤマ化が進行する。これは，ノラであったものがヤマへ変化するという点で「ノラのヤマ化」ととらえられる。このようにノラとヤマの領域は，それぞれ相互転換しうる領域として理解される。

　それゆえ，ノラとヤマとの領域はそれほど明確なものとはいえず，ノラとヤマとの境界はさらに複雑にならざるをえない。というのは，ノラの周縁部からヤマ化していくのが一般的とされるが，仰木では，かならずしもそのようには言えないからである。実際，ノラに虫食い状に耕作放棄地が広がっている。ヤマやノラの境界というのは，確定できないまま「ゆれうごく」存在として立ち現れざるをえなくなる。

2-8 「小さな」水利組織の共同性を支える論理と領域保全

　水を管理するということは，農村だけでなく都市においても行われてきたことであるが，それは単に資源を配分するということにとどまらない。「諸施設

のシステムを整え，そこに一貫した管理体系を実現するということは，単に都市の物的な土台の管理にとどまるのみか，そこに住む人びとの行動様式や生活習慣を管理可能なものとしていくという，社会的問題に連なることだった点を見過ごすことはできない」（喜安 2008：34）。生活の細部にいたる管理化をうながす重要な契機として，水利システムの普及や徹底をとらえなおすことができる。

「給水施設の網の目によって管理された水の流れをつくり出し，この流れに人びとの日常生活を従わせていくという，都市の新たな支配の問題を内包していたのである。そしてこのような水の流れをつくり出すことは，同時に道路，下水溝，塵芥処理といった関連する諸施設において，制御された新たな物の流れをつくり出し，全体として，人びとの日常生活やその立ち居振舞に変化を強いることであった。したがって諸施設のシステムが存在しないという事態は，都市が，そこに住む人びとをその土台における物の流れに従わせることができない，という危機に直面していることをも暗示しているのだ。巨大化する都市を支配しようとする者たちにとって，このような状況は治安の問題として意識されざるをえないであろう」（喜安 2008：35）。

水をいかに管理するかという問題は，水利施設を設置することをつうじて，自然をいかに効率的かつ合理的に配分しコントロールするかという問題にとどまらず，新たな施設システムと社会システムを構築することであり，そこでは水利制度を媒介にして新たな支配が誕生し，人と人との関係のとり方が変化してゆく過程そのものでもある。水と山の境界や領域がゆれ動く過程で，井堰組織のオヤコ関係が担ってきた役割に着目すると，下流集落の井堰親制度は，徹底した平等化をはかるしかけとして立ち現れていたことがわかる。水の領域が上流方向・下流方向に拡大・縮小されたとしても，オヤが固定化されているため，水と山の境界・領域のゆらぎは，コの範囲が拡大されたり縮小されたりするプロセスとして把握できる。末端の小規模水利の「小さな」共同性は，物理的な小規模性に規定されるのではなく，オヤとコという関係のとり方の近接性によるのである。

第 2 章　棚田における水利組織の構成原理と領域保全　　69

これに対して，上流集落においてみられた番次のような特権的地位が存在していた高野井堰と八王寺井堰の事例では，下流集落の徹底した平等化志向とは異なる共同性のあり方を示している。これらの地域では，絶対的な水不足にもかかわらず絶妙なバランスで水分配を行うことを可能にしている一方で，井堰組織内部においては徹底した差異化をはかっている。番次は，井堰親子全体に対して優位にたつと同時に，井堰親の立場からみるとコになるというように，つねに両義的な関係性を生成しつづける。番次は特定の家筋で継承されるものであり範囲が拡大することはないため，ここでも同様にコの範囲の変化として水と山の境界・領域のゆらぎを把握できる。

　下流集落と上流集落に共通してみられた点は，もっとも放棄されやすい末端の水田を井堰親田とすることで，水利の統括者のオヤが勝手に田を放棄するのをくいとめ，オヤコ関係をつなぎつづける方向へとむかわせることにもなっている。用水を共同で利用し管理するために作り上げられたオヤコ関係をつうじて，個々の棚田が維持管理され，結果として面的に広がる棚田を保全することへとつながっていたのである。

　井堰親制度は，制度的には，昔も今も一見同じようにみえるため，慣行が変化せずに持続していると考えられがちである。一般的にこのような慣行は，これまで不合理な旧慣とみなされ一蹴されてしまうことが多かった。しかしながら，水利用をめぐる人と人との関係すなわち水利慣行という制度は，一見同じように維持されているようにみえるのではあるが，水利用をめぐる人と人との関係性をよりつぶさにみるなかで，井堰親制度や制度を支える人と人との関係性は，じつは内外のさまざまな変化をも含みこんでダイナミックに対応しうることがわかった。水利慣行は，さまざまな外部条件の変化に適合するために，その時々の状況の変化におうじた工夫をこらしているのである。その時々の状況の変化に対応することが，結果的に現在の棚田の境界や領域を全体として保全してきたと考えられる。

　棚田における末端水利に着目することによって，棚田地形に規定されながら形成される，平場水利とは異なる，もうひとつの水利のあり方を提示した。棚

田という領域は，具体的な利用をつうじて生成される関係を「つなぎつづける」または「つなぎ直す」ことで維持されてきたことも，その水利の検討をとおして明らかになった。こうして水利研究のなかに，あらためて棚田水利を位置づけることで，水利の展開の多様性の一端を示すことができたと考える。ここにみられる水利とそれによる棚田という領域の保全の工夫は，水道化してしまった平場水利と水田という領域との関係を問い直すことにつながるだろう。さらに，これらは，一方では景観を保全しつつ，もう一方では水道化の導入を促進するような，近年の中山間地における土地改良事業やほ場整備事業のあり方を，あらためて考えさせる契機となりうるのではないだろうか。

注
* 1 山林入会と水利用とのつながりは水源林の維持管理という点でつながる。仰木の水源にあたる滝壺神社は，干ばつ時には雨乞いがなされ，水利にかかわる紐帯となった。また仰木のように「荘園の鎮守社が水源に奥宮をもつ事例は，近江国滋賀郡和迩庄・同郡木戸庄・同郡比良庄などにおいてもみることができる」（小栗栖 2003：56）。小栗栖は，荘園鎮守社の祭祀の枠組みが，水利・入会といった共同体規制の調整機能をもつことによって存続する可能性を指摘する（小栗栖 2003：56-57）。これは水争いの調停に神主が入り，相撲で決着をつけた話や，権現祭りにみられる宮座と入会権との関係においても指摘されている。
* 2 この調査では，1ha未満の棚田は省略されているため，実際には小規模な生活棚田はより広く分布していると考えられる。農水省の調査によると，1988（昭和63）年に22万2,848haの棚田が確認されているが，1992（平成4）年には22万1,067haに減少している（中島 1999：21）。わずか4年のあいだに2,000ha近い棚田が消失していることになる。棚田面積の減少は加速化傾向にあるといわれており，これら棚田面積の耕作放棄率は20％にもおよぶ。

中島が整理した，傾斜20分の1以上の水田（棚田）面積500ha以上の市町村別面積によると，1988（昭和63）年時点で，滋賀県内では大津市堅田丘陵に961ha，該当する棚田が存在している（中島 2000：24）。堅田丘陵の大半は，仰木の棚田面積である。

さらに，区画整理を行っても十分な経済的効果が得られないとされる傾斜6分の1以上の棚田は，急傾斜地に拓かれており，1区画の面積も小さく，整理されてい

ない1a以下の小区画の田が多いとされる。中島によると，1988（昭和63）年時点における傾斜6分の1以上の土地にある水田面積100ha以上の市町村別棚田面積を合計すると，29,459haにもおよぶという（中島 1999：34）。このうち傾斜6分の1以上の滋賀県の棚田面積は73haと記載されている。

＊3　たとえば，1995（平成7）年にユネスコが世界遺産に登録したフィリピン・ルソン島北部のコルディリェーラ棚田群は「文化的景観」という新たに設けられた基準による初めての登録であった。ところが，天候異変，コメ輸入拡大による農地需要の低下，生産性の低い重労働を嫌う若・壮年層が次々と都会に出たため，後継者不足が深刻化したり，あるいは高収入をもとめて野菜畑への転作が増加したりしている。こうした要因が重なり，棚田の耕作放棄と棚田の土手を支える石垣の崩壊が急速に進んでいる（『毎日新聞』2006年1月9日：11）。同じような状況は，伝統的な水利慣行であるスバック灌漑で有名なインドネシアのバリ島やジャワ島の棚田群においても起こっている。

＊4　農林水産省「土砂災害抑制機能調査（平成6年）」によると，土砂災害発生確率とは，地滑りが発生しやすい一定面積の地域（5〜10ha）で100年間に土砂災害が発生する回数である。耕作放棄以前で0.56回，耕作放棄率50％未満で1.62回，耕作放棄率50％で2.03回となる。

＊5　仰木の由来に関する伝説によると，仰木が開かれたのは，天智天皇が大津京に遷都した頃だとされる。葛城山に住む伽太夫仙人が，遷都を慕って近江の国に移り，帝都に永住しようと湖辺伝いに北に進んで，いまの衣川（斧峠）より山の彼方を見やった。すると，山すそに瑞雲がたなびいているのを発見し，これが神のお告げだと信じた。伽太夫仙人は，雄琴の邑から深山幽谷の地に斧をもって巨木を伐り，獣も通らないような道なき道を伐り開いてようやく辿り着いたところがいまの上仰木（葉広の郷）の滝壺だったという。伽太夫は，大和の国丹生川上神社の分霊を拝受し，いまの滝壺を聖地と定め，雨師明神（くらおかみの神）を祀り，小椋明神と崇めたのが小椋神社のはじまりで，地名より滝壺神社とも呼ばれる。ただし小椋神社は，後に田所神社と改号された経緯もある（塚本 2003：3，仰木村誌）。

＊6　株を構成する家数は，浄恵株約140軒，浄光株約50軒，宗徳株約80軒，真法株約140軒となっている（小栗栖 2005：59）。中世以来，小椋神社の維持管理にあたってきたのが「親村（シンムラ）」と呼ばれる組織である。

＊7　「12月21日に神送りが行われ，総修行（ママ）が預かる源満慶（満仲）像，先修行が預かる恵心僧都像が次期の総修行・先修行に送り届けられるが，この両像は親村の居住する地域から外に出すことはできないことになっている」（小栗栖 2003：59）。「仰木庄では荘園鎮守社である小椋神社に宮座「親村」が成立し，その後，仰

木庄および雄琴庄内に成立したむらの宮座（惣村宮座）である上仰木の幸神講・薬師講，辻ケ下の素襖株，千野の十人衆などと協同する祭祀形態が形成された」とされる（小栗栖 2003：52）。ここから小栗栖は荘園を基盤に成立した宮座を上部の宮座組織，むらを基盤に成立した宮座を下部の宮座組織と位置づけると，こうした次元の異なる2つの宮座が併存する形態を重層宮座と定義できると指摘する（小栗栖 2003：57-58）。

さらに「仰木の親村には文政9年（1826）に製作されたに（ママ）2つの桝が伝わっており，ひとつに「親村惣才」，いまひとつに「親村小桝」と墨書されている。これらは年貢米の収納にあたり用いられたと考えられるものである。このように，桝が共同体あるいは共同体運営の中心となった組織に伝来している例がある」（小栗栖 2003：59）。

*8 『日本三大実録』貞観5（863）年12月3日条によれば従五位以下に叙されており，この地域が小椋神社を中心に早くから開発されていたことを推測させる（小栗栖 2003：48）。

*9 「古代・中世の近江国は，経済的には京都にいる天皇家をはじめ貴族・有力社寺の荘園も多く存在し，都との往来も繁くあり，商品貨幣経済の発達もみられ，先進地帯であったといってよいであろう（略）このようなところであるから政治的には都の防衛線としての位置にあり，歴史を左右するような大きな戦争の場となることもしばしばあった」（福田 1993：160）。「『荘園志料』において200以上の荘園のある国は，大和の307荘園，山城の224荘園，近江の210荘園の3カ国だけである」（福田 1993：160）。近江国には山門領荘園（延暦寺領だけでなく，青蓮院・妙法院寺の門跡領や日吉社領を含む）が多く存在しており，比叡山延暦寺横川のふもとに位置する仰木荘も延暦寺領荘園（山門領荘園）のひとつである。山門領荘園については，織田信長の比叡山焼打のため，まとまった史料がほとんど残されていない。

*10 源満中が仰木に出家した事実を示す同時代資料は存在しないが，元禄の直前まで祠があり，像も安置され，伝承として強い影響力をもっていたことは，いくつかの書に記されている。源氏の嫡流にあたる源満仲は，平安時代の970（天禄元）年に，鎮守府将軍正四位近江国近江守に任命されて，摂津国多田郷から仰木へ移り，御所の山に館を構え，小椋神社を氏神として崇め，5基の神輿を奉納し祭典を執行指導したとされる。また仰木の住民に愛され，尊敬され，いまでも「まんじゅう公」と呼ばれて親しまれている。

*11 仰木が比叡山延暦寺の影響を強く受けて天台宗が主流であるにもかかわらず，浄土真宗への信仰が篤いのは恵心僧都源信によるところが大きい。また満仲も仰木の人びとからたいへん親しまれていたので，仰木を去る時に満仲の乗った馬の前に村

第2章　棚田における水利組織の構成原理と領域保全　73

人が立ちふさがって別れを惜しんだという伝承が受け継がれ，「駒止め」行事が春の古式例祭である泥田祭（仰木祭）のなかにいまなお残されている。

*12　仰木には4つのむらがあるが，氏神はひとつで小椋神社に祀られている。小椋神社には4つの宮があり，それぞれ「田所」「大宮」「若宮」「今宮」「新宮」と呼ばれている。それぞれ，上仰木，下仰木，辻ヶ下，平尾，千野の宮である。ここには，仰木4ヵ村に加えて，辻ヶ下の分家からなる千野村の宮も含んでおり，田植え前の古式例祭においては，これら5つのむらが合同で祭りを行う。小椋神社は，田所神社と呼ばれてきており，田所＝水田地帯として稲作が早くから行われていたことがわかる。

*13　村政事務は，一般に江戸時代には各村の庄屋宅で行われることが多いが，明治以後でも区長や戸長宅で執られていた。しかし，1885（明治18）年，連合戸長役場制がしかれると，仰木村ほか1ヵ村戸長役場は仰木村に常設されて，1889（明治22）年の町村制施行後村役場となった。旧仰木村では，1872（明治5）年新盛学校内に設けられた区制時代のものを1885（明治18）年の戸長役場とし，さらに新村役場として襲用したが，1891（明治24）年，学校の生徒数増加に伴って甲組の民家を仮用した。しかし村民の利用上不便をきたすとのことで，1893（明治26）年，むらの中央にあたる字西馬場4088番地に移転した。

*14　江戸時代の庄屋・年寄，明治初期の区長・戸長に代わって1885（明治18）年からは連合戸長，1889（明治22）年からは村長が行政の最高責任者となった。旧仰木村では22代の村長が替わったが，うち断続2期勤めた者が3名あったので，実際の村長経験者は20名となり，平均在任期間は3年5ヵ月である。本村は一村一字であるためすべて仰木からで，就任前の職業もすべて農業であった。

*15　本籍人口に対する現住人口の割合は，1890（明治23）年の98.4％から，その差を拡大し，1917（大正6）年76.8％，1926（昭和元）年73.1％，1935（昭和10）年68.1％となった。戸数は現住人口の動きとかならずしも一致せず，大正期には子女の流出で戸数に比して人口減少が多かったが，昭和に入ると世帯数の減少にもかかわらず人口が増加した。

*16　仰木村誌によると「月谷，宮ノ二川ハ落合川ノ源流ニシテ，北谷川，南谷川ハ宮城谷川の源流ナリ。月谷川ハ源ヲ山城國境岩ケ谷山ヨリ發シ東流シテ落合川ニ入ル長サ二十九町一間。宮川ハ源ヲ國境奥山ヨリ發シ東北ニ流レテ宮後川ヲ合セ更ニ東ニ折レテ落合川ニ入ル長サ一里十八町三十一間。落合川ハ月谷，宮ノ二川落合タル所ヲ以テ此ノ名アリ東流レテ滋賀郡堅田町字衣川ヲ経テ琵琶湖ニ入ル天神川ノ上流ナリ其本村ニ於ケル長サ約二十町トス此ノ灌漑反別本村ニ於ケル約二百五十町歩トス。北谷川ハ源ヲ本村字長谷ヨリ發シ東流レテ南谷川ニ合シ長サ十七町十六間。南

表 2-12　養蚕業の変化

年度	養蚕戸数	収繭量（貫）	年度	養蚕戸数	収繭量（貫）
1907（明治40）	41	19	1935（昭和10）	2	108
1912（大正 1）	70	24	1940（昭和15）	1	22
1916（大正 5）	41	19	1948（昭和23）	－	－
1922（大正11）	14	171	1950（昭和25）	－	－
1926（昭和 1）	16	294	1954（昭和29）	－	－
1930（昭和 5）	11	166			

注：1926（昭和元）年以降は実戸数，その他は延戸数。
出典：滋賀県市町村沿革史編さん委員会 1967：186。

谷川ハ源ヲ字金久曽ヨリ發シ東流シ北谷川ト合シ下流宮城谷川ニ入ル。宮城谷川ハ字宮城谷ヨリ發シ東流シ北谷南谷ノニ川ヲ合シ下流本郡雄琴村ヲ経テ琵琶湖ニ入ル長サ三十町五十間。右三川ノ灌漑反別約二十町歩トス」と記されている（仰木村 1912）。

*17　1919（大正 8）年には有業者の98.7％が副業者となり，日雇および労働（530人），製作工業（490人）などに従事した。1878（明治11）年当時，養蚕業は皆無に等しく，むしろ麻・実綿などが栽培されていたが，明治初年以降県下に養蚕がはじまるとようやく普及し，仰木村では1886（明治19）年に桑園を設け，1887（明治20）年飼育戸数1，収繭量1.7石，1897（明治30）年には28戸，10.3石であった。1903（明治36）年には稚蚕共同飼育場を設立したり，蚕産業組合に加盟したりするなど普及に努めたので，かなり養蚕がさかんとなり，明治末期以降は表2-12のように推移した。各町村とも戸数は明治末から大正にかけて増加したが，産額は昭和初期に増大した。しかし，葛川をのぞくと，1930（昭和 5）年以後衰退していった。

*18　米の収穫高は豊凶によってかなり変動したが，全般的には明治期の2.3～2.6万石台から大正期2.5～2.8万石台と増加し，昭和期には2.2～2.9万石のあいだを変動した。戦前の最高は1933（昭和 8）年の2.9万石（反収 2石 1斗 7升）で，戦後は一時供出制度による過小報告もあって減少したが，以後漸増して1959（昭和34）年には最高の3.2万石台を記録した。旧仰木村では，明治期には，だいたい5,000石台で推移しているが，大正期には1913（大正 2），18（大正 7），23（大正12），24（大正13）年の不作を除けば，6,000～7,000石台で，14年の豊作には反収2.4石を示した。昭和期には1928（昭和 3），35（昭和10），39（昭和14）年のほかは6,000～7,000石台で推移し，戦後は漸減したが1955（昭和30）年の豊作は過去最高の収穫をあげた。

表2-13 仰木村の小作料

種別		一毛作田 普通	一毛作田 高	一毛作田 低	二毛作田 普通	二毛作田 高	二毛作田 低
小作料	契約小作料	1.2斗	1.4斗	6斗	1.4斗	1.6斗	1.2斗
	最近5ヵ年間平均實納小作料	1.1斗	1.3斗	6斗	13斗	15斗	11斗
最近5年間平均	表作収穫高	2.0斗	2.4斗	1.0斗	2.4斗	2.8斗	2.0斗
小作料ト収穫高トノ割合	契約小作料ノ上欄収穫高ニ対する割合	6分	約6分	6分	約6分	約6分	6分
	實納小作料ノ上欄収穫高ニ対する割合	5.5	約5.4	2	約5.4	約5.4	5.5
最近5年間平均裏作収穫高	種類	菜種・麦			麦	同	菜種・同
	数量	8斗 10斗			12斗	14斗	10斗 10斗
当該田地の上・中・下別		中	上	下	中	上	下

*19 麦作については，1906（明治39）年に，仰木村576の作付，1928（昭和3）年には仰木村で田作308反・畑作79反となった。1941（昭和16）年には，田畑合わせて，仰木村410反となり，1950（昭和25）年には，仰木村495.3反・651.0石，「農家1戸当たりの耕地面積は約7.35反で，滋賀県下平均7.6反に比べるとやや低い。しかも水田の73％が一毛作田で，わずか316.6町の二毛作田には裏作として麦類・豆類・菜種などが作られている。水田は湖岸の沖積平野および開析（ママ）された滋賀丘陵の傾斜地にたな田として開かれ，1878（明治11）年には仰木・本堅田・真野の順に多かった」（滋賀県市町村沿革史編さん委員会 1967：179）。

*20 菜種は，1878（明治11）年，仰木村で50石の生産高があったが，その後麦類の栽培に押され一般に減少し，昭和期にはほとんど皆無に近くなり，戦後は1950（昭和25）年ごろからやや回復し，1954（昭和29）年には仰木村田作1.8反・1.8石となっている（滋賀県市町村沿革史編さん委員会 1967：184）。

*21 農商務省『小作慣行調査報告〈近畿編〉』1921（大正10）年の調査，「マイクロフィルム 滋賀県滋賀郡仰木村小作慣行調査書」によると，小作料は表2-13のようになっている。

*22 奨励米は近江米同業組合甲米1俵に付7合，乙米同4合。

*23 天神川の水源である滝壺神社は，仰木村民全員にとっての龍神様である。闇龗神（くらおかみのかみ）と呼ばれる龍神の名の由来は，闇は谷を意味し，龗は竜神を意味するところから水

を司る神の名だとされる。滝壺神社のほかにもうひとつ「岩ヶ瀧さん」と呼ばれて親しまれている水源がある。ここには古来より雨乞いの神様として龍神様が祀られてきた。岩ヶ瀧さんは，平尾と下仰木の水田を潤す灌漑用水となっていて，干天がつづくと両村の村人が交代で雨乞いにお参りした。山頂近くには太鼓ヶ小場という小場があり，ここで仰木太鼓を打ちながら雨乞いを祈ったのだという。仰木村誌によると「本村は山地なれば従て耕作田は天水によるもの多く，旱天打続ときは勢い雨乞いをせざるを得ず。その方法次の如し。日時を定めて一戸に一人の割合を以て神酒を山頂にある龍神さんに供し来拝者は心経を読経し，帰途氏神に参詣するものとする。満願の日に至り降雨せざる時は尚一回之をなし尚降雨せざる時は，京都御池通りにある神泉苑に詣でて御幣を受て一週間位総堂にて心経を読経し，たいてい二・三するも未だ降雨あらざる時は三重県桑名郡多度村多度神社に詣でて御幣を受け前回と同様になす。最後の手段をとるは丁組にし他の部落は単に第一の方法を取るに止まるのみ。往古は村民一同古蚊帳を被り「古蚊帳大降」と唱えて村内を巡行せしこともありと云う。かくして降雨ありし時は，休日を触れ神前に御湯を上げてお礼をなすを例とす。——雨喜」(仰木史跡会 1996：15)。

*24 取水口を「井堰」とし，支線水路を「井瀬」と表記するところもある。しかし，どちらも「イゼ」と呼ぶため，人びとの意識には取水堰と支線水路を一体にとらえた理解が根づいていたことがわかる。

*25 深田亮三さんの語りは，2001（平成13）年12月5日の聞き取り調査によるものである。さらに，その後6回の補足調査を行っている。深田さんは，下仰木で最大の井堰組織である川端井堰の井堰親であるとともに，仰木地区および下仰木の主要な役職をほとんど経験されている。深田さんには，仰木の調査開始当初からお世話になっていたが，2005（平成17）年に亡くなられた。深田さんからは，井堰親制度について細かな取り決めや1年間の作業手順そして井堰親の意味をていねいに教えていただいた。本章の井堰親制度の理解は，深田さんの深い洞察と知識に拠っていることを記しておく。もちろん，井堰親制度に関する不十分な理解や不適切な表現があれば，それはすべて筆者の責任である。

*26 平尾でも同様の番水制が行われていた。『植田井瀬諸作業記憶帳』1955（昭和30）年度以降をもとに，植田井堰の番水のしくみを紹介しておこう。植田井堰は，仰木の下流域の棚田のなかで一番早くから拓かれたといわれている地域でもある。仰木全体でみても一番目もしくは二番目に開かれたと語り継がれている。

■水の本番の区別
　1．番数は五組

2．入水時間：1組が12時間
3．期　　限：(1) 昼番は夜明けより夕刻入没まで
　　　　　　 (2) 夜番は入没より夜明まで
4．番 次 田：昼夜間の午前の4時ごろより午後は5時ごろより
5．番次田の処遇，本番田が穴踏みをなし，番次田に満水させる。その後本番が番の順序に入水するものとす

　　入水の順序：下より一番〜五番
　　本番の区別表：番次田5戸，五番7戸，四番14戸，三番6戸，弐番13戸，
　　　　　　　　 一番8戸

■作業内容
1955（昭和30）年
　8月30日井瀬の穴踏み，井瀬刈（出勤人員：平尾耕作者全員）
　8月12日井瀬の穴踏み（出勤人員：上仰木耕作者）
　8月13日より本番を決行
1956（昭和31）年
　5月25日午前：第1回井瀬刈及荒井瀬立　平尾受益のみ
1958（昭和33）年
　5月29日午前5〜12時：荒井瀬立（井瀬刈）
　8月2日井瀬刈，穴踏み　不参者なし
　5月25日井瀬刈，荒井瀬立（平尾受益者のみ）
　7月14日井瀬刈，穴踏み（上仰木受益者のみ）
　8月17日植田井瀬　堰　石垣積（補修）
　　　　　　石工1，手伝10，不参1
1959（昭和34）年
　5月26日荒井瀬立（平尾のみ　不参1）
　7月10日穴踏み（上仰木　不参4）
1960（昭和35）年
　4月18日水口の石垣補修工事（石工1，人夫5）
　5月25日荒井瀬立　午前中（平尾のみ）　不参6（うち2人は穴踏出勤）
　7月25日穴踏み（上仰木・辻ヶ下）　不参7
　8月8日〜水入の本番
1961（昭和36）年
　5月23日荒井瀬立（午前　平尾のみ）　不参2

1962（昭和37）年
5月14日（午後）平尾のみ

*27　川端イゼでは，イゼタテやイゼガリなどの夫役でイゼコのあいだに生まれる労働負担の不平等を解消するしくみを「オミキ（お神酒）」と呼んでいる。夫役はイゼコ全員が奉仕で行うのだが，反別の大小にかかわらず1戸1人が原則である。つまり，反別の大きい人と小さい人では，灌漑期に使う用水の量が異なるにもかかわらず，同じ負担をしなければならないことになる。さらに，番水の組ごとに夫役がある場合，分散して水田を所有・耕作している人ほど，より多く夫役に出なければならなくなる。

オミキの具体的な流れについて次のような語りがなされた。

「オミキいうのは，年間これ，穴踏み3回ほどしたらいっぺんオミキをしまんにゃ。オミキいうて，お酒をなぁ，オミキいうて，川までお酒を40人だけ，8升なら8升もっていって，そんで缶詰をみな切ってやな。そんで1杯飲むわけや。そうしんと，人気が悪いねん。で，なるべくオミキをようけせんことには。

オミキをなんべんもすると，ほっと，1年の会計決算すると，負担金を徴収せんならんわな。その時に，オミキ料とか，お酒とか缶詰とか計算して，徴収するわけやな。徴収せんと，平等にまわらへん。というわけは，40人いますけども，ある人は1人田んぼを3ヵ所もってる人がある。昼水には2反ほどあって，中番にも1反半ほどあって，夜水にも2反ほどある。

ある人はなぁ，その人はな，出るんは1人や。でも田んぼは3つもっていながらやなぁ。穴踏みも出るんは1人。あんた3つあるさけ，3べん出てくれちゅうようなこといえへんさけ。やっぱり仕事に出るのは1人で便ええけど。そうすっと得するわけや。1人で3つ。そういう人はようけあるんやわ。で，そういう人は得やさけぃ，銭ようけ出せってなこといえへんやろ。だから，オミキをしまんね。

オミキっていうと，オミキを代金を全部，酒や缶詰料は，徴収すっときに，この人3つ分もらわんならん。まぁ2反……この田は5反分経費を出さんならんし。だけど3つ持ってない人は，3反分の経費を出さんならんわな。ほんで，1枚しかもってへん人は，1人で1枚やからそれはそんでいいわけやけども。ここでその差がくるんや。

最後のしめくくって今年は，1反あたりなんぼついたいうことを，井堰親が計算してやね，それで評議員にかけて，評議員て井堰親のコカタがあるんやけども，それから徴収しますやろ。そうすると，おんなじ5反もってた田んぼは5倍出さんらんわけやしな。3枚もってる人は，3枚分出さんならんわな。反別で徴収します

さかいに徴収するのは。ほんで平等になるんやけども，3枚もってながら，穴ふみや草刈りに出るのは1人や。

　うちの田，1反しかないのに1人は損やってなったときに，それを収集するために，ちょいちょいオミキっていうのをするわけです。3ぺんに1ぺんぐらいはオミキを。そうすっと，1反しかないもんかて，黙って，なんでも酒飲んだかて自分は1反分しかもたへんねんから，もうそら納得するわけや」。

*28　高野井堰「高ヤ八王寺番次　高野水路之帳　水割表」(作成年月日不詳)。
*29　親村は4株ともに「小入り」でその一員となり「膝際」「和尚(「おとな」)」という﨟次(ろうじ)制をとる。膝際(5人)は和尚の補佐を勤め，書記役として公文を選ぶ。和尚は，最年長者より順に一和尚・二和尚・三和尚と呼ぶ。かつて，和尚になると「オトナ田」として一和尚田・二和尚田・三和尚田が与えられ，親村の最高の名誉とされた。
*30　宮座の詳細については，ここで十分に議論を展開する余裕がないので別稿で論じることにする。
*31　仰木地区の井堰親のなかで，八王寺井堰のみ井堰親が女性であった。ただし，これは，女性が代々，井堰親を務めていたわけではなく，早くに夫を亡くしたため，I氏が井堰親を担当しているのである。息子もいるが，息子は働きに出ているため，I氏が普段の水管理のいっさいに責任をもっている。
*32　たとえば，所有者Aが，自分の田の一番下まで田越し灌漑をし終わると，所有者・耕作者の異なる下の田んぼに一滴も水を落とさずに，いったん支線水路に水を戻す。その後，Aの田に隣接する所有者Bは改めて支線水路から取水することになっている。田越し灌漑といっても，すべての田んぼが田越し灌漑でつながっているわけではなく，小水路を媒介にした灌漑を行っている。そのため「私」の土地や「私」の水という意識が徹底されている。このように個人の所有地内で完結する田越し灌漑は，仰木地区全般にみられる。
*33　「日本の中央部の関東地方と近畿地方では，支配制度の村と村落の関係，村落の形態，景観，さらに村落組織において対照的に大きく異なる。……年中行事も，東では基本的に家の年中行事であり，西はムラの年中行事として行われてきた。……家を強調し，家を単位として村落が組織されている東と，村落そのものを強調し，個人を単位として村落が組織されている西の相違は日本社会の理解にとっても重要な意味をもつものと思われる」と理解される(福田 2002：37)。一般的に「衆」は，不特定多数の人びとを表す場合に用いられるが，近畿地方では，十人衆のように「衆」が特定の人数を表す場合に使用されることが多い(福田 1997：99-100)。さらに村落組織や村落制度の名称のなかに「衆」がつけられている地域は，近畿地

方以外ではみられないという。「衆」組織の共通した特色は「個人を組織する制度が村落制度としてあり，その成員の加入・脱退は個人の年齢あるいは生年順によって行われる」ことであると指摘されている（福田 1997：123）。近畿地方では，村落組織は家を構成員としながらも，その内部における運営組織に個人単位の編成方式が採用されている。つまり，親子が同時に衆組織の一員になることも可能なのである。この点が家を編成単位とする番組織と大きく異なる。

*34　ここでいうムラは集落，ノラは耕地，ヤマは山林原野を表す。そしてそれぞれ「定住地」「生産地」「採取地」と領域区分される。近畿地方の集落に一般的にみられるむらを中心とした同心円的構造として村落空間を把握している（福田 1980：217-247）。

第3章
棚田の開発／保全をめぐるポリティクス

3-1 コモンズと地域コミュニティ

　地域社会における共有資源やその所有制度を，資源管理の側面からとらえる研究は，人と環境とのかかわりを追求する環境社会学において重要な領域を形成してきた。「コモンズ研究」は，その代表的な蓄積といえよう（池田 1995,『環境社会学研究』3 の特集，井上・宮内編 2001，家中 2002）。これらの研究で用いられているコモンズとは「自然資源の共同管理制度，および共同管理の対象である資源そのもの」（井上 2001：11）としてとらえられる。これまでコモンズ研究が主要な対象として取り上げてきたのは土地の利用と管理である。資源管理の主体を村落とした場合，村落の領域は，ムラ・ノラ・ヤマという同心円的構成としてとらえられてきた[*1]。この領域観念を支えているものを，鳥越皓之は「総有」概念を援用して「土地所有の二重性」として整理している（鳥越 1997：8-9）。このような村落の領域観念に対応した所有認識は，当然のことながら近代的な所有概念ではとらえきれないものである。こうしたむらの土地所有観を明らかにするために，ローカルで具体的な資源利用のあり方や，資源利用におけるローカルな境界認識が問い直されてきた。

　これらの研究が明らかにしたのは，資源利用における人と自然との関係性は，生態システムに柔軟に対応した利用と所有の重層性（嘉田 1997）として，また所有の「私」度の濃淡（藤村 1996）として立ち現れるような，具体的な利用をつうじて形成された人と人との関係性，すなわち社会関係が反映されたものであるという事実であった。このような人—自然関係の理解をコモンズ研究の基盤としながら，多様で包括的であったコモンズ概念は類型化され（井上 2001），コモンズの実質を分析するために，所有ではなく利用・管理を分析することの実践的意義が論理的に示されてきた[*2]。

　所有ではなく利用や管理における共同性をコモンズ成立の要件とするならば，私有地における共同利用や共同管理のしくみもコモンズ研究の対象となりうるだろう。たとえば，宮内は，ソロモン諸島マライタ島アノケロ村を事例と

して，私有地における住民と環境とのかかわりを「共同利用権」の視点から分析している。資源利用の実態を分析した結果，所有権とは別に「共同利用権」が存在していると指摘し，共同利用権の今日的意義として，①地域住民の「生活保障」，②「人々（とくに弱者）の権利保障」を見いだすことができるという（宮内 1998：136-137）。「共同利用権」を軸におくことによって，所有権と利用権をそれぞれ区別して論じ，オープン・アクセスと排他的私的所有をコモンズ研究の射程におさめることを可能にした（宮内 1998：135，宮内 2001a，宮内 2001b）。宮内の研究は，近代の大きな社会変動のなかで，共同利用権を地域住民の生活を保全するための根拠とするという点で，非常に実践的な意義をもつものである。

　しかし，人びとが農業・林業・漁業などの生業をいとなむ現場において，共同で利用するべき資源は土地だけではない。日本の灌漑農業の場合，水田（私有地）は，水の利用権（用水権）なしに成立しえない。当然のことながら，土地（水田）の所有権と水の利用権とは相互にからみあって存在しているのであって，それぞれ独立しているわけではない。農業水利は，一般的には，個人だけで管理することはできないため，共同で水利施設を維持管理することが必要となる。ここに私有地である水田を維持するために，共同管理組織が形成される契機がある。つまり，水利を媒介させることによって，水田における個々人の私的利用は，水の共同管理組織から一定の規制を受けることになる。

　これまでの研究においても，たとえば余田は，用水支線に灌漑される一定範囲の田における「溝がかり」制を基礎とする集団構造を分析するなかで，「溝がかり田を基礎とする溝がかり制のもとにある一筆の占取は，水利の共同態的性質を含んだ意味での占取である」ことを明らかにしている（余田 1961：305）。また，土地と水との関係を制度史的に検討した場合，土地所有権と水利権とは別個の社会的権利であるにもかかわらず「水が土地の付属物として存在した日本の灌漑稲作農業においては，水の占取を伴わない単なる土地そのものの占取は，水田の所有という実質を持たない」とも指摘されている（玉城・旗手 1974：303）。

本章が対象として取り上げているのは水田であり，たとえ私有地であろうとも用水の利用と管理をめぐって一定の共同性が現れることになり，ここに灌漑水利慣行をコモンズ研究の一部として位置づける意味が存在する。

　宮内の事例では，所有者の確定している土地で，所有者以外の者が利用する「私有地内部」の利用を対象としていた。それに対して，本章が対象とする水利は，一筆ごとに独立した水田（私有地）を基盤としており，それら個々の水田すなわち「私有地」を「つなぐ」利用を対象としている。つまり，宮内が，特定の私有地内部で閉じた事例を対象とするのに対して，本章では，むしろ特定の私有地の領域をこえて広がる土地利用とそれに付随する水利用のあり方を問題とすることになる。私有地は，そこで完結するものではなく，多様なつながりを生成する基本的なまとまりとしてとらえられるのである。

　もうひとつ別の切り口から本章の事例の位置づけをしておこう。ここで取り上げる水利慣行は，渇水期のタイトな管理と豊水期のルースな管理という相互転換する性格をもつ。水の「変動性」という性質によって，利用・管理が変化する事例を分析することによって，コモンズ研究における鳥越の「土地所有の二重性」論に動態的な視点を導入する可能性が開かれることになるだろう。ここでは資源の流動性や状況による変動性に対応した所有と利用・管理の理論を構築することが課題となる。その課題に迫るために，水利組織による利用・管理の実態とその変化を明らかにすることが必要となるのである。

　そこで本章は，現代の農業水利システムの実態を分析することをつうじて，社会経済的変化のなかで共的資源管理システムがいかに変容するのか，その社会的しくみを明らかにすることを目的とする。農業水利システムにおける社会経済的変化要因として土地改良事業を取り上げ，水利管理がどのように変化しているのかを分析する。本章が調査対象地として選定した大津市仰木地区には，井堰親制度という独特な水利慣行があり，土地改良事業（ほ場整備）による水利組織の変化を分析するのに適した事例である。なお，調査方法は，この地域の水利慣行についての文書がほとんど残されていないので，聞き取り調査を中心に行ったものである[*3]。

第3章　棚田の開発／保全をめぐるポリティクス

3-2 棚田開発の歴史

3-2-1 棚田開発をめぐる農業政策と水利制度の変遷

　一般的に，水利用の歴史は，渓流や小支派川の利用からはじまり，やがて中小河川やため池の利用，さらに大河川の利用にいたる。丘陵地での水利用から河川沿いの平場での水利用へと展開していくのである。近世半ばから後半までには，主要な沖積平野の大部分はほぼ開発され，河川の渇水流量は農業用水の水利権で占められるという状況になった。とくに近畿地方は，中世にはすでに渇水流量まで開発がなされていたといわれる。ただし，いつから近代的水利と現代的水利とに区分するかについては，論者によりいくつか異なる区分が存在している。ここで旗手の農業政策と技術の変化を軸とした区分にしたがうと，明治以降の地租改正による近代的法整備をもって近代的土地改良の時期とみなし，1920年代を現代的土地改良への胎動期にあてている。ここでは，第二次世界大戦後の農業政策の骨格は，第一次世界大戦後の大正末期に形成されたとみなすのである（秋山 1988：428）。

　もともと土地改良事業の根拠法規は，耕地整理法（1899），普通水利組合法（1908（明治41）年），北海道土功組合法（1902（明治35）年），および1941（昭和16）年に制度化された農地開発法のみであった。その後，農地改革にともなう農村の改革や農村民主化のために，新しい制度に変える必要に迫られ，政府は開拓および土地改良関係の法令をとりまとめ，1947（昭和22）年に「開拓法」を立案した。しかし，これらの法律では，農地改革後の社会情勢に十分対応できないため，1949（昭和24）年4月に「土地改良法」を制定するにいたった（全国土地改良事業団連合会 1982：46）。ここに近代的な土地改良事業が法制度として整備されたのである。

　1899（明治32）年に耕地整備法が制定され，農地と水の開発行為が近代的法体系のもとに整備されたことは，土地改良の進展へとつながった。明治維新当初の土地改良の中心は，失業士族の緊急開拓すなわち士族授産としての開墾に

おかれていた（今村他編 1977）。また失業者や農家の二，三男あるいは社会的に行き場を失った人びとに，開拓地（新規の開墾地）を与えて，自然条件が厳しく当時の農業技術では農耕の困難な北海道などの未開墾地での開拓に専念させた。明治初期の士族授産的開拓政策は，これらの社会的に行き場をうしなった人びとを中央から排除し社会秩序の安定化につとめるものであった（野添 1996）。また一方では，官林荒蕪地の払い下げによって，財閥や資本家に優先的に大面積の開拓地を提供していった。しかしながら，財政的負担などから1886（明治19）年に政府は士族授産政策を打ち切ってしまう。

　その後，1890（明治23）年の富山の米騒動を契機にして，食糧増産が国家的課題となり，同年の官有地取扱規則で「官有地の埋立・干拓の免租期間」を定め，鍬下年季の設定によって開拓を助成した。これは，自助努力による開拓を補助的に支援する位置づけであった。土地改良と開拓事業の制度化は，官民有区分（1874（明治7）年）や森林法（1897（明治30）年）による森林所有の近代的整理や，水利土功会（1880（明治13）年），水利組合条例（1890（明治23）年），耕地整理法（1899（明治32）年）による水利組織の近代化を基盤として展開された。

　1918（大正7）年のシベリア出兵と米騒動を契機にして，満州への武装移民による開拓が本格的にはじまり，翌年の開墾助成法によって満州移民を積極的に推進するようになる。1937（大正12）年には，拓務省が満州移民計画を実施した。第二次世界大戦終了まで続いた武装移民による開拓政策は，明治時代の国内植民地化計画から国外植民地化への展開過程でもあった。この過程で国家が主体となり開拓を強制的に徹底させていく。国内の食糧増産の要求にこたえるために，食糧供給基地を北海道や満州に設定して，農村の余剰人口とされた次男・三男や都市の失業者を中心に開拓団が組織されていった。信州などの零細農業地帯では，村ごとに移転して開拓団を形成することもあった。第二次世界大戦の末期になると，食糧が著しく不足したため，毎日飢餓で亡くなる人が後を絶たないという状況に陥る。その結果，食糧増産が国家的に強く要請され，1942（昭和17）年の食糧管理法による制度化へとつながる。

図3-1 耕地面積の推移

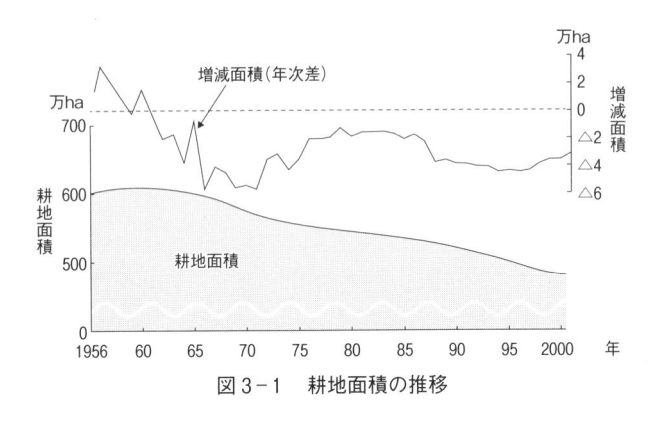

　終戦後も，農地転用の増加や農地の荒廃はおびただしく，戦時中に軍事工場などに転換されて農地面積が減少していたため，食糧増産の要請は引き続き求められた。たとえば，戦後の食糧増産政策として，北海道の開拓移民をはじめとする緊急開拓が行われた。戦地からの帰還兵や引き揚げ移民に対応するために食糧増産が国家的プロジェクトとして展開される。戦争による農地の被害は少なかったため，既存農地の土地改良と新規開拓がさらに推し進められた。1949（昭和24）年に土地改良法が施行され，耕地整理組合が土地改良区へと統合される。土地改良政策と開拓行政は，社会的不満や反乱を解消するための緩衝材としてフロンティアを提供し，人びとを開拓へと駆り立てた。これらは，じつは社会秩序の安定を脅かす存在や秩序の変革を迫る人びとを僻地や周縁地に追いやることで，秩序を維持・強化するしかけでもあった。国土政策と土地改良事業は昭和30年代までは同じ目的と課題をもつものとして展開されてきた。

　しかし，昭和30年代まで「食糧増産」一辺倒でなされた開拓政策と土地改良事業は，高度経済成長と農業構造の変化によって，基本路線の変更を迫られる。フロンティアの新規開拓よりは既存農地の改良・整備，とくに水利施設の改良へと転換すると同時に，1969（昭和44）年からは，食糧増産を基本においてきた基本法農政から総合農政へと大きく転換する。

　高度経済成長以降とくに昭和40年代半ば以降，都市と農村の関係再編や，地域環境の整備，1990年代以降の環境保全や生物多様性など多面的機能をはじめ

とする新たな価値認識のもとに土地改良事業も再編される。この過程で，棚田は，開発のフロンティアから自然の商品化や文化的景観という新たな「まなざし」へと組み替えられていった。

　本節では，これまでの水利制度を網羅的に整理するのではなく，農業用水の管理のうち，土地と水との関係が大きく転換する時期を基準にして整理しておきたい。ここで水利制度を整理するにあたって，旗手勲と『土地改良百年史』（今村他編 1977）による水利制度の区分を参考にした。これらの研究では，水利の素材面や技術面にくわえて，推進主体や体制面からも農業水利の歴史的性格を解明する経路を示している。これらの整理によると，古代から現代にいたる期間を大きく4つの時期に区分しているが，本事例が対象とするのはおもに第4期以降である。[*6]

　これまでの水利制度の展開過程において，末端の水利がどのように位置づけられてきたかというと，第三期以前は，村内部，あるいは村々間の水利配分が問題とされるが，末端水利は，それぞれの水利慣行内部の問題とされたため「おおやけ」としての公に対する「共」的なものとして扱われてきた。末端水利は，共同体による自主的慣行に基づいて管理され，領主権力はこの内部問題には関与しなかった。第三期は，幹線水利（流水秩序）については，公的な承認を得ることで水利権を獲得することができるとされるが，末端水利はそれまでの共同慣行による利用や管理がなされる。第4期は，土地改良事業（ほ場整備事業）の展開によって，末端水利における個別的水利用の確立が目指され，用・排分離が著しく進み，末端の水利でも私的な利用や管理が可能になる。そして公私二元的な管理が徹底されていく。

　これまでの日本の水利制度の展開をたどると，水利秩序は，歴史的・政治的・経済的影響を強く受けながら生成・再編されてきたことがわかる。たとえば，1986（明治29）年の旧河川法制定によって，水は「慣行水利権」として団体の権利として認められた。しかし，高度経済成長を背景に制定された1964（昭和39）年の改正河川法では「水系一貫主義」が導入され，それまでの慣行的な権利は，国の許認可を必要とする「許可水利権」へと切り換えられていっ

た。この背景には，工業用水や都市用水の需要増大にともなって，農業用水と他種用水との利用をめぐる競合が激しくなったという変化があった。

　ちょうど同じ時期に，長良川河口堰や吉野川可動堰などの水資源開発が広くなされるが，これらの公共事業の社会的妥当性が問い直されはじめた。このような動きにともなって，1997（平成9）年には新河川法が制定され，環境への配慮と住民参加が新たに組み込まれた。ただし，河川法の基本的な構造は，大枠において変化していないといえる。近年では，2004（平成16）年の景観法の施行や文化的景観の保全が環境政策に取り込まれ，棚田を多面的機能や景観という観点から位置づけたポスト公共事業のあり方が模索されている。

　河川法の転換に重なるように，農政においても農業水利をめぐって大きく政策転換がはかられた。1961（昭和36）年に農業基本法が制定され，農業基盤整備をつうじて農業の生産性を向上が目指された。1963（昭和38）年には，ほ場整備事業が創設され，農業の生産性の向上，農村環境の整備，地域活性化などを目的とする農地基盤の整備が進められた[*7]。ほ場整備をすることによって，大きく区画し直された農地では大型機械の導入が可能になり，用水と排水を分離することにより水利用の合理化を達成し，これにともなって栽培技術の向上がはかられた。従来の農政の伝統的性格に由来する土地生産性への着目よりも，労働生産性の向上を大きく打ち出した点に特徴がある。

　法制度の整備が与えた影響は，予算づけにも如実にみてとれる。土地改良関係予算は，1960（昭和35）年に，食糧増産対策費から農業基盤整備費となり，1961（昭和36）年の農業基本法の制定により土地改良事業の役割が明確にされたこと，第一次土地改良長期計画（1965（昭和40）年から10年間）が策定されたことを受けて，日本の高度経済成長の波に乗り，順調に伸びてきた。そのなかでもとくに，ほ場整備事業は，つねに農林予算の最重点事項に名を連ね，ほかの事業に例をみない伸び率を示し，すでに1968（昭和43）年には，伝統的土地改良事業である基幹灌漑排水事業をしのぎ，1963（昭和38）年制定時にわずか10億円程度だった予算は，10年後の1972（昭和47）年には612億円へと一気に拡大していった（全国土地改良事業団連合会編　1982：50）。1963（昭和38）年に

8,400haにすぎなかったほ場整備事業実施面積が，その後，増加の一途をたどり，10年間で約6万haも急増した。

1973（昭和48）年のオイルショックを契機にして公共事業が抑制されるにともなって，農業基盤整備事業費も抑制されたが，ほ場整備事業予算は増加しつづけ，その後1977（昭和52）年に大規模ほ場整備事業の制度を廃止したため，全体として小規模なほ場整備事業へと転換していった[*8]。1979（昭和54）年に1,698億円のピークを記録して農業基盤整備における最大の公共事業となった。その後，1980年代以降，農村総合整備事業などの振興事業を伸ばす必要から，ほ場整備事業は減少傾向にむかう。

全国的に実施されたほ場整備事業だが，1981（昭和56）年の整備面積の累計は，関連事業によるものをあわせて約90万haで，農地の整備率は，全国平均で3分の1程度である（全国土地改良事業団連合会編 1982：54）。平場の水田や畑を中心に，ほ場整備事業が行われてきたが，とくに1980年代なかばから後半にかけて，全国的にほ場整備の件数が増加しピークを迎えると，1990年代以降，減少してゆく（氷見山・菊池 2007：14）。2000年には，ほ場整備面積が150万haに至る。主傾斜100分の1から20分の1の地区が，整備事業の採択地区数の4分の1以上を占めるようになるのは，1970年代後半以降である（全国土地改良

表3-1　耕作放棄率と農業就業者の高齢化率，傾斜農地率の関係

耕作放棄率	農業従事者の高齢化率 （65歳以上）	基幹的農業従事者高齢化率 （65歳以上）	傾斜農地面積率 （傾斜度：田1/100，畑8度以上）
全国平均 （3.8%以上）	28.4%	42.3%	27.7%
15.0%以上	33.6%	53.9%	60.5%
10.0〜15.0%	31.9%	50.9%	46.6%
5.0〜10.0%	29.6%	45.4%	42.5%
1.0〜5.0%	27.7%	40.8%	27.4%
1.0%未満	24.3%	31.4%	11.7%

資料：「1995年農業センサス」を市町村単位に組替集計（総農家），「第3次土地利用基盤整備基本調査（1994年）」。
出典：農林水産省 http://www.maff.go.jp/j/study/other/cyusan_siharai/matome/ref_data2.html

事業団連合会編 1982：66)。中山間地域における耕作放棄の増加や農業就業者の高齢化が深刻化するにしたがい，中山間地域での農業基盤整備が重要な課題となった。

2001（平成13）年に土地改良法が改正され，環境との調和への配慮，地域住民からの意見書の提出（住民参加，住民主体）が取り入れられた[*9]。これを具体化したものとして，2003（平成15）年に農林水産省が示した「新たな土地改良長期計画（平成15～19年）」における施策と目指す成果では，これまでの平場水田から中山間地域や草地なども土地改良の重要な対象と位置づけ，さらに自然や環境，循環型社会，個性ある美しい村づくり（農村の文化的景観）を積極的に導入するように転換している。新しい土地改良計画は，食糧の安定供給と安全性の確保という従来の役割にくわえて，国土保全，水源涵養，自然環境の保全，農村景観，農業・農村体験などの教育の場，農業の自然循環機能を生かした循環型社会の構築によって，自然と共生する「環境創造型事業」への転換を進めつつ，農業生産基盤の整備を実施する事業として位置づけられている（農林水産省「土地改良長期計画」）。

地方行政では，これまでの土地改良事業のあり方を見直し，土地改良区を改称した水土里（みどり）ネットを中心に，棚田基金を活用した棚田保全事業を展開している。このほかにも全国から優れた景観を厳選し表彰するさまざまな「百選」の動きが進められるとともに，ローカルな景観表彰の動きも生まれ，地域ごとに特色ある景観を保全するために多様な「十選」が認定されるようになった。こうした棚田の景観保全の動きも，農業近代化の流れのなかで失われつつある伝統的な農村風景を維持しようというノスタルジーと切り離して考えることはできない。棚田農業を取り巻く大きな状況変化のなかで，棚田の開発や保全がどのように立ち現れてくるのかを，いま一度考え直してみる必要がある。

3-2-2 仰木地区における土地改良事業第一期

水田の一筆ごとの末端水利を対象とするほ場整備事業は[*10]，1960年代以降，全国的に広く進められてきた。ほ場整備事業は大きく2つの目的からなってい

る。ひとつは，水田の整形によって大型機械を導入しやすくすることであり，2つめは，用水路と排水路を分離する「用排分離」によって個別経営を可能にすることである。これらを達成することにより，経営効率の改善が目指された。1960〜70年代のほ場整備事業は，1980年代以降の事業とくらべると，大規模な事業を全国的に行ったという特徴がある。1980年代以降の事業の整備面積が小規模化しているのは，整備効率が悪く後回しにされていた中山間地など条件不利地域でさえも，ほ場整備事業を実施しなければならない状況にシフトしていったためと考えられる。

　滋賀県においては，このような流れにくわえて，1970年代以降，琵琶湖総合開発による補償事業としてほ場整備事業が琵琶湖沿岸域を中心に展開されてきた。滋賀県の水田整備率は80.8％で，北海道，福井，富山についで全国で4番目に整備率が高い（氷見山・菊池 2007：15）[*11]。ただし，沿岸域を除く丘陵部や山間の水田地帯は，技術的問題や費用対効果の点から，補償事業としてほ場整備事業が導入されることはなかった。1980年代までは，平場農村の水田が主たる対象とされてきた。全国の約6割の水田（約155万ha）では，すでに区画整備などの基盤整備を終えている（農水省「農業基盤整備基礎調査」2009年）。

　いわゆる中山間地域を対象としたほ場整備事業が導入されるのは，平場農村の水田でほ場整備がほぼ行われた後のことである。滋賀県では，1970年代なかばから1980年代にかけて，まだほ場整備がなされていない棚田地域を中心に，国や都道府県以外が事業主体となる団体営のほ場整備事業を本格的に展開しはじめる。農業の近代化から取り残されてきた棚田地域でほ場整備事業が取り組まれた背景として，滋賀県西部においては，1980年代から都市開発（住宅開発）の残土利用とリンクして事業が展開したことが注目される。

　1979（昭和54）年4月に，大津湖南都市計画事業仰木土地区画整理事業（市街地開発事業）が決定し，住宅・都市整備公団による仰木の里地域の宅地造成事業が着手された。仰木の里は，仰木村の天水田が一帯に広がっており，手間ひまのかかる骨の折れる農作業を行わなければならない地域でもあった。1986（昭和61）年に「レークピア大津・仰木の里」の街開きが行われ，当時で2,000

戸，7,000人が居住する一大ベッドタウンが誕生した。その後，1997（平成9）年に仰木の里学区が発足し，保育園・幼稚園，小学校，中学校，高校，大学を擁する学園都市としてのまちづくりを進めてきた。国鉄湖西線の開通とともに住宅開発を推し進めるとともに，西大津バイパスの整備が進み，1986（昭和61）年に湖西道路が開通し，しだいに区間が延長された。その結果，京阪神地区へのマイカーでの移動時間が短縮され，通学・通勤圏としての優位性をさらに堅固なものにしていった。

　仰木地区では，住宅開発による「郊外」の誕生を背景としながら，末端の水利システムまで大きく変容させる農業の近代化（ほ場整備）も同時に推し進めていった。仰木地区の辻ヶ下と下仰木では，団体営の整備事業を行っており，それぞれ中央土地改良区と下仰木土地改良区を設立した。第一期は，1985（昭和60）年に認可を受けた仰木中央地区ほ場整備事業で，おもに辻ヶ下を対象に行われた。第二期は，1987（昭和62）年に認可を受けた下仰木地区土地改良総合整備事業で，下仰木と平尾の一部を対象に行われた。

中央土地改良区設立の経緯

　ほ場整備以前は，すり鉢状の急峻な地形のため，土手や畦畔が崩れやすく，土手・畦畔面の復旧工事や水路の復旧作業に多大な労力を要していた。少しでも農業の負担を少なくするために，そして将来を見据えて，地元住民は，ほ場整備事業の実施を強く望んでいた。棚田でのほ場整備では，急峻な階段状の地形を整備して高低差を小さくするために多くの土砂が必要となり，経費が嵩んでしまう。折よく事業の対象地が大津市の公共工事の残土処分地として認められたのを契機として，1978（昭和53）年から本格的にほ場整備がはじめられた[12]（仰木史跡会 1996：62）。

　当時，大津市は，公共工事の残土処分地を求め，この地区の土地改良前の棚田に投棄することを認めた。中央土地改良区は，すり鉢状の地形に棚田を拓いているため，ほ場整備を実施するにあたっては，大量の土砂をもって棚田の高低差をならしていかなければならない。残土処分場を探していた市と，ほ場整

備による近代化（その先には，宅地化への転換を見込んでいた）を目指していた上仰木と辻ヶ下とのニーズが一致したのである。

　ただし，残土処分の受け入れは，地元住民に想像を絶するほどの多大な負担を強いるものであった。残土のなかに有害な産業廃棄物が紛れ込んでいないかをチェックしたり，不法投棄されないように見張ったりと，長期にわたり非常に緊張を強いられる環境がつづいた。こうした日々にも限界がきて，1983（昭和58）年までつづいた残土処分を打ち切り，ほ場整備事業の着手にむけて本格的に動き出した。ほ場整備により，それまで1,200枚も連なっていた棚田を，わずか177枚の水田へと整備していった。

　中央土地改良区[*13]は，上仰木の一部と辻ヶ下を中心にして構成されている。1985（昭和60）年に認可を受けて整備事業を開始し，1990（平成2）年に竣工した。整備実施面積は23.5ha，灌漑面積は約17.5haあり，河川にたよらず雨水だけで灌漑する天水田も含まれる。また河川からの新規取水が認められなかったため，1988（昭和63）年に地下水ポンプを新設した。ほ場整備後は，5～6年間「床（トコ）ができるまで」水がたまりにくいといわれている。そのため，ほ場整備後の反別収穫量は，1反あたり6俵にとどく程度で非常に少なかった。現在は，1反あたり8俵ほどの生産量をようやく確保できるようになった。

水利施設の管理

　棚田を灌漑するための用水は，大きく3つに分けることができる。①旧井堰の用水[*14]，②地下水，③生活雑排水の3つが合流して配水される。水利管理責任者は土地改良区理事長と水利委員である。水路の管理作業として，田植え前にあたる3月の第一日曜に，組合員全員参加で水路の掃除と草刈りを行う。また，役員だけで，水路の掃除と草刈り，U字溝の調査，農道の補修を1年に何度も行っている。

　とくに，土地改良区の理事長は，灌漑期である4月から8月のあいだ，毎日3回以上水路を見回って配水が平等に行われているか点検しなければならない。灌漑期は毎日，理事長や水利委員が1時間おきに見回るが，中板が外され

土嚢（水をせき止めかさ上げするために使われる土砂を入れた袋）の位置が変えられるなど，個人の勝手な水利用もみられるようになった。従来の緻密な水利用・管理のあり方から，粗放的な水資源管理へと変化している。

費用負担

土地改良区の仕事は，水利施設の管理にとどまらず，経費の管理・負担金徴収，行政諸機関との窓口，事務処理も重要な仕事になっている。水利費は，組合費として徴収され，経営賦課金と特別賦課金とに分かれ[*15]，ともに耕地面積を費用負担の基準にして徴収している。

ただし，水利費は水張り面積を対象とし，減反田については負担を減らすことにしている。負担額は，10a あたり約1,000円程度だが，減反により多少の差はある。「上流と下流の差」「受益と水利費の比率の差」「階層別」を基準にして，半年ずつ2回に分けて水利費を徴収している。このほか中山間地域等直接支払制度の補助金により水利費をまかなう。中山間地域等直接支払制度で得た補助金を個々の農家に配分せずに，地域でプールしておき，共有財である新設ポンプの設置代（ボーリング代）として積み立てている。ただし，なかには個人分配を希望する者もいる。

役員の事務・経理に対する報酬については，基本的に無償労働とされている。ただし，水路の見回り管理については，これまで1人2万円ずつ計3人に支給していた。2001（平成13）年より，経費削減のため見回りの人数を減らして，理事長が無償で水路の見回りを行っている。

3-2-3 仰木地区における土地改良事業第二期

下仰木土地改良区設立の経緯

下仰木の土地改良事業の計画は，1984（昭和59）年に，専業の養鶏農家であるY氏が発起人となり，準備委員会が設立された。事業に反対する農家が当初20名おり，これら反対農家の説得に時間がかかり，1988（昭和63）年から事業に着手した。

表3-2　下仰木土地改良区の概要

	水源	灌漑面積	作業	用排水形態	管理責任者	賦課金	構成員
下仰木西	大倉川	28.3ha (畑：5.3)	荒井堰立て, 井堰刈り	用排分離型	土地改良区 事務局長	反別割	北山（7戸）, 大倉（11戸）, 天水（7戸）
下仰木	天神川	24.3ha (畑：2.1)	同上	同上	土地改良区 事務局長	反別割	
その他 ①未加入 ②天水田	天神川	2.1ha				反別割	

　下仰木土地改良区[*16]は，下仰木地区と下仰木西地区からなる。整備事業は，下仰木地区36.1ha，下仰木西地区33ha，合計69.1haの農地を対象とした。このうち経営耕地面積は，45.1haに減少している。土地改良区への参加は，基本的に，下仰木の農家全員に義務づけられているのだが，個人的理由で参加をしない家が5戸あり，これらの家が所有する農地は対象外となった。

水利施設の管理

　下仰木土地改良区では，整備開始初期と2001（平成13）年に基幹施設として5,000トンのため池を2ヵ所新設したので，以前より安定した水量を確保できるようになった。水源は，以前と同様，大倉川と天神川のみである。ただし，下仰木では，予備ポンプを数ヵ所設置しており，土地改良区が買い受けたポンプ以外は，従来どおり井堰組織の所有となっている。また一部の用排水路をのぞき，用水路と排水路を分離する「用排分離」により農家の個別経営が可能になった。

　ほ場整備以前は，井堰組織ごとに井堰親をおき管理責任者となっていたが，ほ場整備後は，個別の井堰組織を土地改良区に一元化して，水利委員が水利管理責任者となった。水利施設の管理は，事実上，事務局長と水利委員が行っている。また，下流の水不足に対応するために，水利委員は，降雨時や夜中にため池の貯水を行うなど下流に配慮している。

　水田一筆あたりの水利用は，ため池を開閉し本線・支線を経由して取水する

しくみとなっている。一筆ごとに，ゲート式の用水口と排水口が設置され，これを開閉することにより水量を調節するしくみになっている。整備後も，人為的な管理作業がかなり必要となる。

費用負担

費用負担としては，工事費と事務経費の負担がある。工事費は，農家1戸あたり約75万円[*17]，事務経費は，農家1戸あたり約40万円の負担であった。役員報酬については，実質的には個人分配されていない。ただし，夫役以外に特別に作業に出た場合，時間給にしておよそ700～1,000円程度の日当を支払うこともある。さらに，昨年度より中山間地域等直接支払制度交付金が支給されており，ポンプ代や電気代などの水利管理費をまかなっている。

ここでは取り上げないが，平尾地区と上仰木地区を中心に，ほ場整備「第三期」と位置づける動きが，1990年代後半から2000年代にかけて現れる。全国的にみて条件不利地にある農山村地域に対して，1993（平成5）年のGATTウルグアイラウンド合意を受けて，政府が，効率的な農業の徹底のため農地農村整備関係の予算を手厚くしたことが大きく影響している。仰木地区でも，この数年間でほ場整備に着工しなければ見捨てられるという危機感から，1990年代に一気にほ場整備ブームが高まった。平尾地区では，結局，ほ場整備事業を推進する機運が高まったものの，着工するにいたらなかったが，上仰木地区の一部では，ほ場整備事業の着工を実現させた。

これらのほ場整備事業の実施に際して，これまでのほ場整備では問題にされてこなかった「環境保全」や「生物多様性」というキーワードが語られるようになった。この背景には，2001（平成13）年の土地改良法の一部改正にともなって，環境との調和への配慮を基礎にしたほ場整備事業が取り組まれるようになり，生物多様性や棚田景観をそこなわない事業計画がたてられるようになったことがあげられる。これらは2000（平成14）年の食料・農業・農村基本法に示された多面的機能ともリンクした動きである。

3-3 土地改良事業による水利組織の変化

3-3-1 土地改良区と井堰組織

 ほ場整備事業によって，井堰組織と土地改良区との関係がどのように変化したのか，以下の3点①整備区域内部の関係，②整備区域と上流との関係，③整備区域と下流との関係から整理しておこう。

 井堰組織による水利は，ほ場整備以前は井堰親・井堰子と天水田所有者とを，組織成員か否かによってはっきりと区別していた。しかし，ほ場整備にともなって，整備区域内部では，従来の成員構成の基準が以下の2点で大きく変化した。第一に，天水田所有者が，水利組織の構成員として組み込まれたことにより，新たな用水の主体として位置づけられた。第二に「はぐれ井堰子」の出現である。ほ場整備以前まで井堰組織成員だった者が，整備事業への不参加という対応をとることによって，新たな水利組織の構成員からはずれてしまった。また，井堰の末端部のみ土地改良区に加入することにより，上流の井堰組織から分断されてしまった場合，土地改良区の成員ではあるが，それまで属していた井堰組織成員ではなくなるため「はぐれ井堰子」となる。

 整備区域と上流との関係をみると，ほ場整備によって異なる集落に属する井堰組織の一部が土地改良区に組み込まれる場合がある。たとえば，中央土地改良区の場合，2つの井堰がかり田の下流部が土地改良区に組み込まれた。また，下仰木のほ場整備の場合も，整備対象地に平尾地区の井堰の下流田を含んでいた。そのため，土地改良区の構成員のなかに，下流部の水利責任者である井堰親が組み込まれ，上流部では，水利責任者の不在という事態が生じることになった。このような状況に対して，井堰親不在の上流部では，基本的に元井堰親をひきつづき水利責任者とした。ただし，大規模な井堰では，副井堰親が本井堰親を兼任するところもあった。

 整備区域と下流との関係では，上流に設置したため池の影響で下流田に流れる水量が減少するということがみられた。その結果，下流の井堰では，十分な

水量を確保することができず，水の配分に関して土地改良区と交渉をしなければならなかった。下仰木の井堰では，井堰親が代表者となり，土地改良区と直接話し合い，申し入れがあった場合には，かならず上流のため池を開けるという取り決めがかわされた。

最後に，所属する集落も水利組織も異なる成員が，ひとつの土地改良区のなかに統合された背景をみておこう。土地改良区は，ほ場整備事業を実施するために設立されたものであり，基本的にこれらは「むら」を単位としている。[*18]そのため，対象となる農地も，むらが占有する農地の範囲におさまるのが通例である。しかし，下仰木の場合，県道とそのアクセス道の建設計画の都合で，下仰木と平尾の一部をあわせた領域が土地改良区として設定された。このように，土地改良区の区域は，かならずしも水利だけを考えて設定されたわけではないので，成員構成は複雑にならざるをえなかったのである。このような状況に対して，井堰組織は，つぎに述べるように水の利用・管理のための社会組織を再編して対応した。

3-3-2　井堰組織による管理の変化──水の「平常」時と「非常」時

施設の所有と利用

中央土地改良区では，井堰所有の水利施設を残し，河川から灌漑用水を取水している。井堰所有の施設は，現在も井堰組織のみによって管理されている。下仰木土地改良区でも，井堰のポンプを所有・利用し，ため池を副次的に利用している。土地改良区では，井堰所有ポンプを水不足のときに使用する補助ポンプとして位置づけているが，実際には，井堰所有のポンプはため池を利用するために，つねに使用されているのである。

管理内容の変化

下仰木土地改良区のように取水源に変更がない場合でも，中央土地改良区のように取水源が変更した場合でも，従来どおり井堰所有の水利施設を利用して稲作農業が営まれている。整備されずに残った上流部では，井堰組織による共

表3-3　土地改良区の比較

	中央土地改良区	下仰木土地改良区
背景	急峻な地形 →畦畔の崩壊防止，作業効率改善，復旧作業負担の解消 住宅開発の展開 →残土処分地をめぐる問題	急峻な地形 他地区のほ場整備事業の影響 →小規模ほ場整備事業の成功 反対者の説得に時間がかかる →事業認可から竣工まで20年近くかかる
事業内容	1985（昭和60）年に認可，整備事業開始 整備実施面積23.5ha 地下水ポンプ1台設置	1987（昭和62）年に認可，翌年，整備事業開始 整備実施面積69.1ha（下仰木地区36.1ha，西地区33ha） 溜池2ヵ所新設
機構	組合員：65名 役職：理事長（1），副理事長（1），理事（10），監事（3），水利委員（3） 任期：3年	組合員：約140名 役職：理事長（1），副理事長（1），庶務（1），会計（1），理事（18），事務局長（1），監事（3） 任期：3年
施設	取水：地下水，天神川（旧月読井堰），生活雑排水（上仰木・辻ヶ下） 配水：土嚢（ドノウ），中板による手動 用・排水路：ゲート式，用・排兼用あり	取水：下池（天神川），西池（大倉川），旧井堰組織ポンプ（川端，馬場，蛇谷） 配水：マス（手動で配水） 用・排水路：ゲート式，用・排兼用あり
管理内容	幹線：3月に全員で水路掃除，草刈り 　理事長が毎日水路の見回り 　役員による水路掃除，草刈り 支線：近くの田の所有者による掃除と草刈り	溜池：水利委員が夜間や降雨時に水をためる 幹線：彼岸に全員で水路掃除・草刈り，事務局長・水利委員が毎日水路の見回り，役員による水路掃除・草刈り 支線：近くの田の所有者による掃除と草刈り
費用負担	水利費：組合費（経営賦課金，特別賦課金） →10aあたり1,000円の負担 補助金：中山間地域等直接支払制度 →10aあたり21,000円を支給 →21,000円をポンプ新設費用・水利費へ	水利費：水利費として一括徴収 →10aあたり約2,300円の負担 補助金：中山間地域等直接支払制度 →10aあたり21,000円を支給 →10,000円を農家へ，11,000円を水利費へ

同管理作業がなければ農地を維持することはできない。かくして，ほ場整備後も井堰組織のような共同性は存続し，井堰親にかわる差配役が必要とされているのである。

ほ場整備後，水にゆとりのある「平常」時では，土地改良区による幹線の管理と，井堰組織と配水ブロックによる支線の管理とに機能分化することによって，水利システムは円滑に運営されている。たとえば，事務・経理は土地改良区が行い，幹線の点検や作業の手配と通達は水利委員が行っているが，実際の井堰立ての場では元井堰親が指揮をとり，井堰単位や配水ブロック単位で支線での配水を管理するというようにである。

だが，水不足の「非常」時にはどうであろうか。ほ場整備事業によって水源拡張を行わずに利用主体が増加したことから，農業用水の利用をめぐる競合が起こりやすい状態となり，主体間調整が以前にもまして重要になっている。たとえば，井堰組織を新たな配水ブロックに切り替えたところでは，個人が水を使いすぎて水が不足気味である。このような利用主体間の競合という状況に対して，現在では施設の整備と農業経営の両面からの対応がなされている。

施設の整備面では，河川依存型であった従来の水利形態を，ため池と地下水を取水源とする水利形態に転換した。このことによって，不安定な河川流量を補完している。また，農業経営面では，減反対策としての集団転作によって，土地改良区の耕地面積のうち，下仰木土地改良区で約3分の1ずつ，中央土地改良区で約6分の1ずつを毎年交代で畑地にして，水の需要量を減少させている。下仰木土地改良区と中央土地改良区ともに，水の供給サイドからの対策と需要サイドからの対策を組み合わせることにより，用水の需要量の増加に対応しているのである。

このような変化に対する井堰組織側の対応はどうだろうか。ほ場整備により下流への流水量が減少するなど，未整備田が不利益を受けた場合，各井堰組織の井堰親が代表者となり上流田と取り決めを交わすことにより対応している。ため池設置後も，井堰組織所有の施設を用いて河川用水を利用することによって流水秩序を維持しており，井堰組織による規範を一方的に強要するのでもな

く，土地改良区の管理のみに依存するのでもなく，井堰組織と土地改良区がそれぞれの状況に応じて柔軟に対応している．

3-4 「土地」と「水」利用の線引きをめぐる駆け引き
3-4-1 「土地」の境界と「水」の境界

　ほ場整備事業でもっとも難しい手続きのひとつに「換地」手続きがある．これは従来の分散錯圃的な土地所有のあり方を根本的に否定し，できるだけまとまって1ヵ所に個人所有地を集積することで，個別的水利用を達成するためになされるものである．換地を行うと，1ヵ所に所有地を集積し，一筆あたりの耕地面積を拡大することが可能になるため，大型機械を導入した経営の効率化にもつながる．ほ場整備とは，用水路と排水路が分離されるいわゆる用排分離によって個別経営を可能にするとともに，機械化と個別経営によって，農作業の効率性を高めることも可能にする．

　しかし，棚田のように条件不利地のほ場整備事業は，平場のほ場整備と異なる面もある．棚田では，耕地面積を拡大して作業効率を改善しても，平場農村ほど一筆あたりの面積を拡大することはできないため，中小機械しか導入できず，耕地面積の拡大化が生産性の向上にそれほど有効にはたらくわけではない．また実際は，ほ場整備による棚田の地すべりを防止するために，土手に多くの面積をとられるため，経営耕地面積は大幅に減少せざるをえないのが現実である．棚田の土手崩れを防止するために作られた大きな土手が，新たな災害をもたらす可能性も高く，ほ場整備を終えた棚田地域には不安を感じる人たちも多い．

　また水田を整形して所有者ごとにまとめることの意味について考えてみると，ほ場整備が末端水利に与える影響がよくわかる．水田の所有者が入り組んでいるこれまでの分散錯圃的土地利用は，その土地に流れる水脈を利用してきた．あるときは，田んぼに沿って水路を作り替え，入り組んだ地形にあわせた

水路網を編み出してきた。しかし，ほ場整備事業によって，水脈と関係なく土地の境界が引き直される。その結果，土地の境界と水の境界（水脈や水路）は大きく食い違う。土地に合わせてまっすぐ伸びた直線的な用排分離の水路を作り直さないといけなくなる。この過程で「使い回し」の水利用から「使い捨て」の水利用へと大きな転換がなされる（嘉田 2002）。ほ場整備により，少ない水を分け合い，上下流の差異を組み込んだ水管理と異なる原理が大きく組み直さざるをえなくなる。

　土地や水には，水利施設の設置や実際の水利用・管理といった労働の歴史だけではなく，それらをつうじて形成されてきた人びととの関係性の歴史も刻み込まれている。ほ場整備によって，定規で引いたように直線で区切られた境界線は，土地の境界と水の境界を大きく変えるため，これまでのはたらきかけの歴史もそこで生み出された規範をも消し去ってしまう。このような状況に対して，井堰の成員たちは，どのような論理をもって，新たな土地と水の境界の正当性を獲得していくのだろうか。また，国の整備事業計画で設定されている基準に基づいて作られた境界を，どのように意味づけ直していったのだろうか。

3-4-2　10％の自己負担と発言権

　土地改良事業を末端の水利改良にまで徹底させたほ場整備事業は，食糧増産と農家経営に寄与することを目的としてなされてきたため，公共性を付与され，国家による補助金率も他の公共事業にくらべて非常に高い。昭和30年代の基本法農政以降，こうした国営・県営などの補助率の高い事業が増える（陣内 1974）。

　ほ場整備事業は，水田と水利施設の改良に多大のコストがかかる。とくに棚田地域のような急傾斜地では，平場水田よりも単位面積あたりのコストが高くついてしまう。ほ場整備にかかる費用は，国の負担金，地方行政（県・市町村）の負担金，地元負担金の割合を，それぞれ50％，40％，10％としている。地元負担は，総事業費の10％に固定されているが，地方行政内部の負担割合は，それぞれの都道府県の財政状況によって若干異なる。

ここで重要な点は，ほ場整備事業という個別農家の利益に寄与する事業が，たった10％の地元負担でなされているということである。国や地方行政の高い負担率は，これらの事業が高い公共性を有すると認識されているからでもあるのだが，そこにはどのような論理が形成され，正当性が付与されているのだろうか。

　まず，土地改良やほ場整備は農家の私的な利益に，公的な投資がなされるにあたり，農業生産性の向上と農家の自立経営確立を国家的に推進しようという意思が大きくはたらいていたことがあげられる。つぎに農家が土地改良事業にかかる費用をすべて負担することができないということも，地元負担を低くおさえた要因のひとつである。

　さらに歴史をさかのぼると，災害復旧に典型的に現れるが，私的な問題と公的・公共的な問題との混淆状況における国家の立ち位置と枠取りの権力作用に同様の構造を見出すことができる。小林は，近世の水害復興プロセスにおいて，国家が水管理に登場し，地域の共同的な水管理に制度的に介入するプロセスを明らかにした（小林 1999）。国家が一方的に復興援助を行い近代的水管理を徹底させるだけでなく，むしろ農家を中心とする利害関係者たちが国家の介入を積極的に要請していく過程を提示してみせた。水害のリスクをどのように配分するかという以前に，水害によって生存すら否定され廃村の瀬戸際に追いやられている人びとの存在をどのように社会が受け止めていくのかという問題を提起する。ここでは，財の効率的な配分という市場原理にくわえて，生存経済・モラルエコノミーの原理が導入されている。

　ほ場整備事業は，基本的には「関係者の3分の2以上の同意が必要」とされている。[*19] しかしながら，農地は所有者ごとにまとまって分割されているわけではなく，分散して所有されているため，村落全体の合意を得ることができなければ，事業を実施することはほとんど不可能である。ほ場整備事業の合意をとりつけるプロセスは「まるでむらをひっくり返したような騒ぎ」だったといわれる。

　「田んぼは四角に，心は丸く」という標語を書いたポスターを土地改良区事

務所に掲げている下仰木土地改良区では，ほ場整備事業はむらの「総意」のもとに遂行されるべきことと理解される。また，万が一，ほ場整備事業を達成できずに途中で頓挫してしまうことがあれば，土地改良区を推進する者の器量不足・能力不足と烙印を押されてしまうため，何がなんでも成功させねばならないという暗黙のプレッシャーを受け取っている。逆にいうと，ほ場整備を無事に遂行することができれば，むらの人たちから人格者として認識され，一目置かれる存在になるということでもある。

　総事業費のわずか10％を負担することによって，ほ場にかかわるあらゆる状況に対する発言権を地元住民がもつ。また，ほ場整備事業完成後になされる「記念石碑」づくりは，先人の苦労と血と汗によってなされたものとして，敬意をはらわれる対象でこそあれ，批判・検証されるようなものではないと認識されている。モニュメントの存在そのものが，ほ場整備事業の正当性を問うことをいっさい許さない。たしかに，むらの意思としてほ場整備事業を行うことが全戸同意でなされたわけだが，実際の個別の状況に対して，個々の農家は，ほ場整備の正当性をどのように共有していったのだろうか。

3-4-3　小規模水利をめぐるポリティクス——境界の設定と意味の生成

　新たに作られた境界について人びとがどのように認識しているのかを，ほ場整備について語られる場を手がかりにしながら考えてみたい。また，そこでの語りにおける差異を共有することで，どのような線引きや境界づけを行おうとしているのかを検討してみたい。

　Nさんは，農業委員を務めている。Yさんは，専業養鶏農家で，土地改良区の準備委員会の初代会長を務めた。Fさんは，川端井堰の井堰親で，土地改良区の準備委員会の設立にも貢献した。

> Nさん：もしいまの代のことだけ考えてていいんやったら，こんなしんどいこと（ほ場整備のこと），わざわざせえへんでもいいんちがうか思うんやけど。いまの代だけやのうて，次の代，その次の代のことを考えてやるんや。

Yさん：整備しようと思うたら，むらがひっくりかえる騒ぎになるんや。みんながちぃんと足そろえてやらなな。自分のことだけ考えてたらあかんのや。いま勝手したら，いまの代はまぁええわな。でも次の代になったとき，後ではもう入れてもらえんのや。いましんどい思いをみんなが一緒にしてるんや。後で困ったかて，もうそんときは遅いわな。

Fさん：整備おわったとこの田んぼみはりましたやろ。そら，ちぃんときれいに分かれてますわなぁ。でもな，田んぼはなぁ，みぃんなつながってるんや。やから，うちだけはいいわなぁ思うて，ちょっと水を多うとったり，勝手したりするやろ，そうしたらやっぱりシモ（下流）の方でなんか起こってしまうんや。ここは，水には苦労してきたんや。シモ（下流）のことをまず考えなあかんのやなぁ。やっぱり勝手したら，守りができんいうことなんやと思う。

　Nさんによると「いま，ほ場整備に参加する」という選択をするのは，個人的な利益のためだけではなく，むしろ将来世代のためであると意思表明される。Fさんの「守り」という言葉にみられるように，ここでずっと棚田を作りながら暮らしていくという意思があるかどうかが，整備への賛成というかたちで表される。ここでは，世代単位というように時間軸を長くとって，個人個人の差異を含み込み，世代をこえた「みんなの」必要という語りがなされる。
　2つめの語りでも，世代をこえた関係が示される。ここで強調されるのは「いま」行う選択が，将来どのような意味をもっているのかを共有する点にある。ほ場整備の実施をめぐる賛否の表明は，これからの水利用・管理における発言権や成員権の根拠と結びつけてとらえられる。
　Fさんは，田んぼのつながりが，じつは，水の利用をつうじて「カミ（上流）」と「シモ（下流）」とをつないでいるということを指摘する。個人がほ場整備に対して感じるズレや違和感を包みこんだ水がかりの関係性が再確認される。条件のわるい田や下流のことを基盤にして考える水利用のしくみとして，

井堰親制度の原則を再確認することにくわえて，個人の差異を含み込んだ「みんなの」問題，かつ世代をこえた問題としても再確認している。これらの語りは，末端水利と個々人の関係として現れている。条件の不利な人びとを基準にして，そこからズレたりはみだしたりすることが，どのような意味をもっているのかが語られていく。

　井堰親制度は，絶対的水不足と地すべり地帯という自然条件の脆弱性と，その結果起こる災害によるコミュニティの生存・生活基盤の破壊という社会的な脆弱性を共有することをつうじて作り上げられた資源利用のしくみであった。ほ場整備事業後も，棚田における絶対的水不足は解消されないまま残された。ほ場整備事業によって，大量の水を使うインセンティブがはたらきやすい使い捨ての水利用が導入され，水利用をめぐるコンフリクトが起こりやすい状況が生み出されたが，コンフリクトを調停・解決する水利共同のしくみが不在の状況も生み出された。作られたばかりの土地改良区の理事長や事務局長がメンバーから権威を得ているわけではないため，水喧嘩や諍いが起こったときには，もとの井堰親が調停したり，話し合いの場を設けたりして問題解決をはからなければならない。

　さらに井堰親制度による水管理は，ほ場整備によって大きく変化した。とくに田んぼ（土地）や用水（水）の性格が一変した。1枚1枚の水田が特定の意味をもち，分かちがたくつながっていたが，ほ場整備後は，均質で代替可能な「ブロック化」された水田へと変化してしまった。また，つねに流れつづける「フロー」な水が，ため池というかたちで「ストック」化されたことも，ローカルな水とのかかわりや取り決めのあり方を大きく組み替えることにもつながった。いいかえると「代替可能」な土地と「分割可能」な水へと転化された。この変化の過程で，土地や水がもっている，その地域に固有の多様な意味がそぎ落とされた。これは，スコットがシンプリフィケーションとして指摘するように「ローカルな論理で地域に応じて用いられてきた空間や資源を，中央権力が『読みやすく』制御しやすいように配置しなおし，政府の定める単位と規則に応じて規格化する」ことにほかならない（佐藤　2002：16）。その結果，

人と人との関係性における多様性や意味性，そして複数性が剥奪されていく。

　もうひとつ大きな問題が現れた。棚田地域に多く存在している天水田の人びとが新たに土地改良区に組み込まれた一方で，井堰のメンバーであるにもかかわらず，ほ場整備事業に参加しないことを許容した結果，土地改良区に組み込まれない人びとも数名現れたのである。ほ場整備後も慣行水利権はそのまま認められたので，井堰親制度のメンバーであるかどうかということが，実際の水利用をめぐる権利・義務関係や成員権，問題が起こった時の発言権とズレを持つようになってしまった。用水権をもてなかった天水田の人びとも，ほ場整備後は，土地改良区の成員となる。新たに土地改良区に組み入れられた元天水田の人びとは，水不足の時は水を遠慮して使わなければならなかったり，水田の条件がわるい土地を割り当てられたりした。

　井堰親制度に基礎をおいた水利用の共同性は，ほ場整備事業によって大きな転換を迎えた。井堰親制度におけるオヤコ関係や井堰組織のなかに埋め込まれていた人びとは，土地改良区の構成員すなわち個人としてとりだされる。問題解決をはかるしくみや脆弱性を共有するしくみが必要な状況が現れても，ほ場整備事業によって個人化された人びとがつながる場はなく，個々の状況に応じて創意工夫する新たな共同性は不在のままである。なにか問題が起こったときには，幹線での問題については土地改良区，支線や水田一枚ごとの水利用の問題については井堰がかりの共同性を利用して，場面や状況に応じた対応を繰り出さざるをえないのである。

3-5　コモンズ複合のポリティクス

3-5-1　土地改良事業をめぐるポリティクス

　本章では，水利システムの組織的工夫の実態分析をつうじて，地域社会が社会経済的な変化に対処するために，どのような共的資源管理の社会的しくみを維持しており，またそれを変容させてきたのかを明らかにしてきた。具体的に

は，滋賀県大津市仰木地区での土地改良事業による水利組織の変化を事例として，水利組織の機構，管理内容，費用負担のあり方について検討してきた。

棚田では，ほ場整備がなされる以前には「セマチナオシ（畝町なおし，狭地なおし）」と呼ばれる個人的な土地改良を積み重ねて，長い年月をかけて，少しずつ畦を削り田んぼを大きくする工夫をこらしてきた。個人的な土地改良を基盤に，数名から数十名が集まって集団的な土地改良を行うこともあった。棚田の景観は，伝統的に保存してきたものではなく，むしろローカルな改良と工夫を積み重ねて作り上げられてきたものである。

ところが，1970年代以降，棚田地域の土地改良が大きく転換する。平場農村に土地改良事業がゆきわたった結果，土地改良事業（ほ場整備事業）の新たな対象として棚田を多く抱えた中山間地域が着目されるようになった。その結果，棚田に生きる人びとは，新たな公共事業の主体として立ち現れてきた。

棚田地域の土地改良事業は，平場農村とは異なる技術的工夫をこらさなければならない。ひとつめは，土地改良の技術的問題であるが，傾斜の大きな棚田地域の土手崩れを防止するために巨大な土手を造成することである。土手の造成と農道の整備にともなって，耕作面積は大幅に減少する。耕作面積をできるかぎり減らさず，かつ土手の崩壊を防ぐギリギリのラインで土手を造成しなければならない。

2つめは，換地手続きにともなうものであるが，土地改良によってできあがる農地の差がはげしいことである。中央部の面積も広く農道に隣接して便利な条件のよい水田はほんの一部であり，ほとんどの水田が少し湾曲して小さな面積の水田となっている。山ぎわの水田は，土地改良後も日陰になり土手に多くの面積をとられたうえに長方形からほど遠い大きく湾曲した形になる。大きな条件の差をもつ水田をどのように配分するのかということがもっとも重要な問題となる。

3つめは，土地改良後の経営の問題であるが，現在は，たんに水田を整備するにとどまらず，農業公園の整備や棚田景観の保全や生物多様性の保全などの機能をあわせもった土地改良事業計画を行わなければならない。つまり，棚田

地域を今後どのように運営・経営していくのかという具体的なシナリオ作りとマネージメント力が試される。

　実際に棚田地域でほ場整備が問題にされる場合，棚田の形状に沿って曲がりくねった農道をまっすぐに，かつ少しでも広くして便利な道を作るなど，ほ場整備に付帯する工事への期待も大きい。棚田は日あたりや水の温度や水はけの良し悪しなど，場所によって収穫の差が大きいため，リスクを分散させるために，水田を1ヵ所にまとめてもっている人はほとんどおらず，点々と離れた場所の水田を耕している。水田の区画整理がなされて末端水利が作り直されれば，棚田間の格差が是正されるため，ほ場整備をすることで所有水田を1ヵ所にまとめて効率のよい水田経営を行うことが可能になる。

　しかしながら，実際には，棚田地域で平場農村と同じような土地改良事業を行っても，作業の効率性や経営が劇的に改善されることはない。土地改良後も平場よりかなり効率の悪い条件での作業とならざるをえないのが実情である。粘土質の土壌など自然条件の影響を受けて，ほ場整備後5年もせずに排水不良を起こしてしまうこともよくある。それにもかかわらず，村をひっくりかえすほどの苦労をしてまで合意形成をはからねばならないほ場整備事業をあえてする意味とは何だったのだろうか。

　ひとつは，水と土地の利用・管理における近代化である。水を使い回す利用のしくみや，水利用で不利な人を考慮した水利慣行からの解放，土地にしばられた水利用や作物栽培からの解放は，棚田を耕す人びとにとって大きな魅力となる。これは担い手問題とも深くかかわる。とくに後継者のことを考えると，先祖から受け継いできた棚田を次世代に引き継ぐために，ほ場整備は不可欠だと考えられている。少しでも平場の農業のように効率的で簡便な水利用・土地管理・作物栽培を求める気持ちへとつながる。棚田にしか作れない米という誇りをもちながらも，平場農村が早くから享受してきた農業の近代化から取り残されてきたという気持ちを抱えてもいる。

　もうひとつは，国・地方公共団体・地元の負担割合である。ほ場整備事業をすれば，地元負担割合は，総事業費のわずか10％ですむ。5,000万円の事業を

行ったとしても，地元負担は500万円となり，1戸あたりにすればわずか10万円の負担ですむ。それに対して，道路の改良，水路の改修や暗渠排水など小規模な水利改良あるいは小規模な土地改良を行う場合は，基本的にほぼ全額が地元負担となる。この場合，地元負担は，ほ場整備をする場合とたいして変わらず，労力や定期的な補修の必要性などを考慮すると，ほ場整備以上の経費が必要とされることになってしまう。

　土地改良事業は，個々の農家の農地経営に直結するものであり，受益地域の関係農家の発意（申請）または申請にともなう同意が必要となる。また，所有地を改良・開発・保全・集団化する土地改良事業の効果は，直接個人に影響を与えるとともに，その事業費について受益者負担があるという私的側面がある。ただし，個々の農家だけで事業を実施することは不可能であり，多数の農家が共同で事業を実施する必要があり，そのため事業費について公的負担がなされており，全員同意でなく3分の2の同意があれば，不同意者を含めて工事を強行できる強制が働くという公的側面ももっている。実際には，全員同意を得なければ事業が成り立たないので，強制を用いずに，地道な根回しと説得が繰り返される。

　棚田地域では，暗渠排水など排水施設の整備を行うことが，農業生産性をあげるには効果的である。にもかかわらず，あえて棚田で土地改良事業を行うのは，新たな公共事業のなかで正当性を得やすく，国や行政にとって補償や合意形成のコストがかからないためである。つまり，棚田地域では，地域にとって望ましいと思う選択をしようとすれば，地域にとって不利な結果になってしまうというジレンマを抱え込まざるをえない状況が作り出されている。地域の人びとにとって，提示される選択肢の幅は限定されており，自分たちにとってもっとも必要だと思う選択肢を選ぶことをそもそも構造的に限定させられてしまうしくみなのである。人びとは，構造化された選択肢のなかで，選択肢を豊富化することもままならない状況のなかで，長期的にみれば地域にとって不利な選択をせざるをえないという状況のなかで，それぞれの場面で個人やむらの言い分を組み立てることで，生活を組み立ててきた。

現在，集落に近い棚田地域では，ほ場整備がほぼゆきわたり，山ぎわの棚田は一部の保全・復元されている部分をのぞいては，多くが放置・放棄されるという二極分化した状況にある。放棄された棚田の土砂崩れをはじめとする災害の増加という新たな問題に直面することになった。明治以降，とくに第二次世界大戦以降，全国的に推進された土地改良事業と開拓事業を両輪とする農山村の近代化は，現代社会に「改良」の意味を問い直すと同時に「災害」とのつきあい方という重大な課題をも突きつけている。

3-5-2　資源の変動性と存続性

　ほ場整備によって，従来の水利慣行にも大きな変化がもたらされるため，ほ場整備という開発は非常にデリケートな問題でもあった。土地改良事業後は，異なる井堰組織に属する成員や異なる集落の成員が，土地改良区に統合されており，管理主体の変化と再編が行われた。ほ場整備による水利システムの大転換後も，井堰所有の施設や井堰組織は存続しており，「平常」時の管理では，土地改良区と井堰組織，配水ブロックの三者が機能分化して管理を遂行する。しかし，渇水などの「非常」時の管理では，その三者は状況に応じて複合し「ダイナミックな重層性」をもつ管理主体として現れる。仰木地区の事例は，現代の水利分析においては，水利をめぐる緊張関係の緩和という一般的な傾向と潜在的な緊張関係の存在という複合的な視点が必要であることを示している。

　ほ場整備による水利組織の変化を「土地所有の二重性」論とのかかわりで考察しておきたい。ほ場整備以前は，個々の水田に対して井堰組織が下流を中心とした水利運営を行っていた。しかし，ほ場整備後は，個々の水田に対して，井堰組織と土地改良区が機能分化して水利運営を行っている。ただし，渇水が生じた「非常」時は，井堰組織と土地改良区との境界が不明瞭になり，組織間と成員間において「ダイナミックな重層性」が生成される。

　また，井堰親制度は，水を「平等」に分配するたくみな社会的しくみであると先に述べたが，これはたんに水を「均等」に分配することを意味しているわ

けではない．井堰組織に限らず，一般的に水の分配は，基本的に個々の水田の土質と面積により決められており，さらに前年の収穫量やその年の稲の育ちぐあいなどをみて個人個人で融通し合うこともある．このように必要に応じた「応分」の水分配が決められるという意味での「平等」である．この点に水と土地との切り離しがたい関係性を見いだすことができる．つまり水には，水量の季節的変化や地理的分布の偏りという性質だけでなく，歴史的に生成された水の分配原則を基盤としつつも，共有された経験によって基準そのものが変化する特徴をもっていると考えられる．これは水の「変動性」としてとらえることができるだろう．

　これまで見てきたように，水の管理から土地の管理をみなおすという視点は，土地に集中してきたコモンズ研究にも多くの示唆を与えてくれる．コモンズとして水利システムをとらえることで，それはたんに水の共同利用・管理だけでなく，土地（私的所有地）を「つなぐ」社会的しくみとして理解することができる．つまり，水が本来的にもっている「変動性」と歴史的に生成され経験的に共有された「変動性」に応じて，私的所有地（個々の水田）としての管理をこえて共同性が生成されるのである．水は，私的管理の限界をこえて共同的な意味をもっており，さらに近代的な土地改良事業をも引き受けながら，水の流れに応じてむらの領域をこえて「私有地」を「つなぐ」論理を形成することになる．そこに「コモンズ複合」ともいえる共同性を生成しつづけるのである．このように，水利を媒介とすることによって，私有地に内在化されている共的資源管理の基盤を明らかにすることが可能になる．水の「変動性」に対応して水利組織も「変動性」を帯び，これが新たな状況に対する柔軟性すなわち社会組織の再編へ転換されていると考えられる．

　「水」を「変動性」と表現するならば，「土地」は「存続性（持続性）」と表現できよう．水利システムは，この両者の性格を帯びたものとしてとらえられるだろう．「水」や「土地」といった単一資源の共的資源管理の社会的しくみだけを問題とするのではなく，水利システムのような，資源間を「つなぐ」共的資源管理の社会的しくみ，いいかえると「コモンズ複合」というコモンズの

動的なあり方も問題にする必要があるのではないだろうか。コモンズ複合とは，水・土地・山林などの自然資源間を「つなぐ」共的な資源利用の動的な様態である。こうした状況対応的なコモンズ複合によって共的資源の利用が可能になり，生活環境が保全されていると考えられる。

　本章では，これまで静的に扱われてきたコモンズを批判的に検討し，コモンズのもつダイナミズムに焦点をあててきた。具体的には，水利組織分析でみてきたように，コモンズを「複合的」で「状況対応的」で「動的」なものとしてとらえなおすことによって，共的資源の利用・管理システムのダイナミズムを明らかにすることができた。また，このようなコモンズのダイナミズムを，単一のコモンズ内部の問題としてのみ扱うのではなく，複数のコモンズ間の相互関係においてとらえなおすために，「コモンズ複合」という概念を導入することが有効であると考える。

　近代的な土地改良事業が，共的資源管理を破壊するだけでなく，そこに新たなコモンズともいえる共同性を生成する本章の事例は，共的資源管理研究としてのコモンズ論に新たな視点をくわえることにもなろう。

注
* 1　福田アジオは，村落領域における構成要素として，Ⅰ）「民居の一集団」＝集落＝定住地としての領域＝むら，Ⅱ）「耕作する田畑」＝耕地＝生産地としての領域＝ノラ，Ⅲ）「利用する山林原野」＝林野＝採取地としての領域＝ヤマ（ハラ）をあげ，むらを中心にムラ・ノラ・ヤマの三重の同心円的構成で存在していることを明らかにした（福田 1980）。
* 2　井上は，ローカル・コモンズとグローバル・コモンズに分類し，ローカル・コモンズは，規範や権利・義務関係の有無により，タイトなローカル・コモンズとルースなローカル・コモンズに整理している（井上 2001：22）。
* 3　2001（平成13）年5月26, 27日，7月20～22, 28, 29日，8月26日，9月2, 7, 8, 15, 16, 23, 24, 29, 30日，10月9, 15, 16, 18, 25日，11月17, 21, 23, 28日，12月5, 7～9, 15, 16, 26日，2002（平成14）年2月3日，4月4, 6, 7, 12日，9月5, 16, 23, 26日の，計42日間，聞き取り調査を行った。聞き取り調査の対象は，水利責任者である井堰親20名，下仰木土地改良区理事長・事務局長，中央

土地改良区理事長である。

*4　高度経済成長期を境に、むらというまとまりが大きく変化しはじめる。近代日本農業史上におけるもっとも激動的な構造変化は、昭和30年代にはじまり、1973（昭和48）年の石油ショックとともに終焉を告げる高度経済成長期である（坂本 1980：32）。戦後の高度経済成長の過程で、1961（昭和36）年に制定された農業基本法は、その後17年間にわたって日本の農業の基本的なあり方（近代産業としての農業）を方向づけた。基本法の政策目標は、簡単にいうと農工間の生産性・所得格差の是正にある。農業所得の拡大や省力化（機械化）を志向する農業基盤整備事業が広範に展開された。

坂本は、大川の整理をもとに以下のように農業基本法を位置づける。農業基本法の第一の柱は「生産政策」で、米過剰時代の到来を展望して、選択的拡大により米以外の作目への転換を促した。第二の柱である「価格・流通政策」は、米を中心とする主要作物の価格安定と安定的流通の確保である。第三の柱である「構造政策」では、経営の近代化を進めつつ経営の規模拡大をはかり、高度成長で拡大した他産業の労働市場に、主として零細規模の農業就業人口を労働力として吸収させることによって、農家戸数を減少させ、あわせて農地をも流動化させて基幹的農家への農地集積を促すというものである。

この背景には自作農主義があり、自立経営と規模拡大を両立させるために、農業生産の機械化と化学化が推し進められた。機械工場と化学工場は、農業者の新たな雇用場所となる。結果として経営規模の拡大をはかり、農業所得の向上を実現させて、農業と他産業との所得均衡をはかるといった政策遂行のシナリオを描いたものであった。しかしながら、戦後以降つづけられてきた食糧増産と近代的農業経営は、1969（昭和44）年の第一次減反政策をターニング・ポイントとして大きく転換していく。

*5　1968（昭和43）年には「開田抑制」と「米減産対策」を柱にした総合農政が発足する。1971（昭和46）年には「放って置いても3万円」と呼ばれるほど悪評が高かった「休耕奨励金制度」が導入されて、本格的な生産調整が行われるようになる。休耕奨励金制度は1974（昭和49）年には廃止となり、そのかわりに同年「転作奨励金制度」が制定された。

*6　第一期は「公的所有地における水管理」であり、古墳時代から古代国家成立期にかけての時期を対象にする。鉄器を用いたため池や小河川灌漑あるいは条里制を特徴とする。第二期は、戦国時代から江戸時代にかけての「共同体による水利慣行の生成」である。この時代は、戦闘技術や鉱山技術を応用し、日本における大河川灌漑や干拓が確立する。第三期は、明治期から大正中期にかけての「公的承認による

水利権の設定」である。1896（明治29）年の河川法制定により「慣行水利権」と「許可水利権」が設定された。また地主を中心にした耕地整理や「治水」事業の展開につれて，灌漑・排水事業が普及した時期でもある。第四期は，大正末期から戦前昭和期さらに現代にいたるまでの「中央集権的水管理体制の確立と私的所有化の徹底」（公私二元的管理の確立）である。この時期は，国・県営による行政投資が農業水利開発の主役に上昇し，大規模なダムや土地開発事業がなされた。とくに第二次世界大戦後には，総合水利開発事業が推進されるなど，1964（昭和39）年の河川法改正にともなって「利水」目的へと大きく変化する。土地改良事業による「用・排分離」で，水の私的管理と施設の公的管理を徹底，流域管理による公的管理を強化した。1997（平成9）年の新河川法制定によって，住民参加や環境という概念が積極的に法制度に導入された。

＊7 「圃場整備事業は圃場の区画形質の変更を中心に，圃場の土壌及び用排水条件等を総合的に整備する事業で，この事業の実施により農地の汎用耕地化，集団化がなされます。かんがい排水事業，農道整備事業，防災事業などの他の土地改良事業が，水利施設や道路などの点又は線的工事が中心となるのと異り（ママ），大きな広がりのなかの農地，水路，道路などをすべて対象とし，それらを全面的に改造する面的な事業である点が大きな特徴です」（農林省構造改善局設計課監修 1976：31）。

具体的には，区画整理だけでなく，用排水を改良し，農道を整備し，土層を改良，省力・多収の営農を可能にするような農地整備を目的とし，営農に直結した土地基盤整備事業を対象とした事業をほ場整備（以下，ほ場整備と表記）と呼ぶ（金子編 1968：1）。

＊8 ほ場整備事業の採択基準は，しだいに緩和された。1968（昭和43）年に200ha，1973（昭和48）年に100ha，1979（昭和54）年に60haへと採択基準を順次緩和し，一方，大規模ほ場整備事業の制度を1977（昭和52）年に廃止したこともあって，全体として小さくなってきている。

＊9 1992（平成4）年6月に農水省は「新しい食糧・農業・農村政策の方向」を決定した。ここでは，認定農業者制度の導入，法人化の促進，環境保全に資する農業の育成，中山間地域の振興などがおもな柱になっていた。堀越は，ここに新基本法の基本的な枠組みがすでに形成されているとみている（堀越 2001）。1999（平成11）年7月に「食料・農業・農村基本法」が公布施行された。ここに農業の発展と農業者の地位向上を目標として制定された旧基本法（1961）は廃止され，輸入自由化，市場原理の導入を前提とした食糧の安定供給の確保，農業・農村のもつ多面的機能の評価，農業の持続的発展，生産ならびに生活空間としての農村の振興，なかで

も，いわゆる条件不利地域の中山間地域への支援策などが政策目標の柱として盛り込まれた（大野 2005：28）。この翌年の2000（平成12）年には，中山間地対策の新機軸としてグリーン・ツーリズムも提唱された。さらに同じ2000（平成12）年4月には，条件不利地域対策として直接支払制度が導入され，中山間地域対策の新たな段階に入ったと考えられている（大野 2005：28）。

ただし大野は，直接支払制度が多くの欠陥をはらんでいると指摘している（大野 2005）。大野が指摘するように，山村住民の多くは農業のかたわら林業経営にも携わっている農家林家である。この農家林家は，第二次大戦の再建復興期（1950年代）にみる農家経済の向上によって生まれたものである（大野 2005：177）。そして，この山村の農家林家の経済構造を根底から突き崩したものが，高度経済成長以降の農産物の自由化と外在圧迫であり，これが深刻な山村問題を生んでいると指摘する。つまり，現在，日本の山村が崩壊の危機に直面している根源は，ちょうど基本法農政の時期に形成されたということができるのである。

*10　1963（昭和38）年以前は，区画整理や用排水施設の整備，農道の整備などの事業がそれぞれ個別に行われていた。1963（昭和38）年に「ほ場整備事業」が創設されると，これらの事業を組み合わせた総合的な事業が行えるようになった。農業機械を導入し，農業生産の低コスト化，労働時間の短縮などの効果が期待された。

*11　ここでいう水田整備率とは，田面積に占める標準区画（約30a）以上に整備済みの面積のことである。

*12　ほ場整備以前の地形は「急な斜面を巧みに利用し水田であった。その水田の枚数はおよそ1200枚，県道雄琴道から一目で全影が眺められた」（仰木史跡会 1996：62）。当時の月読みを撮影した写真があるが，それをみても，すり鉢状の急峻な地形を読み取ることができる。

　　　ほ場整備事業の展開について『ふるさと仰木』では次のように述べている。「発起人会及び準備会，それぞれの字別調査，地主の調査やそれに伴っての田の面積，道路の市道や里道の調査。さらに全員の同意書，捺印等大半が同意しても僅かの反対があれば着工は不可能。当時の大津市は公共工事の残土処分地を求め，この地区の土地改良以前地として投棄することを認めた。さらに取り込み道路，投棄田の不耕作保障費，持ち込み土砂の受入，投棄禁止物の監視，現地の搬入支持や鎮圧等々大変な作業と日数を重ね1983（昭和53）年までつづけられた。搬入土砂90万立米，地主ももう限界で搬入を切り整備がはじめられた。搬入土砂の内，地味土可能の土とそうでない土とのさまざまな土での埋め立てで従前地確認をパスし許可を得て最終177枚のほ場に仕上げ，換地委員会の苦労もあり，やっと1993（昭和63）年に竣工を見るに至った」（仰木史跡会 1996：62）。また「近代的農業経営の確立に寄与

するほ場整備の企画や集約をされた人，それは初代理事長中川朋一郎氏である。氏のこの事業に賭ける熱意と説得，それに人望であった。整備の一角に『拓魂』と大書した記念碑がびわ湖を背にして建てられているが，この文字こそ尊い無言の語らいである」（仰木史跡会 1996：62-63）。

*13　組合員は65名（上仰木30名，辻ヶ下16名，平尾14名，下仰木1名，仰木の里1名，堅田1名，雄琴1名，坂本1名）である。役職は，理事長・副理事長各1名，理事10名，監事3名の計15名より構成される。理事と監事は総会で選出し，理事長と副理事長は理事会で互選し，任期は3年となっている。基幹施設の管理を行っている水利委員は，理事長により3名が選出され任命を受ける。

*14　本章で用いる「むら」は，現在の大字にあたる範囲を指している。具体的には，上仰木・辻ヶ下・平尾・下仰木の近世村落の起源をもつ藩政村単位である。各むらの水田面積は，上仰木103.3ha，辻ヶ下14.7ha，平尾51.9ha，下仰木45haである（『世界農林業センサス』2000年より）。

*15　水利費のほかに，仰木の里の田に，古い地下水ポンプを有償で貸与している。ただし，水不足のときには返してもらう約束となっている。この賃貸料はかなり高額で，水利費をまかなえる。中央土地改良区の2001（平成13）年度の経営賦課金・特別賦課金はそれぞれ18万8,585円であり，計37万7,170円を徴収している。詳細は，下記の通りである。

   1．2001（平成13）年度水利組合収支決算書（単位は円）
     （1）収入の部
        ①繰越金　　　　384,068
        ②水利賦課金　　208,850
        ③利子・その他　　　184
     （2）支出の部
        ①電気料　　　　114,255
        ②管理費　　　　 60,000　→水の管理として1人2万円（3人分）
        ③予備費　　　　468,997

   2．2001（平成13）年度収支決算書
     （3）収入の部
        ①組合費　→賦課金　　（a）経営賦課金　188,585
        　　　　　　　　　　　（b）特別賦課金　188,585
       （10aあたり1,000円）

　　　　　②補助金　→市補助金（事業補助金，運営補助金）　→約330万円
　　　　　　（田畑あわせて17町，土手をあわせて合計20町，道もあわせて合
　　　　　　計23町）
　　　　　③雑収入　　　　　　211,413
　　（4）支出の部
　　　　　①事務費　　　(a) 272,509
　　　　　　　　　　　　(b)　50,382　→会議費
　　　　　②事業費　　　　なし
　　　　　③負担金　　　　23,700

*16　土地改良区の成員は約140名，うち水田所有者130名，畑地所有者10名である。土地改良区の役員構成は，理事18名，事務局長1名，監事3名，換地委員17名である。理事は，理事長・副理事長・庶務・会計各1名，工事担当5名，用排水担当（水利委員）6名，換地担当2名という構成である。理事は総会の選挙で選出され任期3年を務める。その他の役職は，理事のなかから互選で選出する。

*17　1反あたり150万円かかり，このうちの1割である15万円が地元負担となる。また，1戸あたりの農地所有面積の平均は5反であるので，すべての水田をほ場整備したとすると1戸あたり75万円の負担となる。

*18　一般的に，土地改良事業は，私的な財産にかかわるものであるため，当事者の合意を得るのが難しく，集落単位での合意形成がなされてきた。しかし近年では，流域単位での土地改良事業が展開しているため，かならずしもむらを単位として整備がなされるわけではない。

*19　「土地改良法」，第2章「土地改良事業」，第1節「土地改良区の行う土地改良事業」，第1款「土地改良区の設立」によると，下記のように決められている（http://law.e-gov.go.jp/htmldata/S24/S24HO195.html より引用。下線は筆者による）。

（設立準備）

　第5条　第3条に規定する資格を有する15人以上の者は，その資格に係る土地を含む一定の地域を定め，その地域に係る土地改良事業（第2条第2項第6号に掲げるものを除く。以下第15条の規定を除き，この章において同じ。）の施行を目的として，都道府県知事の認可を受け，その地域について土地改良区を設立することができる。この場合において，2以上の土地改良事業の施行を目的として1の土地改良区を設立することができるのは，これらの事業相互間に相当の関連性がある場合に限るものとし，その場合における当該一定の地域は，その各土地改良事業の施行に係る地域のすべてを合わせた地域とする。

2　……略……，同項の一定の地域内にある土地につき同条に規定する資格を有する者の3分の2（2以上の土地改良事業の施行を目的とする場合には，その各土地改良事業につき，その施行に係る地域内にある土地につき同条に規定する資格を有する者の3分の2）以上の同意を得なければならない。

4　第2条第2項第3号に掲げる事業又は当該事業と他の事業とを一体とした同項第1号に掲げる事業（以下「農用地造成事業等」と総称する。）の施行を目的とし，又は目的の一部に含む土地改良区を設立する場合において，第1項の認可を申請するには，同項の者は，第2項の3分の2以上の同意のほか，その同条第2項第3号に掲げる事業の施行に係る地域（以下「農用地造成地域」という。）内にある土地につき第3条に規定する資格を有する者で同条第1項第3号又は第4号に該当するもの（以下「農用地外資格者」という。）についてその全員の同意を得なければならない。

第6条　前条第4項に規定する土地改良区を設立する場合には，当該農用地造成事業等については，これにつき同条第2項の3分の2以上の同意があつたときにおいても，その農用地造成事業等に係る農用地造成地域内にある土地についての農用地外資格者のうちになお同意をしない者があるときは，同条第1項の者は，農林水産省令の定めるところにより，その同意をしない者に対し必要な資料，情報等の提供及び勧奨をするほか，その同意をしない者のその農用地造成事業等に参加する資格の交替又はその同意をしない者の第3条に規定する資格に係る土地についての所有権もしくはその他の使用及び収益を目的とする権利の移転，設定，変更もしくは消滅に関し，その者及びその交替をしようとする者又はその権利の移転，設定もしくは変更を受けようとする者と協議し，その他当該農用地外資格者の全員の同意を得るために必要な措置をとるものとする。

第7条　第5条第2項の3分の2以上の同意（同条第4項に規定する土地改良区の設立については，同条第2項の3分の2以上の同意のほか，その農用地造成事業等に係る農用地造成地域内にある土地についての農用地外資格者についてその全員の同意）があつたときは，同条第1項の者は，農林水産省令の定めるところにより，土地改良事業計画，定款その他必要な事項を定め，同項の認可を申請することができる。

第4章 文化遺産化する棚田

物語装置としての自然

4-1　災害を逆手にとる棚田の知恵

　何世代，ときには何十世代にもわたって棚田に生きてきた人びとは，厳しい環境のもとで，まわりの自然とどのようにやりとりしながら暮らしを組み立ててきたのだろうか。一口に自然といっても，さびしい自然とあたたかい自然という言葉がある。「自然はさびしい。しかし，人の手が加わると，あたたかくなる。その暖かなるものを求めて，あるいてみよう」(宮本 2003)。これは宮本常一の言葉だ。この言葉から過疎化するむらへの哀愁を感じるよりも，むしろ棚田や里山など人の手が加わったあたたかい自然のもつ意味や，人と自然との幸せなかかわり方を問いかけられているように思える。

　近年，多くの棚田で耕作放棄が急速に進む一方で，世界遺産や文化的景観という「まなざし」が棚田に注がれている[*1]。棚田は，米をそだてる農業生産の場から観光化や地域アイデンティティの形成に欠かせない存在へと変わりつつある。しかし棚田をめぐる「まなざし」の変化にかかわりなく，棚田で暮らす人びとは，平場農村とはくらべものにならないほど過酷な労働に身を捧げ，地すべりなど災害とつねに隣りあわせの関係で暮らしつづけてきた。ときに災害を引き起こす原因となる棚田地域の湧水（や伏流水）は，灌漑用水や生活用水になり，人びとの暮らしに欠かせない貴重な水となる。棚田での水利用は，適度に水を抜くことによって災害を防止する「排水」という重要な役割も担ってきたのである。

　しかしながら，1970年代以降，世代をこえて脈々と築きあげられてきた棚田の水利用が，棚田景観とともに一変しはじめる。都市近郊の里山や棚田では，住宅地の造成など都市開発やゴルフ場開発が進んでいった。ときを同じくして近隣の農山村の中には，これら開発にともなう大量の残土処分をかねて，農業基盤整備事業として「ほ場整備」を行う地域も現れるようになる。水利近代化の波が一気に棚田に押しよせてくる時期でもあった。ほ場整備は，機械化のために水田1枚あたりの面積を拡大し，等高線に沿って作られたなだらかな曲線

第4章　文化遺産化する棚田　　127

の棚田を真四角な水田へと一変させてゆく。ここにおいて用水と排水を使いまわしてきた水利用のあり方は，用水と排水を分離する使い捨ての水利用へと大転換させられてしまったのである。棚田のすみずみまで土地区画を整理して土地所有と末端水利の再編がなされ，合理的で効率的な水利用が徹底されていった。この大転換は，そこで暮らす人びとにとって，棚田という空間の意味にどのような再考を迫るものであったのだろうか。

4-2　自然の文化遺産化

　自然は，ときに災害というかたちで人びとの生存と生活の基盤を一瞬で破壊してしまうほどの力をもつ一方で，農業や漁業など人びとに恵をもたらすものでもあり，さらに近年では環境教育や癒し，エコという新たな価値づけを付与されるようになった。自然をどのようにとらえ，どのように「まなざす」のかというポジショニングは「文化としての自然」（丸山 2009）に対する理解を表明することであり，所有とは別次元で当事者性を獲得してゆくプロセスでもある。

　グローバルな自然認識の変化は，文化遺産制度にもみてとれる。UNESCO（国際連合教育科学文化機関）の世界遺産は，①顕著な普遍的価値を有する記念物，建造物群，遺跡，文化的景観を含む「文化遺産」（Cultural Property），②顕著な普遍的価値を有する地形や地質，生態系，景観，絶滅のおそれのある動植物の生息・生息地などを含む地域としての「自然遺産」（Natural Property），③文化遺産と自然遺産の両方の価値を兼ね備えている「複合遺産」（Mixed Property）の３つに分類される[*2]。文化遺産には，棚田景観を含め農山村の伝統文化も含まれている。近年では，日本の農村景観や伝統文化がFAO（国際連合食糧農業機関）により，世界重要農業遺産システム（Globally Important Agricultural Heritage System：GIAHS(ジアス)）として再評価されてもいる。能登の里山里海と佐渡の里山が先進国でははじめて，世界重要農業遺産に認定された。文化遺産としてグローバルな承認を獲得した農山村の景観は，地域アイデンティティと結びつけられ

るとともに，観光化の資源として再発見された。こうした景観の文化遺産化にむけた動きは，2003（平成15）年にフランス，イタリア，ベルギーにより発足した「世界で最も美しい村」連合の流れを受けて，2005（平成17）年に北海道で「日本で最も美しい村」連合会が発足したことにも現れ，そこでは棚田をはじめとする農村風景が美しい村のシンボルとなっている。[*3]

　このように棚田や里山を核とした農村風景へのノスタルジーが喚起される背景で，いまや限界集落[*4]という言葉は，メディアや日常生活の場に広く浸透している。限界集落のシンボルともいえる棚田の耕作放棄や里山の荒廃が問題化する一方で，荒れはてた山林や農地に「火」を入れて棚田を新たに「復元」する活動が静かなブームとなって広がりつつある。[*5]

　里山空間を構成していた棚田は，一見したところ，徹底した栽培化の産物とみられるかもしれない。しかしながら，時間軸を延長して，数世代あるいは数百年という単位で考えてみると，これまでとは異なる風景が浮かび上がってくる。コントロール不能な災害への対応に追われ，ときに災害後の傾斜地を利用して棚田を開墾してきた人びとによる「半栽培」ともいうべき歴史がみえてくるのである。棚田では，栽培化を志向するものの，地すべりが起こりやすい傾斜地に開墾されているため災害のリスクが高く，思いもよらぬ形でもう一度ふりだしに戻ってしまうリスクをつねに抱えながら生活が組み立てられてきた。

　これまで国家政策に翻弄されつつも，国家政策を巧みに読み替えてきたローカルな社会とそこに生きる人びとの生のあり方を問い直すことをつうじて，選択肢の豊富化や財・資源の配分・再配分の問題だけでなく，文化的承認をめぐる問題として里山空間をとらえなおしたい。[*6]これらを明らかにすることをつうじて，つねに一歩「遅れてきた者」とされ，現在に生きているにもかかわらず「伝統／過去」へと押しやられてしまう人びとが生み出す生活文化のあり方を問い直すことが可能になるだろう。

4-3 地元の戸惑いと反発

4-3-1 創造された里山への憧憬

　週末になると，湖辺の棚田沿いは，アマチュア・カメラマンたちであふれかえる。写真家・今森光彦の「映像詩・里山」がNHKで放映されて以降，ふるさとへの憧憬を抱えた都市住民たちが大勢この地を訪れるようになった。比叡山の麓で穏やかに暮らしを営んできたむらは，突如スポットライトを浴び，それまで土地の言葉ではなかった里山や棚田というフレームで切り取られ，理想化され物語られはじめる。

　里山に対する関心が高まるにつれて，週末にかぎらず平日でも，多くのよそ者たちが，むらに押し寄せるようになった。地元の人びとは，都市住民たちの賛辞をうれしく感じる一方で，ときに当たり前の日常への闖入者に対して戸惑いや反発を感じることもある。それまで，どこの家のだれなのかすぐわかる顔見知りばかりだったむらのなかに，見たこともない人たちが増えることに苛立ちや不安を感じるようになった。

　農作業に行こうとしたら，多くのカメラマンたちが農道に駐車して道を塞いでいたり，農作業をしているところを突然撮影されたり，ときには農作業を終えて休憩しているところに，田植えや草刈りのポーズをとるよう要求されたりする。つねに外からのまなざしを浴びつづけることへの面倒くささと，一面的なイメージに絡めとられることへの違和感をおぼえるようになった。いまでは笑い話になっているが，ちょっと用を足すにも，その辺でするわけにはいかず，わざわざ家まで帰らないといけなくなったということもある。

　もともと土地の言葉ではなかった里山や棚田という憧憬をともなう自然イメージに対して，むらの人びとが違和感をおぼえるのは当然である。都市近郊で比較的よく維持管理されているといわれる里山・棚田地域でさえ，現実には，高齢化と担い手不足による耕作放棄が深刻になっており，むらの内部では，棚田の景観やローカルな水利用のしくみが一変する「ほ場整備」の推進を

写真4-1　尾根に立ち並ぶ集落

写真4-2　一躍有名になった馬蹄形棚田

写真 4-3　棚田・里山・奥山

めぐって，むらをひっくり返すような動きが展開していた。里山といっても，雑木林はほんの一部で，多くは近代化の過程で植林されたヒノキ林やスギ林ばかりであったりする。映像詩として描かれ創造された里山イメージを追い求める人びとと里山の現実に生きている人びととのあいだにある認識の乖離は大きい（写真4-1，2）。

4-3-2　土地の言葉の転化——保全の対象としての里山

里山と一言でいっても，実際に地域の生活のなかで使われる場面は限られており，語られる文脈によって，その意味する内容は異なる。たとえば，琵琶湖辺のある集落では，地元の人たちが里山と呼ぶときは，よそからやって来た人たちにむけて，里山保全を意味することが多い。

地元では，むら全体の山（里山）を表すときは，たいていムラヤマ（村山）と呼ぶ。とくに水源林一帯を奥山と呼んで，里山と区別することもある。ムラヤマのある特定の場所を表す場合には「シロベエの山」というように，それぞれの家で代々継がれている屋号を使うことが一般的だ。集落の背後にあるからウラヤマ（裏山）と呼んだり，田畑の形から「だんだんばたけ」（段々畑）と呼

とひとつらなりの景観

んだりもする。地元で段々畑と呼ぶときには，水田にかぎらず，田んぼも畑もどちらも含み込んでいて，田畑にくっついている山すそのの林まで含めて段々畑ということが多い。その山にかかわっている具体的な人と人との関係のなかで，むらの自然が語られるのである（写真4-3）。

　むらの暮らしのなかで「うらやま（裏山）」や「だんだんばたけ（段々畑・畠）」と呼び習わされていたものが，棚田や里山という言葉におきかえられていくとき，人びとの目に映る自然もまた異なる意味をもつようになる。暮らしに根ざした言葉ではなかった里山が，地元で語られるとき，保護や保全という意味合いをもって語られる。しかし，里山が保全の対象となったのは，そう古いことではなく比較的新しい。

　1960年代以降，国土総合開発の展開にともない，生活は近代化されていったが，自然破壊が進み，地域に根ざした生活文化が大きく変容していった。造林化や都市開発の波を受けて，里山も姿を消していった。滋賀県では琵琶湖総合開発の過程で，ローカルな人と自然との関係性の多くが失われていった（嘉田 1995）。とりわけ1980年代以降，生活環境問題がクローズアップされるようになり，人びとの生活は，経済的に豊かになったものの，身近な自然の破壊や

荒廃を背景に，生活の質や暮らしの豊かさがあらためて問い直されるようになった。

　そこで都市近郊に存在する身近な自然として，都市住民を中心に，里山保全活動が展開されるようになる。それまで里山は，人の手の加わった自然であり，原生自然でないという理由から，自然保護や環境保全の対象になることもなかった。しかし，国際的な環境認識の転換にくわえて，生態学者によって，生物多様性のシンボルとして里山に新たな価値づけがなされたことも重なり，里山を環境保全の文脈で語ることを容易にしたのである（田端 1997，武内他編 2001）。

　現在，里山保全を目的とする市民活動は全国で展開しており，多様な主体が参与する市民活動のひとつになっている。とりわけ2005（平成17）年から，環境省の「モニタリングサイト1000里地調査」が実施されたことにより，住民参加型の長期的な生態系調査が里山で進められている[*7]。ただし，生態系調査に重点をおいているため，里山に暮らす人びとの生活文化を理解するアプローチに欠けている点を否めない。文理融合型の里山調査は，今後の課題でもある。里地調査に参加している地域以外でも，地元や都市住民を中心に組織した保全活動が多くみられるほか，NGOやNPOによる里山保全活動や，各地の里山保全団体の交流をはかるネットワークが形成されている。

4-3-3　物語化する装置としての里山

　里山にかかわる人びとは，地元住民，都市住民，行政，大学・研究者，若者など多様である。ただし，里山の開発のなかでも，ゴルフ場開発，都市住宅公団による宅地開発，地方都市での大学建設が里山に与えた影響はとりわけ大きいことにも注意しておかなければならないだろう。土地の歴史という点から里山保全の動きをとらえなおしてみると，里山保全を担っている都市住民や大学は，いったん里山を開発した土地のうえで自分たちの生活をいとなみ，里山保全を主張するという矛盾を抱えているからである（写真4-4, 5）。

　伝統的な里山の姿をいまに求めることは不可能であるし，あえてそうした里

写真4-4　ほ場整備を終えた棚田

写真4-5　かつて里山だった地域に立ち並ぶニュータウン

山を保存しようとするならば，生きている生活文化から隔離された里山公園や里山博物館を作らざるをえないだろう。そこで，本章では，里山を，山林・棚田・集落・水路など具体的なワンセットの自然と伝統文化の混合体ととらえるのではなく，変化していく里山の姿を理解するために，次のように里山をとらえなおしたい。イメージを喚起しつづける場，さらに地域をこえた人びとの参与を可能にし，さまざまな解釈や読みに開かれていく場として里山をとらえなおしてみる。いいかえるならば，里山を物語化する装置としてとらえなおすアプローチである。

　イメージを生成する場として里山をとらえることで，里山に参与する多様な主体の存在と多様なかかわりが生成されていく過程について考えることが可能になる。本章では，むらの生活文化を読み直し，新たな生活文化を創造していこうとするエネルギー，すなわち里山の原動力について問い直してみたい。現実に里山に生きている人びとは，ときには執念とも思えるほど農地を徹底的に開拓し，ときには近代化の波のなかで造林化を徹底して推進してきた。むらは，外から与えられるまなざしやインパクトを改変しながら受容し，ときにはインパクトを受け止めきれず，なぎ倒されるように外のまなざしに同化し矛盾を抱えながら生活を営んできたのである。次節では，滋賀県湖西部に位置する里山地域での地元住民による里山イメージの物語化と再想像のプロセス，および近年はじまった地元住民と都市住民協働による里山・棚田保全活動を取り上げながら，多様な主体が参与することで読み直されていく里山や棚田の姿を示し，今後の地域連携による里山／棚田保全の可能性について考えてみたい。

4-4　地元の選択と挑戦

4-4-1　あきらめの連鎖と棚田保全の制度化

　滋賀県は，大阪や京都など都市近郊に位置しているため，平日は都市に通勤して，週末に農業を行う兼業農業が可能である。そのため，比較的よく棚田や

里山が維持されている。しかし，大都市近郊の農山村でさえ，山ぎわの棚田を中心に耕作放棄が進み，高齢化と担い手不足によって後継者のいない荒廃した棚田が日増しに増えている。少し小高い丘に立って，耕作放棄が進んでいる棚田を眺めてみると，山ぎわから順番に耕作放棄が進んでいくのではなく，棚田のなかに飛び地のように穴の空いたようにみえる田んぼが多数あり，耕作放棄田が1ヵ所にまとまっておらず，バラバラに点在している様子がよくわかる。

　一度はじまった耕作放棄は，連鎖的につぎの耕作放棄田を生み出していく。隣りの耕作放棄田で生い茂った雑草が自分の田に侵入し，イノシシやシカに荒らされるという管理上の問題や獣害による被害だけでなく，むしろ棚田で農業をつづけていくことへのあきらめという精神的な影響の方が大きい。隣り合う田んぼが農業をつづけているかぎり，自分もなんとか頑張らねばという歯止めがきいていた。ところが，だれか1人が耕作放棄してしまうと，その周りの田んぼも踏ん張りがきかなくなり，櫛の歯がこぼれ落ちてゆくように次から次へと耕作放棄がはじまる。1人のあきらめが，むらのなかにあきらめの連鎖を生みはじめている。

　中山間地に残された棚田地域では，高齢化による担い手不足の深刻化と耕作放棄の増加にくわえて，獣害による農作物の被害が大きくなり，自給的な農業をつづけてきた地域でも耕作放棄が深刻化してきたため，農業政策や，棚田保全が大きな課題となった。また，棚田地域の多面的機能や生物多様性の価値の見直しによって，環境政策においても里山や棚田は重要なイッシューとして認識されるようになった。

　農業政策や環境政策における転換は，生産性や効率性を重視したこれまでの土地改良事業（ほ場整備事業）見直しの流れとも重なり，滋賀県では，個別地域ごとの棚田保全活動を支援するために，これまでに積み立ててきた4億5,000万円の棚田基金を棚田保全支援事業にあてることを決定する。基本的に施設などハード面に使われることはなく，シンポジウムの開催や現地学習会あるいは棚田保全活動に棚田基金を使用している（図4-1）。

　里山保全とリンクした棚田保全や棚田復元活動は，行政と水土里ネットワー

ク（旧土地改良区）の支援を受けて行われている。たとえば，棚田復元プロジェクトについてみると，棚田の復元と保全を目的にしているが，実際には，棚田に隣接している里山林の草刈りや伐採も行われており，棚田保全と里山保全を抱きあわせた活動内容となっている。棚田保全活動のなかに含まれる里山保全活動は，とりわけ獣害対策として取り組まれていることが多い。中山間地事業の一環としても，里山保全活動が行われている。つまり里山保全や棚田保全とは，里と山とを区別するのではなく，里と山とを結びつけなおす活動といえよう（表4-1）。

滋賀県内で棚田ボランティア制度をはじめて活用したのは大津市仰木・平尾地区で，2004（平成16）年から行政と連携して里山保全と棚田復元に取り組みはじめた。ただし，仰木は，行政主導によるトップダウン方式で棚田ボランティア制度を開始する前から，よそ者が大きな役割を担いながら地元住民と連携した里山保全や棚田保全にむけた動きを独自に実践してきた地域でもある。

1990年代後半から2000（平成12）年にかけて，写真家・今森光彦の企画とアウトドア雑誌『Be-pal』の共催により，民家宿泊体験をしながら里山や棚田について理解を深める青空教室が開催された。全国から参加者が集まり，おもに県外の都市住民が参加して，里山や棚田で暮らす生きものや植物の自然観察を行い，郷土料理を味わい，地元の人たちとの交流を深めてきた。青空教室の経験を受け継いで，その後「今森光彦・里山体験塾」が開催され，地元の有志が中心となって企画運営したほか，地元の人たちが農家民泊を提供し，自然観察や農業体験をもとめて大勢の都市住民が参加した。しかし，むらをあげて「里山」や「棚田」をシンボルにした地域づくりへと展開するにはいたらなかった。

この背景には，第3章で考察したように，棚田農業を近代化する最後のチャンスとして「ほ場整備事業」を位置づけ，事業の賛否をめぐって，むらが大きくゆれ動いていたことが関係している。「棚田」が，開発と保全のあいだでゆれ動いており，地域をまとめあげるだけのシンボル力をもつにいたらなかったのである。こうした動きの一方で，地元の有力者や篤農家を中心に，開発であ

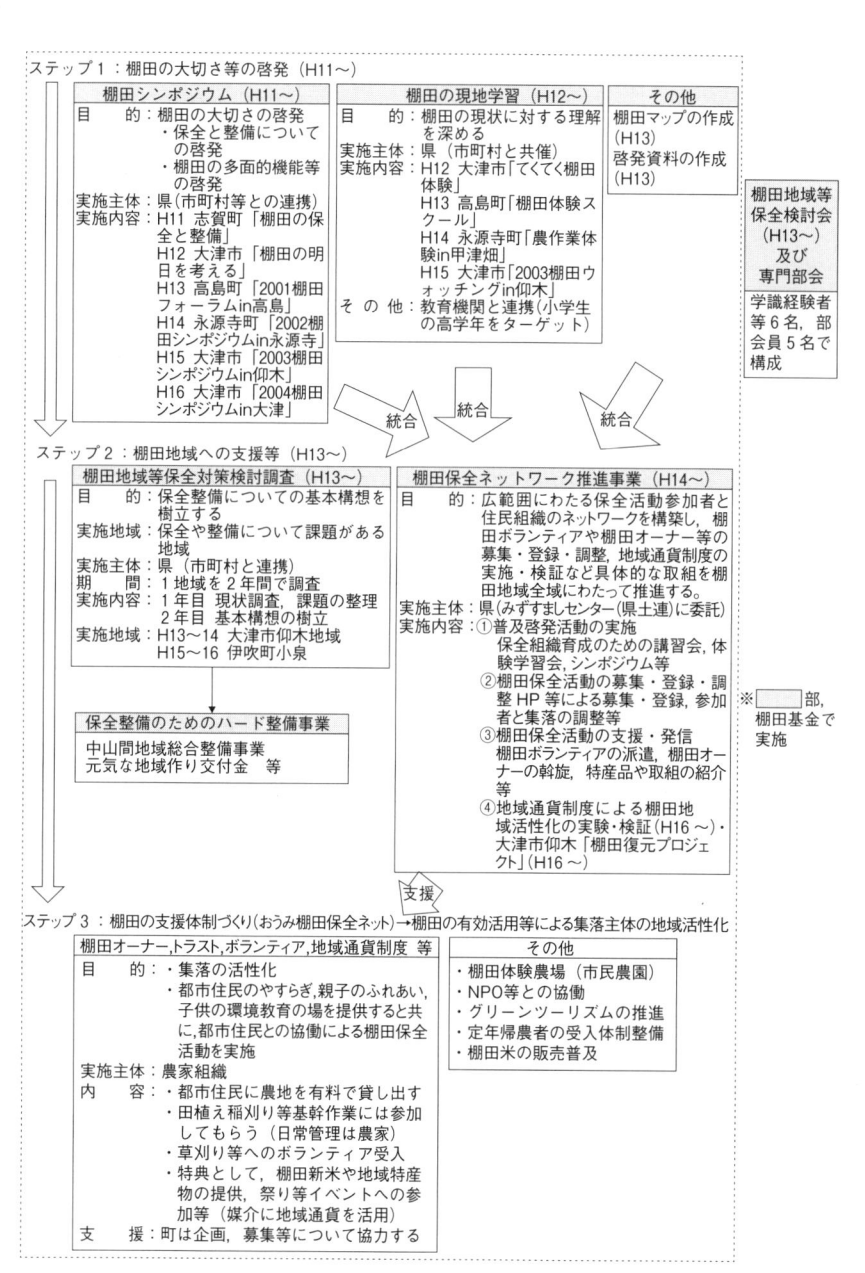

図 4-1　滋賀県における棚田保全の取り組み
出典：滋賀県農政水産部農村振興課資料より（一部改変）。

ろうが保全であろうが，目前の課題として「むらを守り（もり）するために」，棚田の耕作放棄を防止して獣害対策を講じるべく，都市住民と地元住民が協働して里山と棚田を維持管理するしくみを作り，地域活性化へとつなげる方法についても模索しはじめていた。

棚田の開発と保全をめぐるゆらぎのなかで一貫していたのは「守り（もり）」という言葉で語られる「世代をこえてむらを継続してゆく」ことであった。平尾地区では，ほ場整備にむけて合意形成が難航するなか，まず地元で合意が得られている獣害対策という位置づけで，20年近くも放置されつづけて背丈以上の藪や灌木に覆われた上流域の棚田復元に取り組みはじめる。つづいて地権者の合意を得られ，平尾地区のシンボルとなっている馬のヒヅメの形をした「馬蹄形棚田」の周辺を中心に，棚田オーナー制度に取り組みはじめた。仰木では，地域ですでに積み重ねてきた経験やコミュニティ外からのまなざしとコミュニティ内での葛藤やゆらぎとが，里山／棚田保全活動にも引き継がれていったのである（写真4-6〜10）。

4-4-2 観光化と女性の負担

高齢化や担い手不足による耕作放棄が進行する一方で，1990年代後半以降，県内の棚田地域を中心にほ場整備が推進されていた。棚田景観が一変する可能性が高まっていることを背景に，仰木では，写真家の今森光彦の企画で，地元のリーダーを中心に運営し，青空教室や里山体験塾という都市住民と地元住民との交流を軸にしたイベントを開催した。近隣および遠方の都市住民たちが，地元の人たちと一緒に農作業体験や自然観察を行い，農家民泊を体験して地元の人びとと交流するという内容である。

地元の人たちが，都市住民との交流でなによりも嬉しく感じたのは，イベント終了後に，参加者から送られてきた手紙だった。イベントをつうじて出会った人びととのあいだに新しく生まれた交流への喜びが大きかった。ただし，お客様をお迎えするというように，基本的に完全な「おもてなし」の体勢をとっていたため，体験塾終了後，受け入れ側の地元の女性たちは，しばらく体が動

写真4-6　20年放置された棚田

写真4-7　耕作放棄田での草刈り作業

写真4-8　電動草刈り機での作業

写真4-9　作業後の棚田
　　　　　「段々畑」らしくなってきた

写真4-10　耕作放棄田の周りに広がる棚田

第4章　文化遺産化する棚田　　141

かないほど疲れて，精根尽きてしまったという。

　地域でイベントをする場合，下準備と当日の裏方の仕事を担うのは女性たちである。たとえば，料理の献立の統一にはじまり，布団の準備，家の大掃除，食事や風呂の準備などに追われた。とりわけ献立の統一が面倒だが，なにより重要だった。もしよその家で食べたものが，自分の家で出さなかったとなると体裁が悪い。また，ある家が見栄をはって，地元でもめったに食べられないようなご馳走を準備し出すと，よその家でも見栄の張り合いが起こる。統一された献立があれば，受け入れる家の女性たちは，多く悩むことなく，むしろ安心して都市から来る人たちを迎え入れられる。体裁や見栄の問題を解決するために，むらでは，ある程度統一された規格を必要とした。むらで統一した規格のなかで，それぞれの家が工夫をこらすのであれば，どの家も参加しやすくなる。

　観光化は，女性たちにとってみれば，日常の家事や農作業にくわえて，これまでに経験したことのない緊張感や気苦労も重なり，労働と心理的な負担が増すばかりで，とても継続できるものではなかった。また，かかわっていた男性の多くが仕事を抱える兼業農家なので，観光化を推進しようとするむらの熱意も担い手も不足していた。その後，仰木での観光化の動きは，思うように展開できず停滞してしまう。農業だけに生きるという選択は，数名の専業農家をのぞくと難しい。また観光化という方向を目指すことも難しいという事態に直面する。農業も観光化も困難な現状にいかに対応すべきかをめぐって，むらのなかでは，新しい動きが展開しはじめる。

4-4-3　米農家としての誇り

　耕作放棄が生み出すあきらめの連鎖を断ち切るべく，むらのなかでは，都市住民と連携しながらも，棚田農業でもやっていける新しいしくみを作り出して，里山をとらえなおす動きが起こりつつある。まず先祖代々受け継いできた棚田を守りしていくために，獣害による被害を減らすべく棚田に隣接している里山の手入れや獣害防止柵の設置を提唱する。そのために，棚田復元プロジェクトというかたちで，都市住民との協働による里山・棚田保全活動をはじめた。

徹底して米にこだわりつづける農家を中心に，観光化でもなく，従来の収量増大と近代化を志向する農業でもない，新たな農の模索が行われている。棚田で育てる米は，とりわけ上流の水源に近いほど，収量は少ないが味のいい米ができる。長年，兼業農業を営んできたが，すでに定年退職した篤農家を中心にして，棚田米のブランド化および企業と連携して商業ベースにのる，こだわりの棚田農業を志向している。棚田でしかできない「農」のあり方を模索し，棚田米と棚田野菜のブランド化と企業との連携に活路を見いだしている。このほか地元の女性たちを中心に青空市を組織し，地場産野菜のほか，漬物やみそ，ゆず茶などの加工食品の販売もはじめられた。年末には，事前予約による餅の販売や大根炊きのイベントも行われている。隣り合うニュータウンから多くの住民が買い物にやってくる。現在は，地元のブランド力を維持するために，趣味的レベルにとどまらず生産者としての責任をはたすために，地元住民の品質管理に対する意識改革も必要になってきている。

　このように地域には，自分の世代のことだけを考えるのではなく，数世代先のために，いまの自分たちの選択を考える人たちもわずかながら存在している。兼業農家でありながら，米作りに誇りをもってきた西村義一さんもその1

写真4-11　復元した棚田にて，わさび栽培に挑戦

人で，農業の基本をつぎのように語る。

「本当にいい米を育てようと思ったら，腹半分に抑えなあかん。その田の土が養える量の半分，できるだけ我慢したら，それだけいい米ができる。しっかり根が張って，実のつまった，おいしい米ができる。でも欲張って，その土地の養える量の10割やら12割もとろうとしたら，そら，いい米はできへんわな。上ばっかり大きいなって，実のない米になる。1年目はよくても，2年目3年目になったら，どんどんあかん。子育ても一緒やさけぃ。なんでも欲張ったらあかん」。

西村さんは，米を作っているのは，化学肥料ではなく，ほとんどが土からの栄養であるという考えに基づいて，とにかく「欲張らない農業」をすることがなによりも大事だという。毎年，わずか数ミリの土を肥やしていくために，土と向かい合いながら米を育てつづけている。化学肥料にたよる効率的な農業ではなく，自然の厳しさを受容しながらも工夫をこらす姿がそこにはある。また人と自然との関係を，親と子の関係という人間関係へと読み直して理解することで，市民活動の「保全」という認識をずらして，仰木という土地の生活に根ざした人と人とのかかわりのあり方の問題としてとらえなおしている。

4-5 里山に集う人びとの結い直し

4-5-1 棚田復元の挑戦と里山保全活動の展開

観光化を推進した地元リーダーにくわえて，新しい棚田農業のあり方を模索する次世代の地元リーダーが新たな主軸になるかたちで，地元主体の棚田保全と里山保全の活動がはじまった。おもに棚田復元プロジェクトと棚田オーナー制度の2つを柱にしている。

2004（平成16）年10月から，仰木地区では，平尾中山間地域農業推進協議会を主体とし，滋賀県（滋賀県農政水産部農村整備課），大津市，水土里ネット滋賀（滋賀県土地改良事業団体連合会・環境保全課）が後援するかたちで，棚田復

表4-1　棚田復元プロジェクトの年間スケジュール

	日時	参加者数	活動内容
第1回	2004年10月24日 （10時半～15時半）	78名	休耕田の除草・搬送作業（休耕田4反対象），棚田米試食，意見交換会
第2回	2005年2月27日 （10時半～15時半）	36名	電気柵設置，棚田の草木の抜根作業
第3回	2005年4月9日 （9時半～15時）	35名	雑草の除草，抜根，交流会
第4回	2005年4月24日 （9時半～15時）	14名	溝堀り，石拾い，トラクターで地ならし，畦シート張り，水張り
第5回	2005年5月14日 （9時半～15時）	47名	田植え体験，機械植え補助，溝堀り，草刈り
第6回	2005年6月19日 （9時半～15時）	23名	電気柵下の草刈り（全長8000mの電気柵のうち約6割を対象に）
第7回	2005年7月17日 （9時半～15時）	21名	田んぼの草取り，周辺の草刈り
第8回	2005年8月28日 （9時半～15時）	23名	休耕田復田のための除草（電動草刈り機使用）
第9回	2005年9月11日 （9時半～14時半）	44名	稲刈り体験，芋掘り体験，復田周辺の草刈り
第10回	2005年10月16日 （9時～12時）	60名	地域散策ツアー，収穫祭
第11回	2005年11月19日 （9時～12時）	40名	しいたけの原木の準備

注：参加者数には地元スタッフを含む。
　　筆者が参加した棚田復元プロジェクトの活動記録をもとに作成した。このほかホタルコンサートなどのイベントも実施された。1年間の活動の流れは基本的に変化していないが，竹林を活用した竹炭づくりなど新しい活動内容が組み込まれたり，棚田オーナー制度とリンクした活動が実践されたり変化もみられる。2005年以降から現在までの活動日程については，下記サイトを参照のこと。
　　守り人の会 HP http://oginosato.jp/moribitonokai/index.html
　　http://www.pref.shiga.jp/g/noson/tanada/tanada-project/hirao/project-hirao.html
　　http://www.pref.shiga.jp/g/noson/tanada/Activity_report/District/Hirao/index.html

元プロジェクトに取り組んできた。表4-1に棚田復元プロジェクトの年間スケジュールを示す。

平尾中山間地域農業推進協議会は，平尾に居住する約130戸を含むが，中心になって活動しているのは一部の有志である。そこで棚田オーナー制度の導入や都市住民の対応を地元住民だけで負担することはできないため，かつて仰木の里山だった地域を開発して作られたニュータウンの住民の発案により，2006（平成18）年1月に，地元の農家8名と都市住民14名からなる「平尾 里山・棚田守り人の会」（以下，略称「守り人の会」）を立ち上げて，地元と都市住民の連携による棚田保全の動きを生み出してゆく。翌年には，将来的にNPO化を視野におさめて会則を策定し，活動内容の企画から事前準備，当日の運営にいたるまで，基本的にすべて守り人の会メンバーが担うようになった。会員数は，2011（平成23）年2月時点で32名（地元農家10名，都市住民22名）である。2006（平成18）年から，地元の地権者の協力を得て，都市住民に農業体験の場を提供し，都市・農村交流を進めるために，棚田オーナー制度に取り組みはじめた。

2006（平成18）年からはじまった棚田オーナー制度は，気軽に農作業を体験したい人むけの「体験コース」と，本格的に棚田農業に取り組みたい人むけの「チャレンジコース」に分かれる。田植え，草刈り，稲刈り，はさがけ，脱穀，籾摺りなど年に4～7回の作業をつうじて，地元の人たちに農業の技術を学びながら，都市と地元住民との交流がはかられている。1区画（100㎡）あたり3万5,000円の会費に対して，地域通貨5枚と棚田米40kgが配られる。2年目以降の参加者には，割引制度も適用される。

地元住民だけで取り組みはじめた棚田復元活動は，2004（平成16）年から行政の支援を受けて棚田復元プロジェクトとして展開した。すでに，合計60回をこえる活動が行われているが，毎回30～40名もの参加者が集まっている。一度活動に参加したボランティアは，活動に参加することが楽しく，地元住民やボランティア参加者との交流もはかられ，リピーターが多いのが特徴である（図4-2，写真4-12）。

図4-2　地域通貨「仰木」の仕組み

出典：滋賀県 HP（http://www.pref.shiga.jp/g/noson/tanada/tiikituka16.html）を
もとに筆者加筆修正。

写真4-12　地域通貨「仰木」

　活動内容としては，地元とスタッフおよびボランティアにより，数十年も耕作放棄されたため，なかばヤマに戻りかけている棚田の復元が本格的に行われている。燃料がかかるという問題があるものの，電動草刈り機を使っての作業は，都市住民にはおもしろく感じられるらしく，鎌での草刈りよりも人気がある。その一方で，エネルギー消費型の農業であるという点を考えて，手刈りでの農作業により関心をもつ参加者もいる。

　田植えや稲刈りは，多くのオーナーが参加するが，日程調整がつかず参加できないオーナーのかわりに農作業をしたり，オーナーの参加者が少ない夏の草刈りをかわりに行ったりすることもある。また，里山保全や棚田保全において，獣害対策がもつ意味が大きくなるにしたがって，草刈りにとどまらず，イ

写真4-13 仰木では「イナキ」と呼ばれる稲架(ハサガケ)けの風景

ノシシの侵入を防ぐ獣害防止柵（電気柵）の設置とその周囲の草刈りに力を入れて，現在では基本的に保全対象地の電気柵をすべて張り終えている。

　地元からは，集落の役員と中山間振興協議会の役員が数名，毎回受け入れ担当となっている。仰木をはじめ滋賀県内4ヵ所では，全国に先駆けて，地域通貨を利用した棚田復元プロジェクトを展開している。ボランティアに参加した人たちに，活動終了後，地元住民から地域通貨が1枚ずつ配られる。地域通貨は，棚田米や地元野菜の購入あるいは保全活動日のみ温泉入浴に利用することができる。そのほか，地元が主催する自然観察会などのイベントや農作業体験の参加にも利用できる（写真4-13）。

　滋賀県では，棚田ボランティアという形でかかわることができない都市住民や企業に対して，棚田トラスト制度を実施している。図4-3のように，棚田保全に関心をもっているが，育児や仕事などで時間がなかったり距離的に遠かったりしてボランティア活動に参加できない市民，あるいは地域貢献を考えている企業から寄付金を募って，滋賀県は，その寄付金を棚田保全支援金として，棚田保全活動に必要な資材費などに使うことにより，棚田保全に取り組んでいる地域住民を支援している。現在では，トラスト参加者が，寄附先の地域

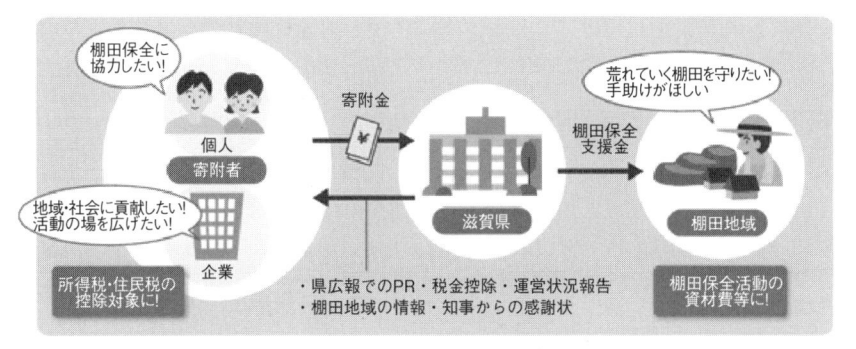

図4-3　棚田トラスト制度
出典：滋賀県 http://www.pref.shiga.jp/g/noson/tanada/summary2009/index.html

を選択できるように，運用の見直しを行っている。

4-5-2 地元と都市住民の協働

　毎回，多数のボランティアが参加する復元プロジェクトを実施する際に，地元住民だけで対応していく従来のしくみでは，地元の負担が大きくなってきた。また行政も，活動の立ち上げ時には強くかかわってきたが，地元主体の活動になるように，行政のかかわりを減らしていく方針をとることを地元に伝えた。そこで棚田復元プロジェクトに参加していたボランティアの有志を中心に，都市住民も受け入れスタッフになって，地元の人たちを応援するかたちを模索する動きが出てきた。

　地元住民と都市住民が協働した企画・運営組織立ち上げに中心的な役割を果たしたのは，棚田保全ボランティアに参加していた近隣のニュータウンの住民たちだった。このニュータウンは，かつて仰木の里山や棚田が広がっていた地域を開発して建設されたものである。行政と地元連携による棚田保全活動がはじまる以前から，ニュータウン住民たちは，地元住民と深いつきあいをつづけてきた。ニュータウンの自治会長を務めていた中西康文さんが，仰木の連合自

治会長との交流をつづけ，ニュータウン住民と地元住民との食事会や忘年会を行い，お互いの信頼関係を育むとともに，棚田を借りて「もち米」を栽培し農業の指導を受けるという関係を築いてゆくなかで，気心知れた親戚というような位置づけを獲得していった。仰木の里山を開発して新たに作られたニュータウンの住民と地元住民との交流の蓄積と経験の共有があったからこそ，ニュータウン住民たちが中心になって呼びかけ，棚田復元ボランティア参加者や棚田オーナー参加者がそれに呼応するかたちで，新しい組織を立ち上げようとする機運を高めることができた。

　守り人の会では，NPO化をみすえて組織の規約を整え，地元住民と都市住民協働による里山・棚田保全活動を展開している。都市住民のなかには，近隣のニュータウン住民のほか，近隣の他市町村の住民，この地域でユニークな活動をつづけている地元の大学の卒業生や，元・現役の行政マンなどさまざまである。

　里山保全や棚田保全などのボランティアの現場においては，ともすると都市住民は，たんなる手足や労働力になってしまうことがある。しかし，都市住民と地元住民の協働のもたらす積極的な意義を考えてみると，都市住民のもつ斬新なアイデアや幅広いネットワークが，里山保全の内容をより豊富にするのに大変役立つ。たとえば，守り人の会のある都市住民が，従来からつきあいのある温泉協会と折衝することで，地域通貨を利用して温泉入浴ができるようになった。棚田復元プロジェクトに参加した後，温泉で汗を流し，リラックスして今後の活動について語り合うなどして交流を深めている。忘年会や懇親会でも温泉を利用して会員どうしの親睦がはかられている。このほか本格的に農業をはじめたい人は，棚田復元ボランティアに参加後，知り合いになった地元住民と直接交渉して，無農薬・完全有機栽培のこだわり農業をはじめたり，小さな畑を借りて，湖東から通って野菜を育てたりする人もいる。会としてのつながりから，個人個人のつながりまで，地元住民と都市住民のあいだには多様なかかわりが生まれている。

　平尾地区の里山／棚田保全活動では，これまで友人・仲間，若い夫婦，子ど

も連れの家族，定年退職した夫婦，大学のゼミでの参加など，世代をこえて幅広い層の人たちが，棚田オーナー制度やボランティアに参加している。棚田での農業体験を楽しみに参加している人たちもいれば，守り人の会が企画運営しているホタル観察会などのイベントをきっかけに棚田とかかわるようになる人たちもいる。これら参加者の多くが，リピーターとして毎年，棚田オーナーやボランティアに参加していることが大きな特徴である。仰木の里山や棚田は，大阪や京都などの都市近郊にあり，電車やマイカーに乗って，自宅から通いやすいというアクセスのよさも大きな理由のひとつといえる。いちど仰木を訪れた人たちは，比叡山を背にして，襞に分け入るように数えきれないほど何十段にも耕された棚田と眼下に広がる琵琶湖という「流域」を実感できる里山・棚田景観に感動をおぼえる。

　さらに，土地の人たちと交流を深めることができ，多様な人びととの出会いがあることも，リピーターの多さにつながっていると考えられる。たとえば，地元の人たちの人柄や個性に惹かれるボランティアは少なくない。秋の収穫祭では，江州音頭を唄わせたら右に出る者はいないという堀井太市さんによる即興の唄と踊りが披露され，宴会は大賑わいとなる。地元には，きらりと光る一芸をもった人たちや，おっとりした性格でみなを癒してくれる廣岡太平衛（守り人の会会長）さんなど，独特の才能や個性豊かなキャラクターをもった人たちが棚田保全活動を担っている。棚田オーナー制度への参加をつうじて知りあった農家から，棚田で農業をいとなむための知恵や工夫を聞いたり，平安時代からつづくむらの歴史や文化，ときに織田信長の比叡山焼打ちが眼前で起こっているかのように過去を彷彿させる迫真の語りを聞いたりすることで，地域に愛着をもつようになる。何度もオーナーをしている人たちは，仰木を訪れると，まるで親戚の家に遊びに来たかのような感覚を抱くようになるという。なかには，食の安全性を求めて，個人的に農地を借りて，無農薬栽培や不耕起栽培など，こだわりの農に取り組む人たちも現れはじめた。

　よそ者として棚田保全ボランティアの運営にかかわる人びとも多様である。行政マンとして長年経験を積んできた守り人の会のあるメンバーは，組織化や

経費獲得において，これまでに培ったノウハウを駆使して書類作成を担当し，外部の活動助成金を獲得している。パソコンに強い都市住民は，ホームページやブログの作成，メーリングリストの管理など，ウェブ上で広く情報を発信して，活動内容やスケジュールを紹介することにより，より多くの人びとが仰木地区の棚田保全にかかわる機会を増やしている。ニュータウン住民は，独自のネットワークを生かして，棚田ボランティアに参加した人たちに渡される地域通貨を，おごと温泉と連携して，温泉入浴券として利用できるようにして，農作業後の汗を流しながら交流を深める場を提供している。体験牧場でポニーを飼っているIさんは，ポニーに乗りながら棚田散策というオプションコースを提供して，子どもたちに大人気だ。大学生は卒業研究テーマとして里山／棚田保全や地域通貨を取り上げ，アンケート調査や参与観察をつうじて地域の暮らしやボランティアのしくみを学ぶ場になっている。

仰木の活動では，さまざまな人びとがかかわれる場が存在していることにくわえて，40〜50代のコアメンバーが，活動の企画や地元との打ち合わせ作業準備，さらにボランティアへの連絡や参加者の送迎も含めた運営面で中心的役割をはたしていることが，里山／棚田保全活動を支える基盤となっている（表4-1）。

4-5-3　新たな依存と活動の転機

地元住民と都市住民との協働が新しいかかわりを生み出す一方で，地域のなかでは，地元のボランティアへの過度の依存がみられるようになってきた。里山保全と棚田保全の一環としてボランティアが行う活動の多くは，獣害対策用の電柵を覆っている草刈りや農道沿いの草刈りが中心になっている。ボランティアの活動範囲は，ひとつの集落を対象として行われるが，とくに荒廃の進んでいる棚田や高齢化や担い手不足でやむをえず耕作放棄された棚田を優先的に保全している。

夏の草刈りには，できるだけすべての電柵の周囲の草刈りをするようにしているが，一部人手がたりないため，草刈りが行き届かない範囲も生まれてくる。すると一部の農家からは「どうして自分の棚田の周りの草刈りだけ，まだ

終わっていないのか」と不満の声が寄せられるようになった。また「ボランティアが草刈りをしてくれるなら，自分たちがきばって（がんばって）守りをする必要はない」という声も聞こえてきた。以前なら，自分の田んぼだからこそ，毎日，手間ひまかけて守りをしなければならないというのが当たり前だった，だれかに頼むというのは，自分の力ではどうにもならない最後の頼みの綱であり，とても恥ずかしいと感じられることだったが，すこしずつ守りに対する意識やボランティアへの依存という変化が見られるようになってきた。

　地元のためによかれと思い「善意」で行っているボランティア活動が，ボランティアと地元住民とのあいだのコミュニケーションをうまくはかれていないと，かえって地元住民のあいだにボランティアへの過度の依存を生んでしまい，地元の主体的な参加や地元の力を奪ってしまうことになる。現在の活動を担っている地元のリーダーたちは，できるかぎり地元の力を残すようにしていかなければ「よそ者」への過度の依存が生まれることにいち早く気づき，どうしても守りができない棚田の管理だけボランティアに頼るという活動方針を明確にしている。

　守り人の会の立ち上げ時には，都市住民の役割は当日の運営補助という意識が強かったが，わずか１年のあいだに，守り人の会がはたす役割は大きくなっており，メンバーの意識にも変化が表れ，活動内容も多様になってきている。現在，行政の支援は，一般向けの広報，参加申し込み，緊急連絡および当日の器具の貸し出しにかぎられている。そのほかの仕事は，すべて守り人の会が担っている。作業の下準備は，すべて守り人の会に所属している地元住民が行っているが，そのほかの年間活動計画や新しいイベント活動の企画，地元と都市住民をつなぐ広報，２ヵ月に１度の定例会，企業や大学の里山保全体験の受け入れも取り組んでいる[*8]。

　また，中山間振興協議会から，守り人の会の運営費用への援助の増額も検討されている。地元住民の守り人の会に対する認識は，まだ浸透しているとはいえないが，実際の活動の場において，地元の組織と変わらぬ役割を担いはじめている。

4-6　物語化する装置としての自然

　地元住民は，理想化され憧憬の対象となった里山イメージに完全に回収されてしまうことはなかった。いったん観光化を受け入れるものの頓挫した経験の後，あえて里山や棚田が本来もっていた「生産」の側面に徹底してこだわりつづけることで，新しい農の姿を模索し，綻びはじめた地元の力をつなぎなおそうと試みた。とくに棚田復元プロジェクトは，農道の整備が遅れていて水管理が大変なために耕作放棄が進む棚田や放置される里山に再び手を入れ，いったん切り離された里と山との関係を新たにつなぎなおそうとする試みでもあった。そうした試みをくりかえしながら，里山や棚田を戦略的に利用することで，都市住民と連携することを可能にした。また地元住民と都市住民とのあいだに新しく生まれた協働関係は，ローカルな里山をとらえなおす大きな転機にもなった。個人個人のつながりから，守り人の会のように組織としての連携まで，地域と人びととのあいだには，多様なかかわりが生み出されていった。

　琵琶湖周辺では，集落・田畑・雑木林・奥山（水源林）がワンセットになっているのがよくわかる。琵琶湖の西岸を湖西と呼ぶが，湖西では，湖から山までの距離が相対的に短いこともあって，エコトーンとして自然をとらえやすい。湖東でも，流域に沿って里山をとらえなおしてみると，水源から琵琶湖にいたるひとつながりの自然として里山を理解できる。自然環境の豊かさにくわえて，里山を利用してきた人たちの生活文化の豊かさと悠久の歴史に育まれた自然利用の知恵も特徴ではあるが，都市部に近いがゆえに近代化や都市化の波を受け，こうした自然利用と環境認識が大きく変化していったのも事実である。

　棚田復元プロジェクトにおいて，多様なボランティアの支援と介入がくわえられることにより，棚田景観が物語化の装置として重要な役割を担うようになっていた。棚田景観という「かたち」には，近代化以前の生産・生活を表象するにとどまらず，第3章でみてきたように近代化・都市化を経験した里山／棚田の認識のあり方が表現されていた。

このように，たえず変化をつづけてきた里山／棚田保全を担う人びとは，そこで暮らす地域住民や週末におとずれる都市住民にかぎられるわけではない。新たな担い手として立ち現れたのは，かつて仰木の里山が広がっていた場所を開発して建設されたニュータウンに暮らす人びとであった。住宅開発で喪失した里山を，別の里山を保全することで代替することじたい，矛盾を抱えているが，ニュータウン住民たちは，地元とよそ者をつないで里山保全活動を組織化する際にキーパーソンとなり，地域住民とともに企画・運営することをつうじて里山再生や棚田復元の担い手となってきたのである。

　地元住民と都市住民，さらに大学や行政，企業など，さまざまなアクターを巻き込んだ棚田復元プロジェクトは，棚田景観を媒介とする文化的な生産活動としてのコメモレイション（記念・顕彰行為 commemoration）と位置づけ直すことが可能である。「社会的記憶」の主要なメディアは，①口承伝統，②文書，③イメージ，④行為，⑤空間・場所の5つに分けることができる（Burke 1997）。棚田という空間・場所をメディアとして，いかなる社会的記憶が紡ぎ直されてきたのかを問い直すことは，現代社会における自然認識のあり方を本質主義的にとらえるのではなく，自然認識の表象のあり方をとらえなおすことにつながる。ヴィジュアルな「記憶のかたち」として棚田景観をとらえなおすと，棚田復元という社会的実践は，ローカルな労働の歴史と生活文化の記念・顕彰行為という意味をもっているといえよう。

　近年では，これまで「勤勉」や「労働」あるいは「土地に刻まれた歴史」という物語で語られる棚田像にとどまらず，「流域」や「つながり」という新たな物語が紡ぎ出されようとしている。仰木では，都市住民の存在を新たな担い手として認識しているものの，里山／棚田保全の実践においては，これまで地元の要望にあわせた獣害対策（おもに電柵の設置と草刈り）にとどまることが多かった。また里山／棚田保全ボランティアに参加している人たちも，比叡山のふもとから琵琶湖にいたる中間地点に仰木の里山や棚田が位置していること，仰木の奥山に水源林があることを一目で感じ取ることはできるが，自分たちの行っていることが，仰木の棚田の一区画を保全するという意味をこえて，どの

ように周りの環境や自分たちの暮らしとつながっているかを認識し実感することは難しかった。

　仰木では，棚田を中心とした小流域にとどまらず，琵琶湖から奥山までわずか数キロという範囲のなかに，水源林から里山・棚田，むら，ニュータウン（まち）そして琵琶湖へといたる中流域が作られている。現在の活動企画にもう少し工夫がこらされれば，まだ視覚化されているにすぎない流域感覚を身体化して，上流の水源に近い里山や棚田を保全することが下流にある都市とつながっていることを参加者が共有することも可能になり，里山／棚田の復元や再生に流域ガバナンスという視点をいかすことが現実になると思われる。さらに，棚田オーナーや里山／棚田保全ボランティアの参加者たちが居住している京都や大阪とは，琵琶湖・淀川水系という大流域でつながっているととらえて，流域感覚を拡大してゆくことも可能だろう。上流の農山村や郊外農村の里山／棚田の放棄は，下流に広がる都市部のリスク要因となるため，流域という単位で里山や棚田を理解することにより，農山村と都市とをつなぐ自然利用のあり方を問い直し，コミュニティや行政界をこえて災害文化をとらえなおすことも可能になる。

　里山の流域ガバナンスとは，ある境界づけられた里山／棚田空間を箱庭的に保護することではなく，従来の里山利用・管理のあり方や現状の里山保全活動から機能的に導きだせる概念でもなく，新たな自然―人関係を構築してゆくプロセスであり，目指すべき里山経営の姿をさす規範概念である。それは，まだ発見されていないニーズを掘り起こし，新たな社会を設計するプロセスでもある。湖辺コミュニティの取り組みは，流域という視点から里山をとらえなおすことによって，里山のもつ意味の幅を広げて，新たな自然と人とのかかわりのあり方を生み出す大きな可能性を秘めていることを，わたしたちに教えてくれる。

　いまや里山は，社会実験の場として大きな意義をもつようになっている。土地に根ざしたローカルな協働による里山や棚田の再創造は，たえず憧憬化される里山／棚田イメージに対して新たな意味を生成しつづけ，地域という枠をこえてさまざまな人びとが連携する場となることを可能にする。現代の地域連携

による里山再創造の動きは，ローカルな暮らしと文化に根ざしながらも，ローカルな文化を越え出てゆく大きな可能性を秘めている。

注
* 1 　農林水産省により，117市町村134ヵ所が棚田百選の対象地域として認定された（1999（平成11）年7月26日）。選定にあたっては，①営農の取り組みが健全であること，②棚田の維持管理が適切に行われていること，③オーナー制度や特別栽培米の導入など地域活性化に熱心に取り組んでいることを基準とし，各県から推薦を受けた棚田のなかから学識経験者により構成される「日本の棚田百選」選定委員会により選定された。
* 2 　UNESCO World Heritage Centre によると，種類別世界遺産リスト登録件数は2012（平成24）年4月現在，文化遺産745，自然遺産188，複合遺産29におよび，合計962にのぼる（出典：http://whc.unesco.org/en/list）。
* 3 　地域の誇りや地域アイデンティティというアプローチから景観づくりに取り組む活動として「美しい村」活動がある。「フランスの最も美しい村（Les plus beaux villages de France）」活動をモデルとして，2005（平成17）年10月から，NPO法人「日本で最も美しい村」連合により，日本の農山村の景観や環境・文化を守る活動として展開している。この背景には，平成の大合併が大きな転機となっている。市町村合併が進むなかで，豊かな地域資源を持つ村の存続や美しい景観の保護をはかり，地域文化の活性化を目指している。2010（平成22）年9月現在，日本の「最も美しい村」は，北海道美瑛町や徳島県上勝町など39村にのぼる。里山や棚田は，美しい村のシンボルとなっている（詳細は「日本で最も美しい村」連合 http://www.utsukushii-mura.jp/ を参照）。
* 4 　「限界集落というのは，65歳以上の高齢者が集落人口の50％を超え，独居老人世帯が増加し，このため集落の共同活動の機能が低下し，社会的共同生活の維持が困難な状態にある集落」のことと定義される（大野 2005：22-23）。つまり，限界集落では，田役や農道・生活道の維持管理，冠婚葬祭の実施など生産と生活にかかわる共同・協力関係を維持していく担い手が不足するため，集落の存続が困難になると考えられている。過疎市町村のうち約12％が限界集落の状態におかれているとされる。
* 5 　焼畑で有名な宮崎県東臼杵郡椎葉村と高知県池川町椿山をはじめ，滋賀県高島市朽木や福井県福井市河内町，新潟県岩船郡山北町では，近年，火入れによる焼畑農業に取り組んでおり，新たな里山／棚田保全の取り組みとして注目される。

*6　林野庁が，1977（昭和52）年度国土総合開発事業調整費調査の報告として「里山地域開発保全計画調査報告書総括」（1978（昭和53）年3月）を提出した。報告書では，乱開発にともなう地域社会経済および自然環境の破壊への懸念が示され，とくに都市近郊にある里山をめぐる開発としては，都市化や工業化さらにゴルフ場などのレジャー産業にいたる転用が問題となっており，幼齢広葉樹林（旧薪炭林つまり里山）の利用の競合と調整が必要となることを示している。しかしながら，報告書によると，日本の大部分の里山は，新たな利用（というより再開発）の方法を見いだせないまま放置され遊休化しており，低位利用（アンダーユース）の問題がすでに顕在化していると指摘している点が注目される。

　これまでの里山林をめぐる政策の変遷について簡単にまとめると，画一的な造林と林業不振により森林が荒廃したことや，里山の開発が進行するにしたがい里山保全の動きが都市から起こったことから，国の政策にも変化が現れはじめた。第四次全国総合開発計画（1987（昭和62）年）では，かつては人との深いかかわりを有していた里山林を，児童生徒の学習の場や都市との交流拠点として，総合的な森林利用の必要性を指摘している。

　さらに，環境基本計画（1994（平成6）年）では，国土空間を山地自然地域・里地自然地域・平地自然地域・沿岸地域に分け，人口密度が比較的低く，森林密度がそれほど高くない地域としてとらえられる里地自然地域については，野生生物と人間とがさまざまな関わりを持ってきた地域でふるさとの風景の原型として提起されてきたとして里山の保全を打ち出している。

　近年，生物多様性国家戦略（1995（平成7）年）では，極相林よりも相対的に種数の多い里山について「二次的自然環境の保全」を大きな課題として取り上げ，「二次的自然環境を維持していくには，生活の場・生産の場としての活用の強化を図る取り組み」および「維持することが困難な地域についてはこれに代わる手法の導入」を検討することの必要性を提示した。自然再生促進法（2002（平成14）年）も制定され，里山や湿地など人と自然との多様なかかわりを再生する方向へと環境政策は展開している。

*7　環境省では，全国に1,000ヵ所のモニタリングサイトを設置して，日本において長期にわたり生態系を調査するしくみづくりが行われた。「モニタリングサイト1000」は，動植物の生育生息状況などを100年にわたって同じ方法で調べつづけるサイト（調査地点）を全国に1,000ヵ所程度設置し，日本の自然環境の変化をとらえようという環境省のプロジェクトである。統一されたフォーマットによる調査マニュアルを作成して，比較研究を可能にしている。具体的には，生態系タイプ（森林，里地里山，陸水域（湖沼，湿原），沿岸域（砂浜，干潟，藻場，サンゴ礁な

ど），小島嶼）ごとにサイト設置，調査項目および調査手法が検討されており，このうち里地里山タイプの調査を日本自然保護協会（NACS-J）が担当している。日本自然保護協会は，2003（平成15）年からはじめた市民による里地里山のモニタリング調査の経験を生かして，2005（平成17）年から「モニ1000里地調査」を実施している（http://www.nacsj.or.jp/project/moni1000/about.html）。

*8 本文では紹介できなかったが，仰木の上流集落の生産森林組合によって，2007（平成19）年から地域・大学連携による里山保全活動も展開している。この活動は，集落に隣接するニュータウン内に位置する成安造形大学の授業のカリキュラムの一貫として行われた。また，この活動には，近隣他府県の大学生も参加して地元住民との交流がはかられた。

また，企業が里山保全や棚田保全に参加している活動として注目されるのは，たとえばアストラゼネカが，CSR（企業の社会的責任）活動として，2006（平成18）年から，年に1日，社を休業日にして「C-day（Contribution day）」を設定し，高齢化・過疎化・孤立化する全国の中山間地域に全従業員約3,000人を60以上もの地区に派遣して，農作業や環境保全のお手伝いをするとともに，体操や交流活動をつうじて，高齢者の暮らしを応援するプロジェクトを実践している。アストラゼネカは，2006（平成18）年から滋賀県内各地でも棚田保全ボランティアを行っており，2007（平成19）年から滋賀県大津市仰木地区の棚田保全活動に参加している。アストラゼネカのCSR活動の詳細については，次のサイトを参照。http://www.astrazeneca.co.jp/csr/c-day.html

第5章
開発と災害の環境史

5-1　開発と災害にむきあうローカルな心性

5-1-1　格差を埋め合わせるしかけ

　これまで1章から4章までをつうじて，地域の暮らしを大きく変化させる開拓や開発，さらには新たな「まなざし」のもと，人びとが棚田とどのようにつきあってきたのかをローカルな場から考えてきた。具体的には，棚田地域という災害のたえない環境のもとで，戦後の国土開発や地域開発，観光化や文化遺産化の波を受けながら，人びとがローカルな資源利用においてどのような工夫をこらしてきたのか，矛盾を抱えながら自然とどのようにつきあっているのかについて検討してきた。

　日本の農山村では，自然条件の厳しさと個人の技術や能力の差，あるいはおもわぬ不運から生み出される格差を是正するためのしかけを作り出してきた。これは，ヤマアガリ慣行や困窮島の慣行にみることができる[*1]。

　たとえば，

　「焼畑は共有山を利用することが多かったのでした。また，村に食うことに困り，租税もおさめることができないというものがあると，その山に入らせて百姓をさせ，一人前にたちなおるようにさせました。これを「ヤマアガリ」といっております。共有山へは，西日本では，どんなに貧しいものでも，身分の低いものでも行くことができたのですが，東の方では，被官とか水のみといわれる身分の低い百姓は権利がなくて，御館や本百姓のゆるしがないと行けないところが多かったのです」（宮本 1968a: 74-75）。

　また，

　「岡山県備中地方には貧者育山というのがあった。荒れはてた土地を持って貧をきわめる者に対し，そのやせた土地をさし出せて肥沃な野山入り込ませて小屋

住みさせ，生活をたて直させた。これを山上がりといった。この者は山に入って財産ができて村へ戻って来ても，村の助けを得たものであるから村中の交際上，一般人民の権利を与えなかったという（『全国民事慣例類集』）」（宮本 1984：23）。

ヤマアガリの名において貧者救済という意義を第一にしながらも，一方では岡山県の貧者育山にみられるように，一度ヤマアガリを経験したものには「一般人民の権利を与えなかった」という排他的で抑圧的な側面をも同時にもっていた点は注目される。チャンスは万人に平等に何度も用意されているわけではなく，「貧者救済」という最後の切り札を使ってしまえば，地域社会に「生存」する権利は認められても，むらのなかで一人前あるいは一戸前に「生活」する権利は認められなかったのである。

むらの財源でもあり弱者救済的な機能も担っていた村山（ムラヤマ）など共有資源の管理には，次のような重要な指摘がなされている。

「僻地の村落共同体は多くの共有財産を持った。共有山，共有牧野，共有耕地，海水面の共同利用などがそれであり，その共有財産があることによって，貧しくはあるが破産からまぬがれることができたといっていいし，また困難な事件にぶつかったり，新しい情勢に対応していくための支えになった」（宮本 1967：94）。

これは，いいかえると，潜在的な可能性として考えうる最低限の生活水準を基底において生活を組み立ててゆく姿勢と工夫が編み出されてきたということでもある。ここに共有資源と呼ばれるものの思想の核心を見出すことができる。

田畑と山林との関係性は，物質的な資源循環の関係性だけでなく，人びとのあいだの格差を埋め合わせるようなしくみとして，その地域の山林原野や田畑や水をめぐる共同利用関係に埋め込まれて存在していたのである。棚田地域では，水田化の限界地という厳しい自然環境と，それにもかかわらず人為を最大

限に進めていこうとする人びとの意思，さらに国家権力によって政策的に水田化（開拓化，土地改良）を推し進める力とがせめぎあった「場」が生み出されていた。そこでは，いつでも自然に戻ってしまう力が強くはたらいているため，人びとはお互いに暮らしを成り立たせていくために，さまざまな工夫を生み出していかなければならなかったのである。

こうして長い歴史をかけて築かれてきた入会山や水利などの共有財産は，明治初年の官民有区分政策（1879（明治12）〜1881（明治14）年）や，森林法の整備，1896（明治29）年の河川法制定と1964（昭和39）年の河川法改正，1899（明治32）年の市町村合併，1953（昭和28）年の市町村合併をつうじて，所有の公私区分を明確にし，一物一権的な近代的所有観と近代的管理体制をあまねく徹底させていったのである。

しかしながら，棚田を取り巻く状況は，戦後の食糧増産時代の開拓にみられるような過剰利用（オーバーユース）から，人の手が入らなくなる低位利用・放置（アンダーユース）へと大きく転換していった。こうした問題の質の変化に応じて，過剰利用や過剰開発に対するローカルな資源利用の知恵にとどまらず，放置にともなう地すべりなど災害リスクの増大という新たな問題への対応が求められている。これは農山村の問題にとどまらない。たとえば，水源林や里山，棚田を広く含めてとらえると，棚田地域の放置は，下流部での水害や地すべりなどの災害リスクの増大につながり，また地域に根ざした自然の共同利用のしくみや，そこで育まれてきた経験と知恵，人びとの生きがいを喪失することにもつながる。

ここでいう自然を「放置」するとは，利用できる資源を認知し，起こりうるリスクを認識しながらも，その自然に寄せられるニーズに関与しないことである。ただ「いる／ある」だけで何もしないことや，不作為によって引き起こされる多様な「人―自然」関係の喪失，およびそれらにともなうリスクの増大も含めるものとする。都市近郊に棚田地域を抱える湖辺コミュニティの事例からは，放置によるリスクが認識されており，人びとと棚田とのかかわり方が，オーバーユースからアンダーユースへと完全に切り替わっているわけではない

ことがわかる。たとえば仰木では，農業近代化の最後のチャンスとして「ほ場整備」による棚田の開発・整備を進めながらも，コミュニティ内の別のエリアでは棚田の復元・再生を進めるという「ねじれた」状況におかれていた。仰木では，こうした「ねじれ」のなかで棚田とそれを取り巻く里山とを分かちがたく結びつけた活動を展開する道を模索せねばならなかった。こうした「ねじれ」は，ほかの場面でもみられる。

5-1-2 「カミ」と「シモ」のちがい

仰木には，上流集落と下流集落のあいだには，むらの開発の正統性をめぐる争いがつづいており，水利や山林入会についてもカミ（上流）とシモ（下流）という区分を徹底させている。川については，天神川はカミ，大倉川はシモが管理すると，はっきり分かれている。また，入会林野については，4ヵ村がそれぞれ単独でもっている山林のほかに，上仰木と辻ヶ下の入会林野（上・辻生産森林組合）と下仰木と平尾の入会林野（逢坂山生産森林組合）とに分かれて利用・管理している。

共有資源の利用管理におけるカミ・シモ区分はむらの生活に欠かすことのできない生活用水の利用をめぐる，カミとシモの争いへと展開したこともあった。たとえば，1962（昭和37）年に簡易水道が導入されたとき，簡易水道を敷設するために村人全員が夫役で参加しなければならなかった。ただし，カミの水源には天神川を利用し，シモの水源には大倉川を利用することになっていた。川の水量がそれほど豊かでなかったため，簡易水道については，一戸につき2つだけ蛇口をつけるという取り決めがなされた。ほとんどの家では，飲み水に使うため台所に蛇口をひとつ取りつけ，井戸の水汲みの苦労をなくすためにお風呂場にも蛇口をひとつ取りつけたという。水道がついてから，井戸の水汲みの仕事がなくなって女の人はずいぶんと楽になったという。

しかし，簡易水道を敷設した時，仰木小学校前までカミ側の水道が引かれていたのだが，上仰木と辻ヶ下の人たちは，簡易水道の水を平尾や下仰木の方に分水できないように栓を完全に閉じてしまった。このような厳しい規制をした

理由は，シモの方に水が流れるようにしておくと，カミの集落の水圧が下がってしまい，カミの水道の水が切れてしまうためだと説明されている。

天神川は水量が豊富で，広い水田をすべて潤し，各家の生活用水をまかない，水車を使った水力利用もなされていた。ところが，仰木は，地すべり地帯に指定されるほどの急傾斜地にあるため，河川の水が豊富にあるにもかかわらず，すぐに下流に流れさってしまい，ゆっくり集落をめぐるということはなかった。そのため，どの家でも井戸を掘っていたが，水量の豊富さにくらべて，実際の水利用の場では水が少ないと感じられていた。

カミとシモは，水利用の対応だけでなく，お互いの気質を語る場でも，それぞれ独特の語りがなされる。なかでも「カミは働き者が多いが，シモはのんびりしている」という語りがもっとも多い。「嫁をもらうならカミからもらえ」「カミはきばりもん（勤勉，働き者）が多い」「（シモで育った娘を）カミには嫁にやるな。苦労する」といわれるほど，カミの急傾斜地に作られた細い棚田での作業は，シモで暮らす人たちには信じられないほどの重労働であった。シモには，集落のあいまに小さな畑が点々と広がっており，家から歩いてわずかのところにある。ところが，カミでは山の急傾斜のところまで出かけていかなければ，手間ひまのかかる米や野菜の栽培にもこと欠いた。

尾根に集落を形成した理由についても，仰木では，カミ（上仰木，辻ヶ下）とシモ（平尾，下仰木）で異なる「言い分」を形成している。カミでは「田んぼに一番いい土地をあてるようにして，わしらは一番悪い土地に住んでるんや。ちょっとでも米の収穫をようしようと思って，昔の人はやってきたんやろなあ」と上仰木のTさんは語る。

仰木は，尾根に水が湧く不思議なむらで，伏流水が豊かなために地すべりがよく起こる。仰木のなかでもとくに上仰木では，これまでに幾度も地すべり工事が行われてきた[*2]。雄琴・上仰木地区の地すべり区域は，農林水産省の所管として，図5-1のように指定されている[*3]。地すべり防止区域は，現に地すべりをしている地区または地すべりをするおそれのきわめて大きい区域に加えて，隣接する区域のうち地すべり区域の地すべりを助長し，もしくは誘発するおそ

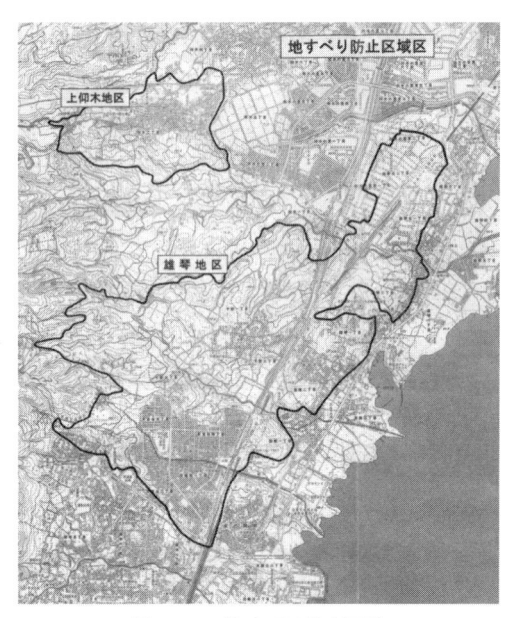

図5-1 地すべり防止区域
出典：滋賀県 http://www.ref.shiga.jp/g/noson/taisaku/newpage2.htm

れのきわめて大きい区域を含める。[*4]

　伏流水や湧き水は，地すべりを引き起こす災いのもとであるが，人びとは，この災いをもたらす水も余すことなく生活のなかに取り込んできた。尾根に水が湧くむらには，井戸がなくてはならない存在だった。
　仰木には，急峻な尾根沿いに並ぶほとんどの家に井戸が掘られている。「男一代で，家1軒，井戸1つ」といわれるほど，井戸を掘るのは一戸前になるには欠かせない仕事とされた。井戸とため池を家の庭先に掘って生活用水に利用してきた。カミ（上仰木・辻ヶ下）では，飲み水に使う井戸を「イド」と呼び，洗い物に使うため池のことを「イケ」と呼んで区別する。ところが，シモ（平尾・下仰木）では，飲み水に使う井戸も洗い物用のため池も，どちらも「イケ」と呼んでいる。呼び名は，カミとシモで異なるが，伏流水や山水を利用した井戸やため池の使い方には，共通する点が多くみられる。

尾根沿いに集落を形成した理由について，シモでは「昭和34（1959）年の伊勢湾台風にしても，そのほかの台風やら水害などほかの地域で死者や行方不明が出ることがあっても，ここ（下仰木）だけは，死者も行方不明者も「0人」やったわ。やっぱり，谷底に川が流れてるから，川が氾濫しても田んぼがぐちゃぐちゃになって，川との境もわからんようになることはあっても，尾根にある集落のとこまで水は来んかった」からだという。

　災害の問題を考えると，水害にくわえて地すべりなど土砂災害も大きな問題となる。一般的に棚田は基本的に地すべり地帯に形成されていることと，伏流水が豊かなところが多いことから，棚田の畦畔や土手がドーッと何段も崩れ落ちるということがよく起こった。こうした棚田復旧には，さまざまな駆け引きがかわされ，そこにはおもしろいドラマが生まれていたという。こうしたことからも，カミはシモよりも地すべり被害に遭いやすく過酷な自然環境におかれていたことがわかる。

　カミの内部にも歴史的な変遷が刻まれている。むかしは，辻ヶ下の方が，上仰木よりも山林所有面積と水田所有面積ともに圧倒的に多かった（表5-1）。ところが，辻ヶ下の村役人が，上仰木と辻ヶ下の共有林野を他村に勝手に売買するという問題を起こしたため，辻ヶ下のムラ山を売却してむらの財源にあてなければならなくなった。辻ヶ下は，その後もむらの運営に問題をきたすことが幾度かあり，そのたびに共有林野や水田（宮田）を売るということを繰り返した。その結果，現在の小規模な共有林野と水田面積になったのだという。辻ヶ下が売却した共有林野と水田は，おもに上仰木が買い戻し所有した。辻ヶ

表5-1　仰木の山林と水田の割合

	総土地面積(ha)	林野率(%)	森林率(%)	耕地率(%)	水田率(%)	総世帯数(戸)	総人口(人)	農家数(戸)	林家数(戸)
1960	1,193	52	100	32	94	575	2,755	475	256
2000	1,138	38.2	—	19.8	95	762	2,595	377	39

出典：「世界農林業センサス」。
注：ただし2000年の総世帯数と総人口数については2005年現在。

下の水田は，仰木のなかでもとくに急傾斜地にあるため，比較的傾斜がゆるい土地に水田を所有している平尾と下仰木の人たちは買おうともしなかったためだという。カミは自然環境の厳しい苛酷な条件のもとでむらを経営しており，シモはカミにくらべると恵まれた条件のもとでむらを経営してきた。

5-1-3　反転する資源の意味

棚田地域における水管理は，水源から下流にいたるまでの用排水施設や田畑の水路の維持管理にとどまらず，集落内を網の目ようにつなぐ小さな水路，さらには地下水，湧水，伏流水までも含めた面的で多層的な水のネットワーク——つまり小流域——を形成し維持管理することでもある。そこでは水資源をいかに配分するかという問題にとどまらず，人の配置のしかた，人と人との関係のあり方，施設を媒介とした監視・管理のしくみづくりという問題とリンクしてくるのである。

これら「諸施設のシステムを整え，そこに一貫した管理体系を実現するということは，単に都市の物的な土台の管理にとどまるのみか，そこに住む人びとの行動様式や生活習慣を管理可能なものとしていくという，社会的問題に連なることだった点を見過ごすことはできないのである」(喜安 2008：34)。すべてを人力と家畜にたよって棚田という物的な土台を作り上げることは，その開拓の過程における人びとの身体や労働態度を管理することも含み，そこに暮らす人びととの生産や生活をいかに管理するかという問題と深くかかわっている。

水資源管理と社会的統制とは分かちがたく結びついている。水をどのようにして確保するかということは「充分な水量を確保するだけのことではなく，給水施設の網の目によって管理された水の流れを作り出し，この流れに人びとの日常生活を従わせていくという，都市の新たな支配の問題を内包していた……略……全体として，人びとの日常生活やその立ち居振舞に変化を強いることであった」(喜安 2008：35)。水を管理するということは，関連する諸施設を配置・制御し，社会を統治する方法であることがよくわかる。このように水利は，社会をコントロールする装置として洗練されてきたのである。

写真5-1　獣害柵をはりめぐらした棚田と里山

写真5-2　棚田での水路の見回り

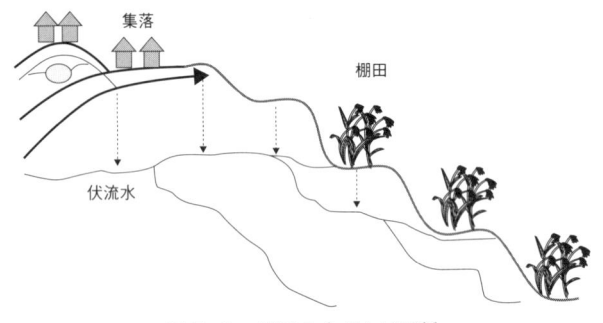

図5-2　棚田の水がかり関係

　湖辺コミュニティでは，図5-2のように，むらの入会林野でもある水源林から流れる山水や河川から引いた水を利用した水路を集落内に張りめぐらせ，家の軒先にため池をつくったり井戸を掘ったりして生活用水を確保してきた。生活用水も灌漑用水も一滴も無駄にすることなく，すべてうまく使い回してきた。

　地域の水利用には，大きく分けると用水と排水という2つのかかわり方がある。たとえば，水田を灌漑するために引き込む水を用水といい，大雨や水があまったときに水田や水路から流し出す水を排水という。排水は悪水とも呼ばれる。用水も排水も地域ごとに権利の内容や取り決めについて明文化されていたり暗黙に申し合わせがなされていたりする場合が多い。

　ただし，用水と排水は，完全に切り離されているわけではない。上の田んぼの排水を下の田んぼに落として用水として使い回すことを田越し灌漑という。棚田では，基本的に田越し灌漑で，上から下の田んぼへ水を回し，さらに隣り合う左右の田んぼへと水を回していくので，用水と排水が分かちがたく結びついている。田越し灌漑では，排水は不要な水ではなく，隣り合う田んぼの灌漑用水（養い水）になる貴重な資源となる。平地の水田にくらべると，棚田には雨水だけをたよりに耕作する水田が圧倒的に多く，上流から下流への漏れ水の流れを徹底して利用しなければ棚田全体を維持することはできなかった。

　ところが大雨で洪水が起こると，貴重な水も危険な水へと一変してしまう。上流の安全を守るための排水が，下流にとっては洪水や土砂災害をもたらす危

険な存在になる。早く水を流したい上流の人びとと，上流から流れ込む水をできるだけ止めたい下流の人びととの間には，さまざまなもめごとが起こる。水の不足（水ゲンカや水争い）や水の過剰（水害や土砂災害）をめぐる問題を解決するために，それぞれ地域ごとに水利用の工夫をこらさなければならなかった。

　仰木では基本的に，耕作している人が異なる水田では，田越し灌漑を行わない。田越し灌漑にもいくつかの種類があり，配分ルールの設定しやすい表流水を利用した田越し灌漑と，水の流れが見えないため明確なルールを設定しづらい漏れ水や伏流水（や地下水）を利用した田越し灌漑とに分けられる。畦畔に切り込みを入れて下流の水田に直接水を落とすこともあれば，竹の樋や小さな溜めを利用して広い範囲に水を落としていく方法もある。水を回す必要のある範囲と水田の耕作の分散のしかたによって，どのように田越し灌漑をするかが決められる。

　たとえば川から引き入れた水を共同で管理している水路ごとに配分し，その後に小さな水路に取り込んで，そこから水田1枚ずつに水を回していく。ただし耕作している人が異なる田んぼは，自分の田んぼのなかで田越しに水を回した後，いったん水路に水を戻すので，その下流の田んぼではあらためて水路から取水しなければならない。結果的には同じ水を利用しているにもかかわらず，田越しで灌漑するか水路経由で灌漑するかというプロセスのちがいは，人びとの水に対する意味づけにちがいをもたらす。

　排水を受け入れなければならない下流の人たちに着目すると，排水を利用するのはかならずしも用水権をもっている水田に限定されていないことに気づかされる。むしろ排水を利用する人のなかには，天水田（＝雨水だけで灌漑する用水権のない水田）の人びとが多い。当然のことながら，天水田の人びとは，水路を流れてくる用水を利用する正統な権利をもたないので，正式な水利メンバーとして認識されていない。

　しかし，用水権をもっている人たちによれば，水はかならず下に漏れていくものであり，天水田の人びとが漏れ水を利用するのを禁止するということは，いっさい行っていないという。日常の水が余っている時に，排水を利用できる

のは当然のことであるが、水が不足して困る渇水のときでも、天水田の人びとは少し遠慮や配慮をしながらも排水を利用しつづけることができる。

天水田の人たちは、水路から直接水を取り入れられないかわりに、上から田越しで漏れてくる水で水田をつづけることが可能になっていた。水路は、用水権のある人とない人を区別するための目に見えるしかけだが、実際の水利用の場面では、つねに漏れ水を利用できることの方が重要だったのである。

棚田の灌漑のしくみを1枚の水田ごとにみていくと、図5-3のように、上の田んぼの漏れ水をどれぐらい利用できるかによって「タレウケ、シケウケ、ヒヤケ」と呼ばれており、天水田の内部でこまかく区別されている。

ひとつめは、上からザーッと漏れてくる水を利用する「タレウケ」。タレウケは、上の水田の土手中央部に竹でつくった樋をさして、そこから漏れ水をとる場合と、田越しで溝におとした水をとる場合とがある。漏れ水が一番多くたまる下流部の水田にみられ、ある程度の水量を利用できる。

2つめは、上の田んぼからジワジワと滲み出してくる水を利用する「シケウケ」で、これは上の水田の土手と自分の水田の畦ぎわに溝を掘って、そこからの漏れ水を利用する。たいてい中央部の水田である場合が多い。タレウケよりもさらにわずかな水を確保するためにされる。

3つめは、まったく水をとることのできない「ヒヤケ」と呼ばれるもので、基本的に湿田が多く、年中ジュクジュクと水がたまっている水田である。ヒヤケは、尾根の頂上や水路から離れたところに作られ、上流の水田からの漏れ水

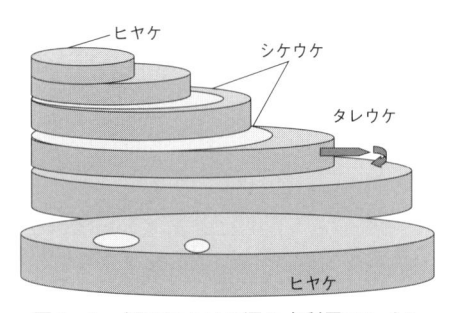

図5-3　棚田における漏れ水利用のしくみ

をまったく利用できない。これはバクチ田にあたる。ヒヤケは，湿田であるといっても，渇水時にはすぐにひび割れてしまうため，タレウケやシケウケよりも条件がわるい水田であると考えられている。すぐに田んぼがひび割れた状態になってしまい，どれだけ手をかけてもまったく収穫できなくなるので，最低の水田だと認識されていた。

　棚田での水利用では，用水を取り入れるための施設を占有しているかどうかにかかわらず，河川から取水したあとの末端の水田1枚ごとの水利用の方が重要な意味をもっている。実際の水利用をみていくと，天水田といっても，完全に雨水だけに依存しているのではない。漏れ水を媒介とすることで，上流の田んぼや隣り合う田んぼで耕作する人びとに依存した関係を作り上げていることがわかる。

　上流で使われた用水は地下に浸透して下流の水田で湧き出して下流の用水としても利用される。上流の水田でどれだけたくさん水を使っても，棚田の場合，地下からの漏れ水と畦や土手から漏れていく水がとても多い。下流の水不足を補うための意図的な漏れ水であっても，意図せず漏れてしまう水であっても，棚田の傾斜や地質などの自然的・地理的な条件にくわえて，人びとの水利用の網の目が作り出す水のネットワークが形成される。漏れ水利用は，水は一度使うと流れてなくなってしまうのではなく「水は使えば使うほど，どんどん水が漏れ出し，湧き出してくる」という新しい人と水との関係性を示してくれる。

5-1-4 「賭け」の要素と「秘密」の空間

　明治期からはじまる近代化政策以降，水田稲作農業に代表される農民像をめぐっては，勤勉・勤労や節約を称揚するように徹底した教育がなされていった。しかしながら，こうした社会のあり方に対して，棚田地域のようにどれだけ熱心に働いても，必ずしも報われるとは限らないような社会で生きる術とメンタリティが消滅してしまうことはなかった。ここでは非常に過酷な自然環境で生きざるをえない人びとの暮らしにおける「余暇」や「博打（賭博）」のも

つ意味に焦点をあてて，漏れ水を余すことなく使い回すことによって限界まで開拓を進め，災害と折り合いながら生きてきた人びとのローカルな心性とは何かを問い直してみたい。

　棚田地域では，平場農村の水田とくらべて天水田の面積が圧倒的に大きい。棚田の開発は，年貢を払わないですむことから，近世の新田開発の展開とともにピークをむかえる。これは隠田（カクシダ）と呼ばれる。民俗学者の宮本常一も指摘するように，厳しい検地にもかかわらず，田んぼ1反と記されている水田が実際には1反3畝あるいは1反4畝もあったところも少なくない（宮本 1973：27）。生産という点から，畦の大豆栽培や土手の草地利用や柿の植樹利用を含めると，実際の棚田の面積は記録に残されている面積の3倍以上にもなるだろう。戦後の食糧増産政策に対応するために，棚田の開拓が奨励されたが，そこでも隠田に近い棚田が多くみられる。

　棚田は徹底した支配権力の基盤であると同時に，人びとの生活の基盤でもあった結果，ときに支配の道具に使われ「支配―従属」関係のもとに置かれ，また支配者を欺くしたたかさをもった人びとの営みを含んだ両義的な関係が生み出されてきた。棚田の開発を支えていた技術論的な背景として，鉱山技術が大きくかかわっていることも見逃せない点である。中世以降の棚田開拓の歴史を紐解くならば，鉱山技術と水利技術は，支配権力と分かちがたく結びついていたことにすぐ気づく。

　このように棚田には，開発のはじまりから隠田の意味があり，支配の網の目を潜り抜ける人びとの生活実践の巧みさをみてとることができる。隠田は，同じむらの人間にさえ秘密にされる場所である。棚田と平場の水田との大きな差は，この隠田の存在にある。平場の水田であれば，障害になるような山林もなく，だれの水田がどこにあるか一目瞭然なので隠田の作りようがない。ところが棚田の場合，丘陵地に複雑に入り組んでいるおかげで多少のごまかしや融通がきく。

　山の奥深くにある隠田に行くには，むら人でも迷うような細い里道を歩いていかなければならない。土地勘がなければ目的地にはたどりつけない。たとえ

うまく見つけられても，複雑にいりくんだ地形と交差した里道に迷いこんでなかなか出てこられない。イノシシ，シカ，サルなど動物の目はあっても，まったく人目を気にしなくてよい隠田では，よく博打（バクチ）が行われていたという。

　全国の棚田地域をめぐり歩いていると，バクチの思い出を語りはじめたとたん，むら人の表情は，とつぜん生き生きとしはじめ，おもわず眼の前でバクチが展開しているような錯覚をもつほどリアルな表現がとびかう。汁田（シルダ）やドブ田（ドブタ）といわれる湿田に腰まで水に浸りながらの稲刈り作業を終えると，やっと人心地ついて思う存分バクチを楽しむことができた。バクチは，ふだんの過酷な労働を忘れるほど大きな楽しみの場であった。一攫千金とまではいかなくとも，一発逆転を狙うことのできる胸踊る機会でもあった。

　バクチは，だれも知らないところでやるという「秘密」の要素と，一発逆転も不可能ではない「賭け」の要素，さらに個人技の競い合いが重なり合って，生産の場である田んぼが突然「賭場」に一変する。他人の目を盗みながら谷ぞいに棚田を作りつづける執念と，賭場と化した棚田で一発逆転をねらうバクチは，一見すると相反するもののように思われるが，どのようにつながっているのだろうか。

　隠田は，山ぎわに流れる冷たい沢水を利用しなければならないため，稲の生長が悪く収量も少なかった。平均的な収量の半分もとれず，スズメのエサほども収穫できないことが，しばしばだったと語られる。隠田は自然条件に大きく左右され，平地とはくらべものにならないほど豊作と不作の差が大きい。当たりはずれのあるバクチにちなんでバクチ田と呼ばれたり，水がなくなって完全に干上がって日焼けしてしまうためヒヤケと呼ばれたりする。

　ところが，なぜか日照りがつづいた年にかぎって，バクチやヒヤケと呼ばれる天水田だけが大豊作になったという。ここには一発逆転の勝利を手にすることのできる賭けの世界へとつながるものがある。ヒヤケ田で米をそだてるという行為は，安定した収量を期待できないかわりに，土壇場の一発逆転的な賭けの要素を隠しもっていた。隠田は，干ばつや水害など非常時のセーフティネッ

トの役割をつねにはたすわけではない。バクチ田に賭けつづけた人びとは，日常生活の安定化を志向するのではなく，不安定な状況のなかで，あえて不安定な状態を志向することで，自分たちの暮らしを組み立ててきたのである。

　こうした正統な用水権をもてない天水田の人びとは，漏れ水を利用する場合に，タレウケ・シケウケ・ヒヤケという3つの区別を作り出して，絶対的な水不足の状況に対応してきた。もちろん水利慣行に基づいて用水を利用している人びとも漏れ水を利用している。ただし，これらの人びとが，不足した水をおぎなうために漏れ水を利用しても，タレウケなどと呼ばれることはけっしてない。天水田の人びとは，正統な用水権をもたず漏れ水だけに依存しているために，正統な権利をもつ人びとと区別して名づけられている。天水田の人びとのあいだに引かれるこうした微妙な線引きは，利用できる水量の多さを表しているだけでなく，漏れ水利用権の程度というかたちで正統な権利をもてない人びとの内部にわずかな差異を生み出している。

　はたらきかけがみえない漏れ水を利用する場合，樋を使って物理的に漏れ水をみえるようにすることで，漏れ水をめぐるやりとりを顕在化して共有することができる。土地や水を利用するためにはたらきかけつづけることで一種の占有的な意識が形成されて，だれでも利用可能な水資源に対してもローカルな取り決めが生み出される。棚田地域における水の利用をめぐるローカルな取り決めは，景観的にはっきりと現れてくる。

　たとえば，隣り合っている水田の片方には水が張られ，もう一方は干からびているという，棚田でよくみられる風景を考えてみよう。用水権をもっている水田と用水権をもてない水田の権利関係が，景観のうえにはっきりと現れている。ここで注意しておきたいのは，水を利用すると一言でいっても，実際に水を利用しているという事実関係が存在していることと，水を利用するに際して規範的性格をもった権利関係が存在することとは区別する必要があるということである。なぜなら漏れ水を利用している時に，それが恩恵として与えられているのか，実力行使で盗水をしているのか，あるいは両者のあいだでなんらかの取り決めや合意がなされているのかというように，それぞれ力関係がまっ

く異なるためである．さらに，それぞれの漏れ水に対する意味づけもまったく異なるものになる．

　仰木の漏れ水利用をめぐるこまかな区別や差異は，カミ（上流）の人びとによるシモ（下流）への恩恵でも盗水でもなく，はっきりと明文化されていなくても約束ごととして承認されていた．棚田全体の水利用から考えると，用水権のある上流の人びとが水を利用すればするほど，下流の用水権のない人びとは，漏れ水で灌漑用水を確保して棚田を維持することができたといえる．漏れ水は，下流にとって用水になると同時に，上流にとっては土手が崩れるのを防ぐ排水の役割もはたしていた．

　棚田では，土地所有とは関係なく，水源林から集落をめぐり，水路や漏れ水を介して水田と湖沼にいたるまでの水の流れが作られている．水を媒介にしてつながる物理的・社会的・歴史的・生態的な関係性を「水がかり共同性」と呼んでおこう．漏れ水を媒介させることで，水源林から棚田や集落へとつながる地上の水の流れと地中・地下の水脈をつなぎあわせて意味づける．

　漏れ水のネットワークを人びとが語る時，土砂災害や水害など過去の災害経験や，個人所有の山林を水田化してきた開拓の経験や家ごとに苦労をかさねてきた記憶を介在させる．たとえば，

　　「普段はどうもないところ（＝水田，畦）に水がよう湧いてくるなあと思ってたら，土手が全部崩れてしもうて，下の田んぼの人に申しわけないことした」．
　　「イゼの水（用水権のある水）を使えんけど，ちょっとでも田んぼを広うするために，自分の山を拓いてきた．なんでか水はどっからか集まってきて，なんとかやってこれた．一気水（鉄砲水）やら土砂崩れやら起こるから，（水田を）あんまり拓きすぎるとあかんって言われてきたけどなぁ」．

　このように地すべりなど災害が起こりやすい状況を防ぐための工夫は，感覚や勘に基づいて，それぞれの地域の言い回しで表現される．かならずしも明確なルールとして示されるわけではない．ここには漏れ水を完全にコントロール

することはできないという認識が前提として共有されている。災害を完全に抑え込めないのであれば，起こった出来事を受け入れざるをえない。地すべりで地形や水の流れが変われば，それに応じて田んぼの畦を区切り直したり土手を作りかえたり，さらに水路を付け替えたりしなければならない。これは災害の受容と順応といいかえてもいいだろう。

しかし一方で，漏れ水を介したローカルな水のやりとりに着目してみると，予測できない災害の状況にただ追従しているだけではないことがわかる。漏れ水でゆるんだ地盤では地すべりが起こりやすい。地すべりが起こると傾斜がゆるくなるので，それを逆に利用して少ない労働力で棚田を開拓できる。漏れ水を徹底的に使い回し緻密な関係をとっているのも，災害を引き起こす要因になる漏れ水を用水として確保するというように，災害を逆手にとる知恵といえる。棚田では，広大な棚田面積に対して絶対的に不足している水をすべて共同体的な規制のもとで利用するという関係のとり方をしない。天水田の人びとは，用水権の必要とされる河川の水利用においては権利をもてない人びとにすぎなかったが，漏れ水利用においては複雑なしかけを生み出す主体として立ち現れてくる。

災害に典型的にみられるように，自然とのかかわりにおいて生活の場ではつねに予測不能な事態が起こり，たえず意味づけを組み換えなおす必要に迫られる。どんな状況にも一定の規制をかけるようなしくみや，たえず固定された方法でしか対応できないような共同性のあり方では，棚田のように災害と隣り合わせの地域で暮らしつづけることなど到底できない。バクチ田でみられたように，あえて一発逆転に打って出るような博打の「賭け」の要素が重要な役割をはたすこともある。

棚田と漏れ水とのつきあい方をつうじて見えてきたものは，水がかりという新たな共同性に根ざした水とのかかわり方だった。水がかりの共同性をもとに生成するローカルな規範に着目することで，漏れ水を共有していく過程で，これまで主体として認識されえなかった人びとが権利を獲得していく共同性の契機を見出すことが可能になる。たしかに天水田の人びとが生み出した水がかり

共同性は，むら共同体の基盤を根底から打ち崩す力をもっているわけではないが，むら共同体とは異なる新たな共同性の存在を示してくれるだろう。

5-2 開発と災害の政治化

5-2-1 風景に埋め込まれた政治

　風景を作り出している人びとの営みをつぶさにみていくと，とてもこまやかな取り決めや心づかいがなされていることに気づかされる。あるときは慣行や慣習と呼ばれ，そのような人びとの関係のとり方をつうじて，人びとの自然の見方，あるいは自然との「間（マ）」のとり方を垣間見ることもできる。これは資源の利用・管理という近代的な自然認識でもなく，水田＝生産の場という限定された関係性でもなく，日常的な営み含んだ自然とのつきあい方という全体的な関係性といえよう。

　棚田では絶対的な資源不足という自然条件のもとで，人びとは自然にさまざまにはたらきかけて，場を意味づけてきた。かつては生産の場であった自然利用が，現在は生活の場の一部になり，観光や環境や文化的景観など新たなまなざしの対象へと変化している。その結果，同じはたらきかけであっても，その行為のもつ意味や役割は，それぞれの状況と文脈によってまったく異なる。棚田の水利用は，灌漑だけでなく排水や災害防止の意味が大きくなり，排除されてきた天水田の人びとが新たな主体として立ち現れてきた。自然条件に左右されやすい不確実さと棚田内部の権利の格差という不平等な資源利用にいかに対応するかという点に，伏流水や地下水利用をめぐる人びとの戦略と意味づけを読みとることができる。

　棚田地域にかぎらず，伏流水や地下水は，コミュニティにとって共有資源である[*5]。しかしながら近代的法制度において，地下水は，土地所有権の付属物として位置づけられた。法的には，所有する地盤の上下に利用権がおよぶので，土地所有者が自分の地盤の地下水を自由に利用することができる。山の入会で

第5章　開発と災害の環境史　　181

は地盤の上の利用権が入会権という形で守られているのに対して，水の入会では，河川・溜池の農業水利権を除けば，地下資源利用に入会権を担保するものはない。すなわちコミューナルな資源として地下水を利用・管理することを支える法制度は存在しないのである。

自然を社会資源化する過程でなされる「自然は誰のものか」という問いかけは，自然の所有・利用主体を明確に規定できる境界を想定している。近代における自然の利用・管理は，曖昧な領域や両義的な存在を排除し〈公私〉区分を徹底する過程であった[*6]。地域住民は，公共性の名のもとで，生存・生活の基盤にあるコミューナルな資源利用を否定されたり排除されたりする状況に追いやられた（秋道 2004，嘉田 2001，宇沢・茂木編 1994）。

資源の公私区分と公共性による排除・抑圧への対抗軸として，コミュニティや地域共同体が地域資源の持続的な利用・管理にはたした役割を再評価するコモンズ論が展開している（池田 1995，『環境社会学研究』3 特集，井上・宮内編 2001，宮内編 2006）。地域住民が発言権や意思決定権を獲得して主体性を確立する戦略的実践でもある[*7]。これらの研究が想定している地域資源の利用・管理主体は，おもに農山漁村の伝統的なコミュニティやむらを基盤とする社会関係である。

これまで村落社会学や農業経済学，経済史学，歴史学，地理学などでは，地域資源管理という視点を欠いているものの，村落共同体論に基づいて，水と山の入会をめぐる社会関係と社会集団の研究を蓄積してきた[*8]。たとえば，余田は，社会学的水利研究の到達点である「溝がかり」論を提示し，農業用水（水利組織）と生活組織全体との連関を解明しようと試みた（余田 1961）。余田は，水田の存在形態と農家の土地占取形態（かならずしも所有形態ではない）＝混在耕地形態とが交叉するところに「溝がかり制」という概念を設定して，共同労働組織（水田共同体）が村落の「社会意識，共同意識，また村落の規範意識の根源」になることを明らかにした。水田占取の共同体性を基底として，そのうえに私有林野共同体が重なり，これらの共同体によってその一体性が基礎づけられる村落的規模の共同体的諸集団（氏子集団など）が累積して，村落共同体

が成立する．さらにこのうえに，これらを前提として成立している村落共有集団（共有林野集団など）が重なって，一体性を保つ集団累積体が形成されるというように「累積の秩序」を通して村落共同体が理解される．

5-2-2 水の商品化と景観の政治化

1970年代後半以降，国家的な公共事業である土地改良事業がほぼ全国に行き渡ると，水利用は従来のむらが管理できる範域におさまらなくなる．また農業の生産的観点からも，伝統的な水利関係の存在意義が衰退・消滅したと考えられるようになった．水の利用・管理主体である地域共同体は大きく組み換えられていったのである．変貌する農山村における新しい水利研究のアプローチを提示できない状況がつづくなか，都市用水の需要増大と水利転用問題の深刻化を背景に，水の「商品化」という新たなアプローチから水利慣行を読み解きなおす試みがなされた．

池田は，大規模な土地改良事業により公的性格を強めていく土地改良区と伝統的な水利組合との対立を「国家権力によって正当化された大規模開発事業と慣行によって正当化された部落（むら）の権利とのあいだの対抗関係として片付けることのできない，より本質的な問題を含んでいる」と指摘する．池田は，ウォーラーステインの商品化（commodification）の概念を参照しながら「水の商品化の可否」をめぐる対立が，水利用・管理をめぐって起こっているコンフリクトの本質的問題であるという（池田 1986）．ここでの水の商品化とは，水をめぐる社会関係を商品関係に転化させ，水を市場化して取り引きできる物財（資源）へと転化することである．

「全体社会の水利秩序の歴史的転換――すなわち，農業用水システムの都市用水システムへの再編，それに伴う用水開発事業の大規模化・広域化と公的性格の強化，その結果としての水利慣行に対する圧力の強化，そして水の商品化」（池田 1986：19）をめぐるコンフリクトが水問題の本質として理解される．池田も指摘するように，水利慣行は，超歴史的に存在しているのではなく，歴史のなかで具体的な地域生活の必要がそのつど作り出す社会的過程として存在

しているのである（池田 1986：36）。

つまり，水の商品化とは，ローカルな社会関係や生活の場から水を切り離していくプロセスであり，水利用・管理をめぐって形成されるコンフリクトは，水の商品化をめぐる価値・規範の問い直しでもある。池田は，水利慣行を新たな問題の位相に再定位することを可能にし，現代的な水問題について「水の商品化」をキーワードに再構築した。現在の地域社会における水利用・管理をとらえなおす場合，ローカルな水利用・管理に固有の論理を解明するだけでなく，水の商品化の文脈におけるコミュニティの水利用・管理の状況とそこでの力関係のダイナミズムを問い直す必要がある。

水の商品化という水利研究の視点は，近年，コモンズ論的視点から水管理制度を論じている新制度学派のE．オストロムらによる水研究の問題関心にリンクする（Ostrom 1992, Ostrom et al. 2003, Shivakoti et al. 2005）。ここでは，水の商品化や水の私有化を背景にして，地域の共有資源利用制度の持続性を支える要因と持続的な制度設計のための手続きが問題化される。オストロムは，持続的な共有資源管理制度の設計原理として，①明確に定義された境界，②占有と供給ルールの適合性とローカルな条件，③集合的選択の取り決め，④監視，⑤段階的制裁，⑥紛争解決メカニズム，⑦組織化権の最低承認，⑧入れ子状の構造を提示した（Ostrom 1990：90）。ここでは持続的な水管理制度の条件整備をはじめとする制度的手続きの解明が目指されている。

これらの研究の多くは，資源を持続的かつ公正に配分・再配分するシステムとして，機能論的あるいは目的論的にローカルな資源利用システムをとらえる傾向にある。たとえば，ローカルな水管理制度の持続性は，番水制（block rotation system）や上・下流の用水主体間（head-enders/tail-enders）のコンフリクト回避のしかけを中心とする水配分を詳細に論じることで代替される。

しかしながら，資源を配分するためには，その前提として，資源の境界設定や資源を利用する人びとの境界設定が不可欠である。水資源の境界は，自然環境に規定されながらも，コンフリクトをつうじて形成された社会的構築物である。歴史的に構築されてきた資源の境界と資源利用における人びとの境界をめ

ぐる「正当性」が改めて問い直されなければならない（宮内編 2006，菅 2005）。

　さらに，不可視な水や地下資源のように，資源の境界が確定できず，資源を分割すること自体が意味をなさない資源をどのようにとらえるかという，資源の「分割不能性」をめぐる問題も残されている。水資源を分割可能なものへと転化する商品化に対して，資源を分割不能なまま共有する規範は，どのような文脈や状況でどのようにして形成され維持されるのだろうか。この問題に対しては，灌漑用水を中心に農業生産の観点からのみとらえてきた既存の水利研究のアプローチではなく，生活用水も含めた水のネットワーク全体を問い直すアプローチが必要となる。

　水の商品化が，コミュニティやむらをこえてリージョナル，ナショナル，グローバルに展開されてゆくと同時に，地域社会内部では末端の小規模な水利組織や個人にまで浸透している現在，そこに資源利用の共約可能性を見出すことはできるのだろうか。この問いに応答するには，水の商品化やローカルな知をめぐって競合する規範を生成・再編していくプロセスとして，ローカルな資源利用システムを読み直してみることが必要である。

　そこで個人レベルでの具体的な水利用のダイナミクスと重層的な水利用の内実に着目してみよう。不可視な水の利用において生成される微細な力関係を明らかにすることをつうじて，不可視な資源利用の境界性と規範を生成する個人的工夫と共的なしかけを提示することが可能になるだろう。棚田地域では，自然条件の地域的差異が平場地域以上に大きく，また外部からも多様な人びとがかかわっており，多様なニーズがひしめきあい，潜在的ニーズの掘り起こしも同時に行われていた。棚田地域の資源利用を検討することは，既存の規範からズレるものを排除してしまう同質性を前提にした閉じた共同性ではなく，規範そのものを無化したり組み替えたりして異質なものを排除しないような開かれた共同性を生成するあり方を問い直すことを可能にするだろう。

　これまで第 1 章から第 4 章までをつうじて，近代化以降，棚田／里山という空間がどのように変化し，どのようなアクターによっていかに再構築されてきたのかを考察してきた。とくに第 4 章では，棚田景観の表象に着目することに

よって，景観の政治化と呼ぶことのできるプロセスを描き出した。ここでいう景観の政治化とは，景観が国家権力によって政治的に構築されてゆくプロセス，およびそこではたらく力関係を意味する。景観とは，身のまわりについての視点を定めるさいに拠ってたつ内なる世界であり，記憶と時間性をもった場所である（アーリ 2006：237）。そして場所はパフォーマンスのシステムであり，ダイナミックで頻繁に移動するものである[*10]（アーリ 2006：xiv）。景観の政治化に着目することによって，空間にはたらくマクロな政治や権力を可視化できるだけでなく，そうしたマクロな力に拮抗・折衝しながら景観を変化させたり，再編させたりしてゆく人びとのミクロな実践をもとらえることが可能になる。

5-3 東アジアの水環境史にむけて

　最後に，これまで本書が描き出してきたローカルな水環境史を，世界的な水資源問題という，より大きな枠組みのなかに位置づけておこう。
　現代の東アジアでは「圧縮された近代化」（Chang 1999）という状況のなかで，人びとは生を営んでいる。「（韓国や中国の例のように）「圧縮された」近代において，第一の近代の発展——ヨーロッパの文脈では第一の近代は150年以上にまで拡張していた——と第二の近代への移行（つまり個人化，リスク，コスモポリタン化の過程）は，10〜20年という短期間のうちに突然に，ほぼ同時に行われた」（ベック他編 2011：83）。「拡張された」ヨーロッパの近代化と対比される「圧縮された」東アジアの近代化では，第一と第二の近代の個人化過程によって生ずるリスク，不安（不安定性），不確実性，脅威をうまく処理するうえで，どのような種類，どのような性質の保障（安定性）が，個人，集団，階級に提供されうるかということが問題となる。つまり，リスク保障の処方箋が問い直される。
　グローバル化が世界を席巻するにともなって，リスク保障の処方箋はローカ

ルな場で強く要請されるようになっている。世界の水資源利用をめぐる問題の構図は大きく二極分化している。ウォータービジネスに象徴される水の私的所有化・市場化という潮流が席巻する一方で，その対抗軸として生存・生活の基盤であるコミュニティに根ざした水の共同利用・管理システムを再構築する潮流が形成されている。こうした流れのなかで，日本におけるコミュニティを基盤とする共的な水利用・管理システムは，今後の水資源管理のオルタナティヴな方向性として参照され，持続的な水資源利用システムの再構築という大きな可能性を秘めている。

1990年代以降，ネオリベラリズムによる私有化と市場の自由化が，水の商品化・私有化という「新たなコモンズの囲い込み」（シヴァ 2003，ハーヴェイ 2005，Ahlers 2005）を広範に生み出した。その結果，水資源へのアクセス権の格差と不平等がますます広がっている。水は商品化される資源に転換されると同時に，人びとの生存と生活をささえる権利の基盤でもあるため，反グローバリゼーション運動やオルタナティヴなグローバリゼーション運動が展開している。水資源問題は，一地域内部での資源配分の問題にとどまらず，新自由主義の「略奪による蓄積（accumulation by dispossession）」への抵抗という広範な問いを提起している（ハーヴェイ 2005）。

新たなコモンズの囲い込みにより排除された人びとは，自らの権利を正当化するための根拠として「コモンズ」（資源の共同利用制度）を戦略的にもちいて「共有財産の奪還」を目指す。資源論のなかでも，とくに近年の研究蓄積が著しいコモンズ研究は，資源にはたらきかけつづける人びとの権利を共同占有権としてとらえかえし，法制度化されない資源の共同利用・管理のしくみ（コモンズ）を人びとの抵抗手段とその根拠として提示するという実践的な役割を担ってきた（秋道 1997, 2004, 井上・宮内編 2001, 嘉田 1997, 菅 2006, 鳥越 1997, 宮内 1998, 2001a, 2001b など）。

本書でも，コモンズ研究と問題関心を共有しているが，水利用や山林管理における近代化の動きを一方では受け入れつつも，ローカルな資源利用のしくみを巧みに使い分ける人びとの生活実践に焦点をあててきた。たんなる抵抗の手

段としてコモンズや共同資源利用・管理のしくみを論じるのではなく，コモンズの根底にあるコミュニティそのものを問い直し，コミュニティで繰り広げられる1人1人の生きざまをとらえかえすものとして共同資源利用のあり方を論じてきた。棚田で暮らす人びとの生活に根ざした論理からみえてきたものは，災害というむらの生活を根幹から揺るがす予測不能な状況に対応するための共同的なしくみであり，個人的な知識の蓄積をうまく活用した自然とのつきあい方であり，そうした自然とのつきあいを介在させた人と人との関係のとり方であった。

近年のコモンズ研究では，ローカルな資源利用のしくみを持続的な資源保全機能を内在するものとしてとらえて制度設計を行うというエンジニアリング的な志向が目指されている。しかし，ローカルなしくみを過大評価したり，環境保全的機能をコミュニティが本来的に内在しているものだという誤った前提のもとで制度設計を行ったりすることには，きわめて慎重でなければならない。なぜなら，ローカルなしくみをいったん制度へ回収しようとしたとたんに，個人の融通無碍さや柔軟性やリスクへの許容度といった曖昧な領域の存在は，排除されてしまうからである。制度設計という工学技術的な問題に回収したとたんに，ローカルな生活知をはなれて計算合理性と予測可能性の問題へとすりかわる。そもそも計算不能で予測困難な状況や，地域固有の分割不能な資源や想定外の存在は排除され，近代的な合理性へと収斂されるというリスクをはらんでしまう。

地域の人と自然とのかかわりの変化によって，コミュニティは資源・環境保全的機能をはたすこともあれば，災害のリスクを高めて環境破壊的な機能をはたすこともありうる。同様に，地域の人と自然とのかかわり方が変化すれば，コミュニティが地域環境管理主体としての役割を担うこともあれば，地域環境管理主体が不在の状況が生み出されることもある。本書では，人と水とのかかわりの変遷に焦点をあてながら，コミュニティとともに人びとがどのように生き抜いてきたのか，またこれから生き抜いてゆこうとするのかを描き出してきた。制度化されないしかけと，制度に還元できない個人の生の多様性を含み込

んだ水利用のあり方は，これまで自明視されてきた資源の所有権・利用権さらには権利主体の正当性についても再考を迫るものである。それと同時に，これまでコモンズ研究の射程におさめられてこなかった地下資源や地下水など不可視で分割不能な資源の存在をも浮かび上がらせる。今後の課題は，日本の棚田地域の経験を，韓国や中国の「圧縮された」近代との対比においてとらえなおし，さらに東アジアにおける水環境史を描き出すことである。

注
*1 宮本常一は，本章で紹介した事例のほかにも，次のような事例を紹介している。
「町人請負新田や公儀開作のように大規模にひらかれたところでは，開田がきわめて計画的で，ひらきのこしの土地も少なかったが，個人の力で，山麓や谷間をひらいていく場合には余力があれば，その周辺をさらにいくらでもひらくことができた。茨城県霞浦にある浮島では島の周辺の芦原は，村のゆるしを得ればだれがひらいてもよく，貧しい者や二，三男たちが，ここをひらいて田にしたというが，そういう田をホマチ田といっている」（宮本 1973：111）。
「土地によっては破産したものを村内の一定の土地へしばらく移住させて，立ち直って来ると，またその住家へ戻らせる方法をとることもあった。これがはっきりしているのは瀬戸内海の島々である。属島のうちに拓くべき余地をもったものがあると，そこへ人を移住させて，立ち直るまでは税もとらず，賦役にも出さず，働いて得たもののすべてが自分のものになる。すると数年のうちには借銭のかえせるまでになるものであった。このような島を困窮島といった。山口県沖家室島の属島大水無瀬島，愛媛県二神島の属島由利島，香川県小手島などはそのよい例である」（宮本 1984：22-23）。
*2 上仰木は，1965（昭和39）年3月9日に，地すべり防止区域として64.34haの指定面積を設定された。上仰木Ⅲ期地区では，1999〜2004（平成11〜16）年を工期として，総事業費3億3,000万円もの事業がなされている。昭和30年代に作られたとされる「仰木低区配水池」（容量3,150m³／月）では水量が不足するため，1999（平成11）年5月に「仰木高区配水池」（鋼製2,500m³，容量3,700m³／月）が増設され完成した。
*3 地すべりは，土地の一部が地下水などに起因してすべる現象，またはこれにともなって移動する現象と定義される。大きな被害を起こす土砂災害のうち「がけ崩れ」との相違点は，①特定の地質に関連して発生し，粘土などの滑りやすい面を境

にその地面全体がゆっくりと動く，②5〜20度のゆるい斜面に発生する，③土砂は攪乱されず，原形をたもちつつ移動する場合が多い，④発生前に，亀裂・陥没・隆起や地下水の変動が生じる場合があるが，急激に土地の移動を起こす場合もある点で区別されるという（http://www.pref.shiga.jp/g/noson/taisaku/newpage 2.htm 参照）。

　仰木の地すべり指定地区の詳細は以下のとおりである。仰木1丁目字前村，仰木2丁目字棚田・字五社ヶ谷・字八王子・字天社門・字前村・字辻・字葉廣・字神門・字高野・字細道・字大堂・字瀬戸村・字御所，仰木3丁目字辻，仰木4丁目字細道・字大堂・字瀬戸村・字御所。

＊4　また公共の利害に密接な関連を有するもので地すべり等防止法第3条で地すべり防止区域として指定された地域のことである。滋賀県HP（http://www.pref.shiga.jp/g/noson/taisaku/newpage 2.htm）にて，地すべりの定義を参照。地すべり地帯を示した図も同HPより引用。

＊5　資源は，所有に着目すると，誰でも利用可能なオープン・アクセス資源，公共の資源，コミューナルな資源，私的所有の資源の4つに区分できる。たとえば，棚田は私的所有の資源，灌漑用水や生活用水はコミューナルな資源，灌漑用水源になる河川は公共の資源，棚田景観はオープン・アクセス資源に分けられる（浅子・國則 1994：76）。

＊6　こと水に関して「水はプライベートかパブリックか」という，いわゆる「公水」「私水」議論が，河川法の制定を背景に明治20年代に起こった。水田農業の場合「水を使えるか使えないかということは集落の成員権と表裏一体の権利」とされていたために，村落での生業実態から，水を個別の所有にすることは原理的に不可能だった（嘉田 2001：263）。ここでは生活の必要に基づいた生活者の抵抗によって，水所有の「公／私」区分が見送られた。

＊7　近代化や国家権力による，ローカルな社会関係の分断と生活の文脈への再埋め込みも論じられた。たとえば，近代化の過程における湖辺集落の水利用の変遷を論じた生活環境主義では，経験論の立場から，ローカルな知（local knowledge）に根ざした地域住民の抵抗や融通無碍さが明らかにされた（鳥越・嘉田編 1991，古川 2004）。

＊8　村落社会研究において，水利の共同は，入会林野の共同とあわせて，村落社会結合の契機のひとつとして非常に重要な位置を占めるものと考えられてきた。中村吉治が指摘するように，水稲作を中心とする村落では，農業生産にとって用水の確保が不可欠であるにもかかわらず，それら用水は完全に分離して利用することができないため，用水主体の側が結合・共同せざるをえない（中村 1956）。これは，柳田

国男が指摘した農業水利の構造的特質である集団と個の矛盾，すなわち「村方」を主体とする農業水利の集団性と，農業経営の個別性との構造的二重性の指摘に明確に現れる（柳田 1907）。

＊9　1975（昭和50）年に『ソシオロジ』で「水とムラ」と題する特集が組まれ，日本と東南アジアでの水利近代化によって村落や水利慣行がどのように変化しているのかが論じられた。伝統的な水利共同関係の問い直しを図っているにもかかわらず，農業用水を中心とする生産論的なアプローチにとどまっており，生活の場での水利用や，農業用水と生活用水利用との連関へと水利研究を展開するにいたっていない。近年では，村落研究において，都市の地域用水／環境用水を研究する動きも現れている。

＊10　アーリによれば，社会制度を集積させ，領域としてのそれぞれの社会を取り囲む明確かつ管理された境界をもつさまざまな社会が存在していることを意味する（アーリ 2006：57）。

補論

子ども水環境カルテ

1　井戸を媒介する水脈と人脈

　戦後，コレラや赤痢など感染病予防という衛生学的側面から井戸水利用が問題にされるようになり，昭和30年代から近代的水道（上水道・下水道）が全国的に普及しはじめた（小野 2001）。ただし，東京や大阪などの大都市部では，明治期から大正期にかけて上水道の設置が進められた。蛇口をひねれば水が出るという生活が広まり，上水道が整備された生活が近代的な生活であるというイメージが共有されていった。水道普及率は，1960（昭和35）年には全国で50％をこえ，1960年代後半にはどの家庭でも水道のある暮らしがあたりまえの日常の風景となる。

　滋賀県では，戦後，昭和40年代以降，上水道事業が展開し，1975（昭和50）年ごろにほどの家庭にも水道がゆきわたるようになった。滋賀県の水道普及が，全国の水道普及から少し遅れている理由は，日本最大の湖である琵琶湖があり，琵琶湖の水利用が長く行われていたことが大きく関係している。1980年代後半でもなお琵琶湖の水や井戸水・山水を生活用水に利用している人たちが少なからず存在していた（水と文化研究会 1998）。

　上水道の導入という生活用水の水道化とほ場整備事業という農業用水の水道化は，どちらも公共性をそなえた事業の一環として並行して進められた。琵琶湖の湖西部に広がる棚田地域の仰木は，1967（昭和42）年4月に堅田町と合併し大津市仰木となる。当時の大津市の人口は14万7,724人，3万4,799戸である。仰木では，上水道が入る前に，上仰木簡易水道と下仰木簡易水道が引かれた。簡易水道は1962（昭和37）年12月に竣工している。聞き取りによると，カミ（上仰木，辻ヶ下）とシモ（下仰木，平尾）というまとまりで事業が行われた。このときの給水戸数は，仰木全体で586戸（1969（昭和44）年4月時点）であった。[*1]

　1973（昭和48）年3月に「大津市北部上水道拡張事業」が行われ，仰木町にも上水道が導入された。この事業は，北部地域近隣5ヵ所（龍華，下龍華，南庄，上仰木，下仰木）を新たな給水対象にして行われた。この時点での仰木の

給水人口データは残されていないが，聞き取りからもほぼ全戸数が加入したとされている。ただし，上水道導入後もしばらくは，洗い物をするために井戸やため池が使われていた。井戸やため池が本格的に放棄されるようになった契機は，昭和50年代半ば以降の「仰木ニュータウン」建設であった[*2]。現在の仰木の里にあたる地域一帯の里山の住宅開発を背景に仰木で大々的に行われた住居の建て替えであった。里山林を宅地開発すると同時に，どの家も茅葺屋根から瓦屋根の家にこぞって建て替えていった。隣りの家がするならわが家もと，先を争うように次々と家が建て替わり，町並みはみるみる一変していったという。それまで玄関わきにあったウマ小屋や土間やオクドサンは，家の建て替えと同時に潰された。家の立替時に台所を作り直すところが多く，多くの家で井戸にフタをしていったという。ところが，井戸を完全に埋めてしまった家は少なく，いまでも地下水脈を殺さないように水とかかわりつづけている。

　水と文化研究会は滋賀県と京都府で，人びとの水とのかかわりの知恵と技を次世代に継承するために，「子ども水環境カルテ調査」を実践してきた。筆者は下仰木と辻ヶ下を対象にして，仰木小学校・仰木の里小学校・堅田小学校の子どもたちと一緒に子ども水環境カルテ調査（井戸たんけん）を行った。2005（平成17）年10月から2006（平成18）年9月にかけて，井戸の深さ，ポンプの有無，1955（昭和30）年ごろと現在の井戸利用の変化，災害時の対応，もらい水などについて聞き取りを4回行った（参考資料13参照）。井戸たんけんで回れなかった家は，補足調査で筆者が個人的に聞取調査を行った。上仰木と平尾については，個人的に行った聞取調査を主体に，子どもたちとの井戸たんけん数回をあわせて井戸分布マップと井戸たんけんシートを作成した。

　調査戸数180軒中，井戸のある家は113軒で，井戸のない家は67軒であった。辻ヶ下と下仰木の井戸は全部で158あり，うち現在でも使っている井戸は半数弱の65で，涸れた井戸は3だった。使っていない井戸の多くは「神さまの息抜き」のフタをしてしめているところが多いが，小さなポンプを設置して非常時に利用できるようにしているところが多かった。このほか，むら共有の池と個人の使い池を合わせて，辻ヶ下と下仰木にため池は9つあった。

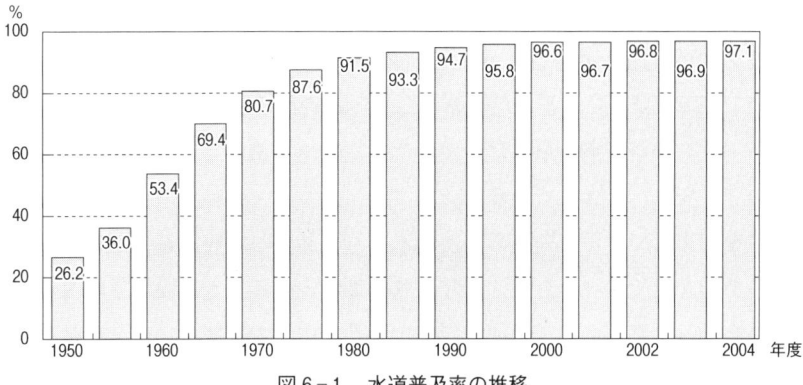

図6-1　水道普及率の推移

出典：厚生労働省健康局水道課 http://www.mhlw.go.jp/topics/bukyoku/kenkou/suido/database/kihon/suii.html

注：水道普及率＝総給水人口／総人口。
　　ただし，総給水人口＝上水道人口＋簡易水道人口＋専用水道人口。

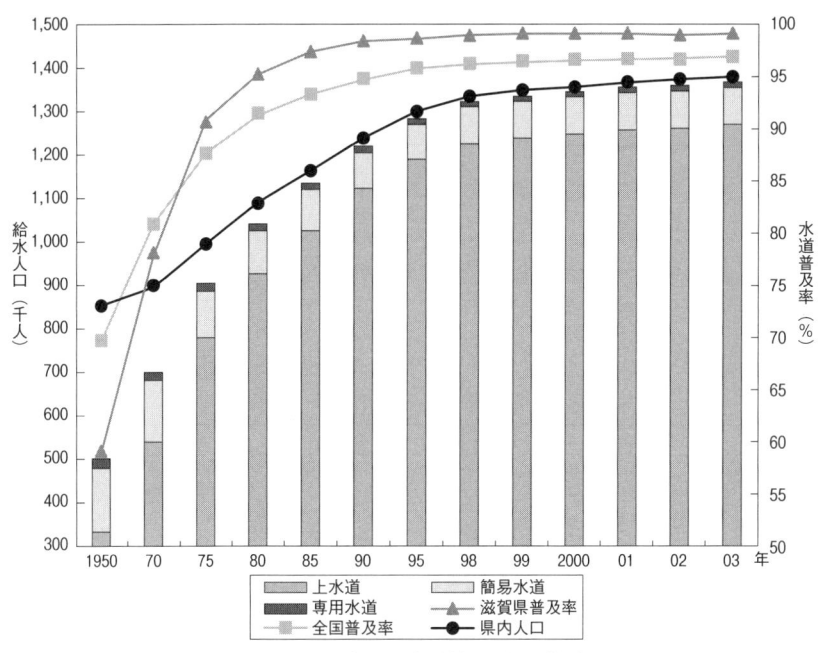

図6-2　滋賀県の水道普及状況の推移

出典：滋賀県県民文化生活部生活衛生課 HP「滋賀県の水道」2004年（http://www.pref.shiga.jp/e/seikatsu/suidou/shiga-suidou/h15/suii.html）より，一部改変。

補論　子ども水環境カルテ

写真6-1～3で示すように、仰木道の街道沿いに井戸が分布している。井戸がない家は、簡易水道が引かれた1962（昭和37）年以降に分家もしくは新築してインキョ（隠居）家としたものであり、水道以前からある家ではすべて井戸があった。井戸がある家には、使っている井戸・使っていない井戸・涸れた井戸の3つをすべて含んでいる。

　井戸を利用している家のうち、飲み水として利用している家は数軒ほどで、ほとんどの井戸では「土もの」と呼ばれる畑からとってきたばかりの土のついた野菜を洗ったり、農作業で泥のついた農具を洗うのに使ったり、もしくは庭の水やりや洗車に使っている。

　「ひとつの井戸にひとつの水路」といわれるほど、隣り合っている家でも水脈はまったくちがうのだという。井戸から湧き出す水の量と水の質は、水脈によってまったく異なる。井戸の数だけ水の個性があり、水の個性だけ人びとのかかわりが多様になる。

2　「カミ」と「シモ」の伏流水利用

　仰木では、河川はすべて谷底を流れており、集落は尾根部につくられているため、川の水を直接生活用水に利用することはできなかった。普通、水は高いところから低いところへと流れるものだが、この地域を流れる水は少し「へそ曲がり」なのか、尾根部に地下水や伏流水が豊かに湧いている。地下水と伏流水が仰木の暮らしに欠かすことのできない生活用水であった。尾根に地下水が流れる要因として、この地域一帯が古琵琶湖層に位置しており粘土質の不透水層が関係していること、また尾根に水が湧き出すのは中国の雲南の棚田地域に広くみられる水利用と同様のサイフォンの原理によるものとも考えられているが、地質学的に解明されているわけではない。仰木は、尾根に水が湧く不思議なむらで、伏流水が豊かなために地すべりも多い。仰木のなかでもとくに上仰木では、これまでに幾度も地すべり工事が行われてきた。

写真6-1 子ども井戸探検マップ

写真6-2 井戸分布マップ（下仰木）

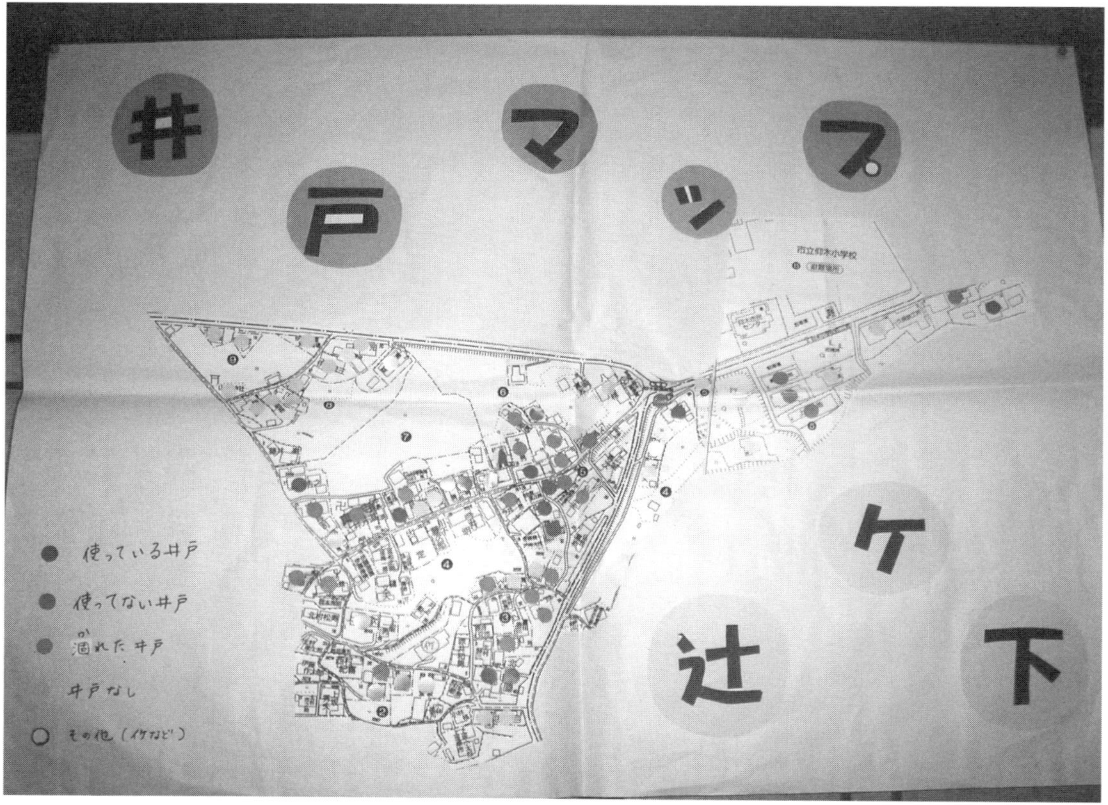

写真6-3　井戸分布マップ（辻ヶ下）

仰木には，急峻な尾根沿いに並ぶほとんどの家に井戸が掘られている。「男一代で，家一軒，井戸一つ」といわれるほど，井戸を掘るのは一戸前になるには欠かせない仕事とされた。井戸とため池を家の庭先に掘って生活用水に利用してきた。カミ（上仰木・辻ヶ下）では，飲み水に使う井戸を「イド」と呼び，洗い物に使うため池のことを「イケ」と呼んで区別する。ところが，シモ（平尾・下仰木）では，飲み水に使う井戸も洗い物用のため池も，どちらも「イケ」と呼んでいる。呼び名は，カミとシモで異なるが，伏流水や山水を利用した井戸やため池の使い方には，共通するところが多いので，下仰木でのイケ利用を中心にみていこう。

　下仰木にある豊岡神社は，鬼門にあたる地点に祀られている。そのため，神社の井戸は，ムラにとっても特別な存在で，たいへん大切にされてきた。深さは15mほどで，長い間使われていないが，いまでも水がコポコポと湧き出している。この井戸は，1924（大正13）年に竣工して，手間人数57人と記載されている。いつ何人が夫役に出たかということが井戸の上に詳細に記録されている。写真6-4のように井戸に小屋がついているものは「水屋」と呼ばれている。

　下仰木は現在150戸ほどあるが，このうち100戸に「井戸」があるといわれている。ひとつの家に2つ井戸をもっている場合もある。ほとんどの井戸が現在では使われていないが，たとえ家を建て替えても井戸は埋めて潰してしまわずに残している。蓋をして使われなくなった井戸にも，いまなお水が湧いていて，少し手入れをすれば使えるものが多い。

　下仰木には，井戸とならんで「ため池」も多かった。オシメなど「シモ」のものだけを洗うイケもある。シモのものは，けっして下流に流してはならないため，こまかな区別をしてきた。いまでも石で作られた2～3段の階段と洗い場が残っていて利用することができる。ここでは，たまに農具を洗ったりすることもあるという。

　いまでは「ため池」は，防災を目的とする防火水槽にかわっている。ため池の正面ややななめ向かいには，かならずといっていいほど「お地蔵さん」が祀られている。ため池の管理は，愛宕講と呼ばれる火の神様の守りをする人たち

写真6-4　豊岡神社の井戸

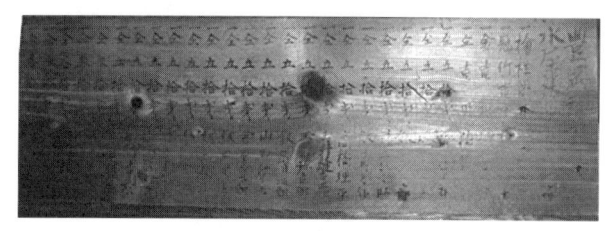

写真6-5　夫役の記録

写真6-6　井戸の水汲み体験

が行っており，愛宕講の人たちが，お地蔵さんの守りもしている。実際，下仰木では，地蔵講と呼ばずに愛宕講と呼ぶ場合が多い。仰木のなかでも，下仰木と平尾は，とくに地蔵の数が多い。集落の辻ごとに祀られている地蔵のほかにも，家ごとに玄関先に地蔵を祀っている。家ごとに祀られている地蔵は，だいたい子どもの数に近いが，多少のずれはある。織田信長の比叡山焼き討ちで亡くなった人たちの魂を鎮めるために仰木には地蔵が多いのだと語り継がれている。

仰木は，昔から火事によく見舞われてきたので，「火」に対応するために，ため池がたくさん作られた。ため池には「水」の神さまという意味が込められていたのだろう。庶民の暮らしに一番近いところにいる神様ということで，地蔵が祀られているのかもしれない。

このほかにも，特殊なイケがいまでも残されている。大きな石臼のようなものがイケと呼ばれて，冬の牛の飼料を作る場所だった。この家では，牛をたくさん飼っていたので，冬場に牛の飼料をたくさん蓄えておかなければならなかった。夏のあいだに刈った草をこのイケのなかに漬け込むと，発酵して漬物のような状態になる。これを冬のあいだの草がとれない時期に牛たちのエサにしていたという。井戸水を利用した飼料はなかなかおいしかったようで，牛たちは喜んで食べていたと楽しそうに語られる。仰木町では，どこの家でも牛を玄関先の「ウマ小屋」に飼っていて，牛も家族の一員もしくは，それ以上に大事にしていた。

上水道が導入された1967（昭和42）年まで，平尾の暮らしには「1軒に3つのイケ」が欠かせなかったと語られる。イケがないと日常生活が成り立たないから，まずなによりも大事な存在だった。

3つのイケとは，第一に「飲みイケ」と呼ばれる掘り抜き井戸で，おもに飲み水に使われる。また，お米をといだり，洗いものの「ゆすぎ水」にしたり，風呂水や洗たくにも使われる。第二に「ツカイイケ（使い池）」と呼ばれる，山水や伏流水をひきこんで掘られたため池である。ツカイイケでは，野菜の泥をおとすアラアライ，農作業で泥のついた鍬や鋤を洗う，田植え前のもみ殻を

写真6-7　イケの神様

写真6-8　オクドさんもいまなお現役

写真6-9　牛たちの井戸

つけておく池として使われる。これは飲みイケのすぐ横におかれていることが多い。第三に「センジャイケ」と呼ばれるため池で，家の裏に作られることが多く，汚いものやシモのものを洗う場になっている。

　地域の人たちが「イケ」と呼ぶものには，井戸とため池の2種類が混ざり合っている。井戸もため池も，伏流水と地下水を利用しているので，どちらもイケと呼ばれる。ただし，井戸の水はカミのものに使い，けっしてシモのものに使うことはなく，この区別を「キヨツギ」と呼ぶ。イケと一口にいっても，飲みイケ，ツカイイケ，センジャイケというふうに，カミとシモの区別をこま

かくして，シモに流す水にはしっかりと気をくばっていた。井戸水は風呂水にも使っていたが，風呂水くみは，子どもの仕事と決まっていた。子どもは田んぼで遊んでいても，風呂水くみの時間になると遅れずにもどってきたという。

飲みイケは，雨が降ったらすぐに水がたまり，枯れて困ることはなかった。飲みイケの水を，壺にくんでおいて，台所の洗い物の水に使っていた。洗い物に使った水は「スイモ」（スイモンの略）と呼ばれるところに水をためておき，肥えをうすめる水として使っていたともいう。スイモは，1975（昭和50）年ごろまで残されていたが，1980年代以降の近隣の住宅開発を背景に，ワラの草葺屋根を瓦屋根に建て替える建築ブームでなくなっていった。しかし「井戸の神さま」には，いまでも松をお供えして，しめ縄を立てている。正月には松飾りと御神酒をお供えする。

3　井戸水と女性の暮らし

飯田一枝さん

飯田一枝さんは，1927（昭和2）年生まれで，生まれも育ちも下仰木である。明治生まれの祖母に育てられ，祖母から聞き伝えでおぼえた仰木の歴史や子守唄を語り継いでおられる。下仰木の社寺の由来にもくわしく，観音講にも熱心で，全国大会に出場された経験もある。飯田さんにはじめて出会ってお話を伺った時，「馬場（バンバ）の桜，御所の山，後ろにそびえる比叡山，前に鏡の琵琶のウミ，豊けき里の仰木村」と，まるで詩でも朗読するかのような語り口調ですらすらと詠われた。「自分の心もちが悪いと琵琶のウミもにごって輝かん」といい，自分たちの生き方と心がけがまわりの自然のあり方，自然の見え方にかかわっていると，身体で感じとって生きてきたのだという。自分の暮らしのまわりにある自然と生きものたちのことを大事にして，ていねいに一日一日を暮らしておられる。

飯田一枝さんの家におかれている井戸は，1965（昭和40）年ごろまでは，飲み水・食器洗い・野菜洗い・米とぎ・洗顔・お風呂・洗たく・草花の水やりに

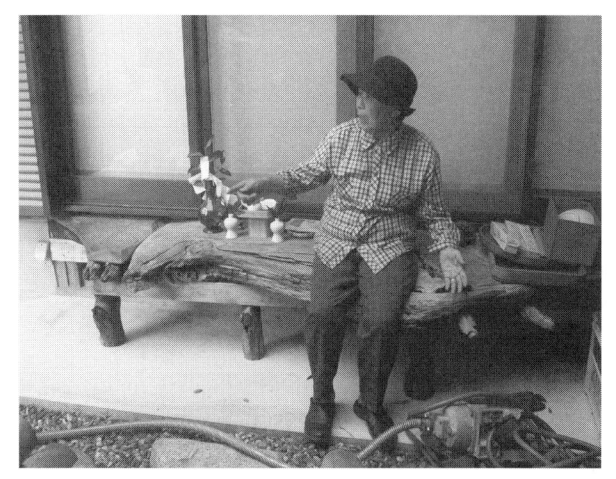

写真6-10　飯田一枝さん

写真6-11　井戸のお供え　　　写真6-12　井戸は心を映す鏡

使っていた。その当時は，大便も小便も，台所の洗い水をためたスイモンの水でうすめて畑にまいて，一滴の水も無駄にすることなく利用していたのだという。いまでも井戸水は，草花の水やりや畑で使った農具を洗うのに使っている。

　飯田さんは「昔からなぁ，イケの水が澄んでいると，家族が円満で平穏やという。でもイケの水がにごると，家族に不和や不調が起こるゆうて，イケの水はそれは大事に大事に使って，掃除もして，お祀りもしてたんよ」という。イケと呼ばれる井戸のまわりには，井戸の神さんにお供えをするお酒とサカキがおかれていた（写真6-11）。井戸をのぞきこむと，かなり深いが，少しにごり

ながらも底の方まで見透すことができる。この井戸は，仰木に多くみられる井戸と同じで，大きい石や小さい石をうまく組み合わせて作られている。[*3]

下仰木では，井戸のことを「イケ」と呼んでいる。ため池のこともイケと呼んで，どちらも同じ伏流水を利用している。ただ，ため池は，雨水や水路の水，それに山水もすべて引き込むというちがいがある。井戸にはツルベがついているが，ツルベは高級なものだと鎖でできたものがあって「カランコロン，カランコロン」と美しい音がし，この音の記憶がいまでも耳に残っているという。

北村キヨさん

仰木の中央部を流れる天神川をくだっていくと，琵琶湖に流れつく。逆に天神川の上流をどんどんさかのぼっていくと，クラオカミノカミと呼ばれる水神さまをお祀りしている滝壺神社にたどりつく。1971（昭和46）年9月の洪水が起こるまで，滝壺を少しくだったところに，仰木（上仰木）の一番上流の住居があった。仰木で一番はじめに水を利用する家に住んでいた北村キヨさんと娘さんの西村ナツエさんによると，昔の水利用のとりきめは厳しかったという。

最初に川の水を利用する北村さんの家では，水のシマツにたいへん厳しかった。北村さんの使った水が，すべて下（シモ）に流れていくので，川の水の使い方にはじまり，使った水の流し方，とくにシモのものの始末には，たいへんこまかな気配りをしなければならなかった。

北村さんは，ヤマの水と呼ばれる伏流水を飲み水に利用していた。チュウベエ（屋号）の横のショウズも飲み水に利用していたという。上仰木には，だいたい1戸にひとつ井戸があったが，なかには井戸のない家もあった。そのため，井戸のない人たちは「もらい水」をしてまわらなければならなかった。

井戸の「もらい水」は，農作業がはじまる前の夜明け前から，大きな壺かバケツをもって，水がきれいでよく湧く井戸にもらいにいくのだが，1日に必要な生活用水は，1回運んだだけではまったく足りない。重い水を肩にかついで，急な下り坂でこぼさないように気をつけて，何度も往復して運ばないといけなかった。こうした力のいる辛い労働が，なんと子どもの仕事だったとい

う。子どもが小さな壺を担いで，何度も往復していた。

　上仰木では「もらい水」について，こんな戒めの言葉がある。「井戸の水は，イケズしたら枯れる」「水は人にあげれば，よう出てくる。人にあげるほど，よう湧いてくる」。井戸の水は，使えば使うほど，水の湧きがよくなり，おいしいきれいな水になるといわれている。ところが，イケズ（意地悪）をして，もらい水にきた人に水をあげないでいると，水は湧かなくなるのだという。井戸水を使って水位がさがると，また自然に伏流水が集まってきて水が湧いてくるということがわかっていたのだろうが，人と人とのつきあい方として戒めている点がおもしろい。

　野菜を洗ったり，飲み水をくんだり，といった普段の生活の水利用は，井戸や「ツカイイケ（使い池）」と呼ばれるイケを使っていた。ただし，布団や毛布などは，家で洗った後，小椋神社の脇を流れている「宮さんの川」でゆすいでいたという。家族の人数も多いため，ゆすぐ場所の広さも水の量も，家の井戸やツカイイケではまにあわなかった。1年に1〜2回，夏のころ，水が十分流れている時期に行っていた。

　洗い物の区別にくわえて，シモへの水の流し方はこまかく決められていて，「カミのもの」と「シモのもの」の区別はしっかりとされていた。たとえば，オシメ洗いの水はシモのものだが，オシメについたウンコを便所に捨ててから洗い，この水はけっしてシモの人たちの水路に流れ込まないようにしていた。洗いものにもこまかく順番が決められていて，まず顔にふれる手拭いから洗って，その次に肌着やモンペなどの服を洗い，最後に下着を洗った。

　下着やオシメなどシモのものを洗うタライのことを「シモバケツ」や「シモダライ」と呼んで，服を洗うものは「カミのタライ」と呼んでいた。台所の洗いものは，カミのものになる。カミのタライやシモダライにも，さらにいくつもの大小のタライがあって，足を洗うタライや，台所のものを洗うタライというように，家のなかにはたくさんのタライがあった。

　農作業から帰ってきたら，まず大きいタライのなかに小さいタライを浮かべて，小さいタライのなかにお湯を張って，そこで手や顔を洗う。洗い終わった

ら，小さいタライの水を大きいタライの方に流し込んで，また次の人が小さいタライで顔を洗って，その水を大きいタライに移して，ということを繰り返す。家族全員が手と顔を洗い終わったら，大きいタライの方にたまった水で足を洗ったという。ドロドロに汚れた水も，外の水路に捨てずに，桶にためた肥えをうすめる水に使って，最後の一滴までむだにすることなく利用していた。

仰木では，山だけでなく，田んぼの土手沿いにも，ショウズ（湧き水）がたくさんあった。ショウズは，山ぎわや田んぼの土手ぞいの湧き水をさして呼んでいる。この湧き水は，農作業のときにお茶を飲むために使っていた。田んぼに行くときにヤカンをひとつもっていって，田んぼの土手のところに竹の筒をちょっとあてて，チョロチョロ流れてくる水をためて，お茶をわかした。

お茶の水はどこの水でもいいわけではなく，「あっこ（あそこ）の田んぼの水がいい」というのが，だいたいみんなわかっていて，土手や道ばたに湧いている水を利用していた。女の子は「お茶わかしができたら一人前」といわれていた。田んぼの近くにある芝草や柴を使って火をおこして，お茶をわかすのだが，一見簡単なようで，なかなかむずかしい仕事だ。

家のなかには「ツカイイケ（使い池）」と呼ばれるため池がたくさんある。ツカイイケは，ため池のことをさすが，湧き水や伏流水も流れ込んでいる。ときには，集落内を流れる水路の水を引き込んでいる場合もある。イケは，家のなかにあるツカイイケのほかにも，街道にそってたくさんあったという。イケには山の水が入っていることが多かった。ひとつのイケで1畳ぐらいの広さがあり，水路の水を入れるようにしていたという。このイケでは，雑巾を洗ったり，食器や野菜を洗ったりしていたが，飲み水には利用しなかった。飲み水は，飲み井戸と呼ばれる井戸から汲んでいた。

イケには，たえず水が流れていて，新しい水に毎日入れ替わっているので，いつもきれいな水だったという。そのため，ゴミあげの作業も，それほど重労働ではなく，家ごとに年に数回井戸さらいをすれば十分だった。

4　井戸のカミサンと水車の風景

　上仰木と辻ヶ下は，地すべり地帯に指定されるほど急傾斜地域に集落を形成している。傾斜が生み出す水の落差を利用して，昭和50年代までは，仰木全体で水車が16基もあったという。平尾と下仰木は，作業がしやすいように田んぼの近くに水車を1基ずつもっているだけだったが，急傾斜地に集落も水田も拓いた上仰木と辻ヶ下では，傾斜の大きなところを利用して大きな三連水車をつくっていた。水車は精米に使われており「水力」としてたいへん貴重な存在であった。集落のなかを流れる水路の水を利用して動かしていた水車は，基本的に上から水を落としてかけ流して回転させるものであった。

　10基以上の水車をもっていた上仰木では，水車番を組んで水車を管理していた。水車番は，夜中に米泥棒がこないように見張るとともに，水車の調子が悪くなったり壊れたりした時にすぐ対応できるように，順番に水車小屋に泊まり込んでいた。水車組には，水車番の順番と水車組に入っている人の屋号をしるした板があり，この板に水車小屋の鍵をつけて順番に家ごとに回していた。

　仰木町・辻ヶ下の佛性壽雄さんの家では，家を建て替えるときに井戸を完全に埋めず，井戸の上にフタをするようにコンクリートで固めたが，そのときに「パイプ」を1本出しておいた。将来ポンプアップして畑の水やりに使うかもしれない，という考えがあったそうだが，実際ポンプアップすることはなかった。

　じつは，このパイプには，もうひとつ別の意味がある。井戸を埋めるときに完全に閉じてしまうと，この「井戸の神さんが息をできなくなってしまう」ので，井戸のなかに外の空気をとおすために，パイプをつけているのだという。仰木の使われていない井戸のうち，ほとんどすべてに息抜きがついている。「井戸を埋めたら家が栄えない」「井戸はかならずどこか空けておかないとあかん，絶対フタしたらあかん」といわれている。井戸には神さまがいて「井戸の神さん」と呼んでいるが，正月に鏡もちをお供えして「井戸の神さんの祭り」をしていた。ところが，家の建て替えや水道化と同時に井戸を埋めるところが

多くなった。ツルベに使っていたバケツは，いまでは子どもたちの水遊びの道具になっている。

50年ほど前，仰木では，山の水を貯水して，むらの全員が奉仕作業で道を掘り，水道管を埋めて簡易水道を作り上げた。そのころは「一家に蛇口は2つ」と決められていて，台所と風呂場にだけ水道を引くことができた。現在は，琵琶湖からの逆水が上水道に利用されている。

「いまはバスがとおってる真迎寺の街道筋には，よい水が集まってくる。ちょうど尾根にあたるところになってるけども」。この言葉は，佛性壽雄さん

写真6-13　佛性壽雄さん

写真6-14　井戸の息抜き

写真6-15　かつての釣瓶，いまは孫の遊び道具

と一緒にたずねた佛性德二さんの口からふと出てきた一言だ。

　ところが20〜30年ほど前から，上仰木の「地すべり防止事業」で，地すべりの原因になる伏流水を集めるために深い井戸が掘られるようになってから，地下水の流れ方が変わってきているといわれている。実際に井戸が枯れてしまったところがいくつも出てきた。「水の道」は，防災対策のかげで分断されているようだ。

　佛性德二さんの家の石垣のあいだに井戸が掘られていて，上にはフタがされている。この井戸はいまでも水が湧いている。井戸の中をのぞくと，石が円形

写真6-16　井戸水を使って洗濯

写真6-17　イケの前の地蔵菩薩 　　写真6-18　いまでも井戸水が湧いている

補論　子ども水環境カルテ　　213

状に積まれている様子がはっきり見える。このほかにも上仰木には「イケ」や「ツカイイケ（使い池）」と呼ばれるため池を家ごとにもっている。ため池は、泥のついた野菜や農具を洗う場所だった。台所で「キヨアライ（清洗い）」する前に、泥を落としておく場所なのだという。こういう「イケ」が、だいたい10軒中1軒の家にあった。

　これらのため池は、上流からの「タレ（垂れ）」や「シケ（湿け）」（どちらも伏流水の意味）が集まってできたものである。仰木でよくみられる「漏れ水」（伏流水）利用である。竹で作られた「樋」は「ヒ」「ユ」「トユ」と呼ばれる。樋をつたう水は、湿気からできるから「シケ」とか、垂れてくる水なので「タレ」と名づけられている。ジワジワーっと湧き出してきたり滲み出してきたりする。タレやシケは1日もたてばすぐにタライ1杯にたまる。雨の日の後は、とくにこうしたタレやシケが多くなる。

5　「イケ」を媒介にしてつながる関係性

　仰木には、小河川やため池がたくさん作られていた。ため池の多くは、水田の灌漑用であったが、いまでは灌漑に使われなくなってしまったため放棄されたり、防火用水用のため池として利用されたりしている。

　仰木村誌によると、下仰木に作られた逢坂溜池は「字逢坂普通ニ溜池谷ト云フ所ニアリ明治三十三年玉井縫右衛門氏發起ニ成リ同三十五年六月ヨリ三十六年五月ニ至テ竣工セリ水面二反五畝歩ニシテ貯水量一千八百立坪灌漑反別三十町歩」と記載されている。非常に大きな溜池が明治時代に築造されていたことがわかる。[*4]

　このほかにも「岩谷2、姥ヶ谷4、奥野1、高岡3、金谷2、山ノ中3、杉谷1、三ツ木2、大堀3、中ノ宮1、辻1、上ノ平5、平原2、武ケ谷4、比良2、鳥毛1、梶田1、後谷2、南山鳥3、宮城谷1、箱谷2、下川原1、草地1、北向1、花ノ尾1、庄田2、馬場1、松原1、逢坂3、村内2、一円谷

214

1，生甫1，長野1，南月谷1，長坂2，梅ノ宮1，植田2，寺尾1，吉野3」(仰木村 1912)の溜池があり，先の逢坂溜池をあわせて合計73の溜池が作られていた。

「是等ハ何レモ始メヨリ灌漑シ能ハザルモノナレバ旱天ニ至テ漸補助シ得ルノミナリ」(仰木村 1912)と記されていることから，基本的には小河川や河川からの水路をもって灌漑し，干天時に補助的な灌漑用水として利用されていたことがわかる。

「一番いいところは田んぼに」という言葉で語られるように，まず，いい土があり，水もよい土地を優先的に田んぼにしていった。田んぼにできないような土地を集落にしていった。田んぼをしていれば，いいことばかりではない。棚田地域は，雨水だけで灌漑する天水田がたくさんある。天水田は，たいていジュクジュクしていたり，タレやシケが多かったりするのが特徴だが，雨が降らない日がつづくと，とたんにカラッカラにヒヤケてしまう。この地域で天水田のことを「ヒヤケ（日焼け）」と呼ぶのは，田んぼの性格から名づけられたためである。[*5]下流にいくほど漏れ水や湿け水などの伏流水が湧くので，水量が豊かになっていく。

伏流水や地下水は，先にみたように家の裏庭で，竹でつくった樋伝いにためて利用している。樋伝いの水はタレやシケと呼ばれる伏流水と地下水であり，代かきがはじまるころから水量を増していき，夏場の水が少なくなる時期と収穫が終わった後に，だんだん減っていく。地下水位の年間をつうじた高低差は，およそ2ｍにもなるという。

こうした不安定な水に対応するために，平尾では照りの日が数日つづくと，おもしろい工夫をしてきた。平尾には6つの町内会があり，10軒ずつぐらいに分かれて組を作っている。この組を単位にして，川の縁にイケを掘り，その水をくんで利用していたという。このイケ作りを「チョウワ」と呼ぶ。川沿いの水脈をうまく利用して，湧水を農業用水と生活用水に利用してきた。

さらに下仰木では，棚田の灌漑用水を河川に依存する一方で，ため池をたくさん築造してきた。下仰木の水利組織である川端（コバタ）井堰では，ため池

築造時の夫役に応じて河川からの水配分の割合が決められている。ため池は、ほ場整備がなされる以前は、河川灌漑の補完的役割として位置づけられていたが、棚田全体を灌漑するうえで非常に重要な役割を担っていた。ため池からの漏れ水や棚田からの漏れ水、さらに水路からの漏れ水・湿け水など、水路掃除を終えて灌漑をはじめるころから、集落のなかに張りめぐらされた水路は一気に水量を増しはじめる。

棚田の灌漑用水にもなる伏流水と地下水は、集落のなかを流れる生活用水路からの漏れ水や、各家に作られた井戸とイケからの「もれ水」や「たれ水」に大きくたよってきた。そのため、カミ・シモという水の区別は、河川と水路のように目にみえる水だけではなく、目にはみえない伏流水と地下水の利用と排水のしかたにも反映されている。

「イケ」という言葉に包含される関係性は、ため池のようにメンバー外部に対して排他性が強く、メンバー内部には平等性の高い関係性だけではない。棚田水利に直接関係するため池利用にくわえて、家ごとに作られている「飲み井戸」や「使い池」や「たれ水」のような生活用水利用の関係、生活排水がかりの関係もすべて含めて、「イケ」がかりの関係と認識されている。農業用水という「生産」のための水利用は、「生活」のための水利用とつながりあって存在してきた。それは、池や河川のように目にみえるかかわりであると同時に、伏流水や地下水利用のように目にみえないかかわりをも組み込んだ関係性を創出していたのである。

注

* 1 　簡易水道が導入された1962（昭和37）年当時、仰木は堅田町となっていたため、仰木の簡易水道事業に関する詳細なデータは残されていない。大津市企業局の資料と仰木での聞き取りをもとにしている。
* 2 　仰木ニュータウンは、住宅・都市整備公団（1981（昭和56）年10月1日、旧日本住宅公団と旧宅地開発公団が合併）が、滋賀県大津市北部において、土地区画整理事業方式により開発を進めている施行面積189ha、計画人口16,000人の住環境を目指した大規模な住宅開発である。事業の正式名称は「大津湖南部都市計画事業、仰

木土地区画整理事業」と呼ばれる。国鉄湖西線の開通（1974（昭和49）年）を契機に，多くの開発計画がこの地域に集中した。仰木地区においても，住宅開発を意図した大津市開発公社のほか，民間ディベロッパー数社による用地取得が進められていた。しかし，開発の前提として，防災上の諸問題をはじめ，湖岸からの景観保全，都市基盤の整備といった地域課題が横たわっていたことから，その解決のために個別開発を避け，地域整備を担うことのできる公的主体が一体的に事業を行うことが必要であると判断されたという。1977（昭和52）年までに公社が7割近い用地を取得し，土地区画整理法による一体的市街地開発を行うことが位置づけられた。1981（昭和56）年に正式に建設大臣の認可を受ける（川端 1982）。

*3　大きな石を組んで立派な石積みの井戸を作るにしても，一番大事な技は「ぐり石」をうまく組む技術だといわれる。石積みの縁から湧いてくる水をうまく取り込んで保つために，こまかい石を洗って，大きな石のあいだに詰め込んでいく。この小さな石を「ぐり石」と呼ぶ。「ぐり石」をしっかりしておくと，縁の伏流水をうまく引き込むので，なかなか水が減らないのだという。この地域では，井戸を掘るときは，井戸掘り専門の職人はおらず，ムラの者ならだれでも井戸を掘る技術をもっていた。いまでも60代以上の人であれば，実際に井戸を掘ったり石を組んだりできる。井戸を掘るときは，親戚や町内中の人たちが集まって，みんなで協力して掘っていた。いまでは，井戸を掘ったり，石を積んだりするには，独特の技が必要だと思われているが，実際この地域では，棚田の石積みも自分たちで補修していたため，井戸掘りも専門の仕事にはならずに，みんながある程度なんでもこなすことができたのだという。

*4　仰木村誌によると「明治三十四年ヨリ字逢坂ノ禿山五町歩ノ砂防工事ヲ施ス。同三十五年五月字逢坂　田養貯水ノ溜池ヲ新設ス」と記述されている。明治30年代の仰木の山林が禿山化しており，溜池新設と並んで砂防工事が重要なむらの公共事業として位置づけられていることがわかる。

*5　牛は，田んぼを耕す大事な労働力だった。下仰木のヤマドリという地名がつけられた場所に「フカダ（深田）」と呼ばれる田んぼがいくつかあった。その田んぼにはいつも水が湧いていた。40年か50年ほど前のこと，牛がフカダにはまり込んでしまったので，村の人が大慌てで何人も出てきて，木の棒をもって牛の腹の下に押しあてて，牛をなんとかひっぱりだしたことがあった。フカダは，今ではニュータウンになっているが，宅地造成の時，フカダにユンボが一台沈んでしまったという話も残されている。フカダはどこにでもあったわけではなく，広い棚田面積のなかに点在するようにポツポツとあったようだが，牛も機械ものみこむ田んぼを，一方で怖しい存在として感じながらも，おもしろおかしい話として，今でも語り継いでいる。

初出一覧

第1章　書き下ろし

第2章　山本早苗，2004「棚田における水利組織の構成原理と領域保全——滋賀県大津市仰木地区の事例より」『水資源・環境研究』16：21-32。

　　　　山本早苗，2007「棚田における水の共同性——琵琶湖辺集落・仰木1200年の歴史を刻むムラ」秋道智彌編『資源人類学——資源とコモンズ』第8巻，弘文堂：187-213。

第3章　山本早苗，2003「土地改良事業による水利組織の変容と再編——滋賀県大津市仰木地区の井堰親制度を事例として」『環境社会学研究』9：185-201。

第4章　山本早苗，2009「ローカルな協働による里山の再創造」丸山徳次・宮浦富保編『里山学のまなざし——〈森のある大学〉から』昭和堂：139-156。

　　　　山本早苗，2012「流域環境としての里山——琵琶湖辺コミュニティの取り組み」牛尾洋也・鈴木龍也編著『里山のガバナンス——里山学のひらく地平』晃陽書房：130-146。

第5章　山本早苗，2008「棚田に生きる人々と水とのつきあい方」山泰幸・川田牧人・古川彰編『環境民俗学——新しいフィールド学へ』昭和堂：161-180。

補論　書き下ろし

　第2章から第5章については，初出論文をもとに大幅に加筆・修正を行っている。

　本書は，2007年に関西学院大学大学院社会学研究科にて学位授与された博士論文「棚田に生きる人びとの水環境史——琵琶湖辺集落・仰木1200年の歴史を刻むムラ」をもとに大幅に加筆修正したものである。

謝　　辞

　生活実感のあるところから環境問題を考えてみたいという素朴な思いから調査をはじめた仰木とのかかわりは，今年で15年目を迎えた。このあいだに仰木をとりまく環境は大きく変化し，人びとの自然とのかかわり方や自然への認識も大きく揺れ動いてきた。仰木で暮らす人びとのなかには，数年後には棚田の耕作放棄が一気に起こる可能性があると危惧する声が出ており，現在でもその兆しはいたるところでみられる。都市近郊の比較的条件にめぐまれた棚田でさえ，このような状況にあることから，ほかの棚田地域が，どのような状況におかれているかは想像に難くない。

　本書ができあがるまでに，多くの人びとに支えられ，教えられ，そして励まされてきた。ここではお世話になった方々をすべて紹介できないが，できるだけ多くの方々を紹介し，御礼と感謝の気持ちを伝えたい。

　仰木の緻密な水利用の工夫と知恵を教えていただいた井堰親のみなさまには，井堰親制度の長い歴史と水を取り巻く人びとのこまかな気づかいと駆け引きの巧みさを教えていただいた。飯田一枝さんには，仰木の生活文化と女性の仕事とくに食の知恵と祭りや行事の意味をていねいに教えていただき，女性の環境に対する認識の移り変わりについてお話しいただいた。いつも調査にいくたびにお世話になっている西村義一さんと西村ナツヱさんには，試行錯誤しながら研究をはじめたばかりの学部生のころから，いつもあたたかい励ましをいただいた。土と水と山とむきあい暮らしてきた人にしか語ることのできない言葉の重さに感銘を受けてきた。連合自治会長をつとめられ，仰木の地域づくりに熱心に取り組んでこられた堀井長一さんと堀井弘子さんには，1,200年近くの歴史をもつむらの方向性を導いていくリーダーの役割について深く考えさせられた。仰木の地域活性化のために，地域内外の幅広い視野から取り組まれる

活動にいつも刺激を受けてきた。

　棚田の農業水利を中心にみてきた筆者に，仰木の生活用水の知恵と工夫，比叡山から琵琶湖にいたる流域に根ざす暮らしを教えてくださったのは地域の方々だった。天神川でつながる下流域の住民とはいえ，よそ者にすぎない筆者をこころよく受け入れてくださった仰木のみなさまの心のあたたかさと優しさに心から感謝の気持ちをこめて，本書を捧げたい。また仰木で起こっている問題は，日本の多くの農山漁村が等しく経験していることでもあるので，同じ問題を抱えている地域の人たちにとって，暮らしを考えるヒントになることがあれば，これにまさる喜びはないと思っている。

　高坂健次教授には，社会学の素養をもたず，ひたすら調査に通いつづける筆者に，忍耐強くていねいな指導をしていただいた。一地域を対象とした研究から一般的な理論を形成し，世界の水問題という広いパースペクティブのなかに自分の研究を位置づける視点を教えていただいた。古川彰教授には，修士論文の構想当初からお世話になり，フィールドで発見してきた出来事や地域の人との出会いから生まれる問題関心をだいじに育てながら，大きな問題枠組みのなかで日本の村落社会をとらえる研究方法について学ばせていただいた。これまで古川教授が行われてきた滋賀県高島市知内村での水利用調査にかかわる論文から非常に多くの刺激と示唆を受けた。ゼミや研究仲間にも，言葉に尽くせないほどの感謝の気持ちであふれている。

　水と文化研究会では，仰木での調査に本格的に取り組みはじめたころから，つねに刺激的な示唆と有益なコメントをいただいてきた。人と水とのかかわりをとらえる視点とりわけ湖辺に生きる人びとの生活文化への理解，調査をすることの意味，実践的な調査のあり方を深く教えていただいた。研究会をつうじて多くの方々と出会い学ばせていただいた。生活実感のある言葉で語ることの大切さ，住民であるとともに研究者でもあり実践家でもあるような多様な知のあり方についても考えさせられた。

　コモンズ研究会のみなさんには，修士論文をまとめるころから，筆者のフィールド報告に対して，具体的で実践的な議論をしていただいた。コモンズ

研究会のメンバーである秋道智彌先生には，研究会での報告の機会や執筆の機会をいただき，博士論文の構想段階から大変貴重なコメントとアドバイスをいただいたことに深く感謝する。

　最後に，研究に行き詰まって落ち込むたびに筆者を励まし支えてくれた家族に，心から感謝の気持ちを捧げる。

　本書の執筆にかかわる調査のために，以下の助成を受けた。日本学術振興会特別研究員奨励費（2003〜2005年度）。関西学院大学大学院奨励研究員（2006年度）。厚くお礼申し上げる。

　本書の出版は，独立行政法人日本学術振興会平成24年度科学研究費助成事業（科学研究費補助金（研究成果公開促進費））の助成を受けて実現した。昭和堂の松井久見子さんには，本書の構成や表現にいたるまで，丁寧なご助言をいただいた。ここにお礼申し上げたい。

　　　　　2012年12月5日

　　　　　　　　　　　　　　　　　　　　富士山麓にて　　山本早苗

参考資料

■参考資料1【仰木村絵図】

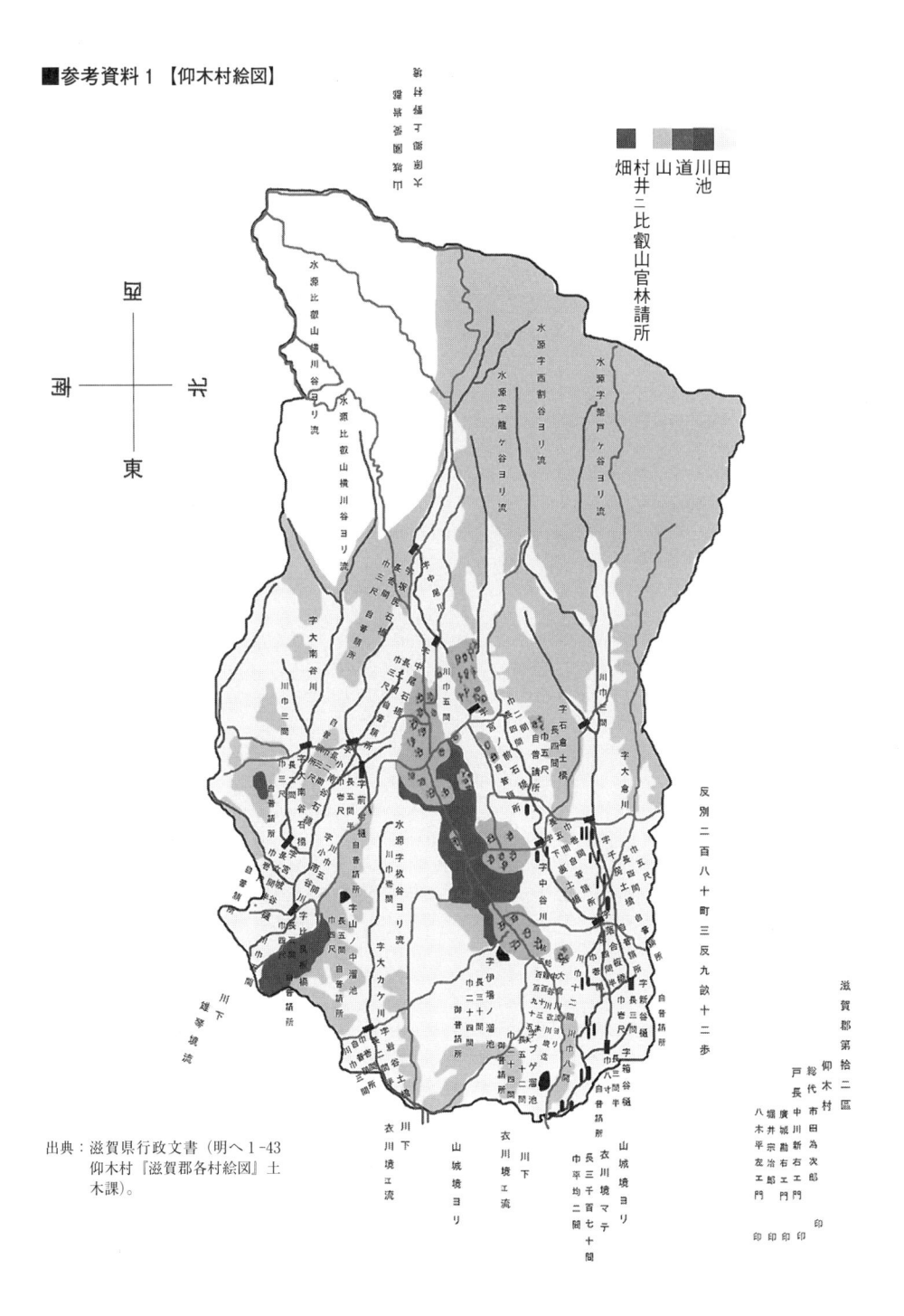

■参考資料2 [仰木の出来事史・略年表]

年代	行政	開発	むらの暮らし
縄文時代			縄文遺跡発掘
奈良・平安			上仰木・下仰木に須恵器の窯跡が見つかる
927（延長5）	小椋神社が延喜式内社に選ばれる		
1571（元亀2）		織田信長の比叡山焼き打ちが仰木にもおよぶ	
1634（寛永11）	『近江国石高帳』に、上仰木・下仰木・辻ヶ下・平尾が天領（幕府領）として記される		
1873（明治6）			仰木・千野地区を中心に仰木小学校開校
1874（明治7）	上仰木・辻ヶ下・平尾・下仰木の4ヵ村が合併して仰木村となる		
1875（明治8）	千野地区を分離する		
1879（明治12）	区政廃止にともない、上仰木組、辻ヶ下を乙組、平尾を丙組、下仰木を丁組と呼ぶ		
1880（明治13）			上仰木で火災が起こり49軒が被害を受ける
1885（明治18）	連合戸長制実施 仰木・南庄の2ヵ村は仰木ほか1ヵ村連合戸長場にまとめられる		

年代	行政	開発	むらの暮らし
1886（明治19）			学制改革にともない、簡易科仰木小学校と改称
1888（明治21）	一時、碧沢小学校となる		
1889（明治22）	村制施行で仰木村は一村で村を形成する		
1893（明治26）			仰木尋常小学校と改称
1899（明治32）			仰木字西馬場の畑地購入
1901（明治34）			仰木尋常小学校の新築工事に着手
1902（明治35）			仰木尋常高等小学校と改称し、高等科併設
1921（大正10）		「江若鉄道」開通（10年かけて近江今津まで開通）	
1933（昭和8）	経済更正特別指定町村に指定される		
1941（昭和16）			仰木国民学校と改称
1943（昭和18）	滋賀県農業会発足		
1944（昭和19）			この年から翌年にかけて大阪市の国民学校生徒が仰木村に学童疎開
1947（昭和22）			村立仰木中学校開校
1952（昭和27）		二級国道敦賀・大津線（現在国道161号線）	

年代	行政	開発	むらの暮らし
1953（昭和28）	町村合併促進法施行 合併促進協議会設立 町村会にて合併を議決		
1954（昭和29）	滋賀県農業協同組合中央会発足 農村青年クラブ連絡協議会規約制定		
1955（昭和30）	堅田町と仰木など4ヵ村が合併 滋賀県共済農業協同組合連合会，事業開始		堅田町立仰木小学校となる
1966（昭和41）		比叡山ドライブウェイにつづいて上仰木まで奥比叡ドライブウェイ開通	
1967（昭和42）	堅田町が大津市と合併（大津市仰木）		
1969（昭和44）		江若鉄道廃線	
1974（昭和49）		国鉄湖西線開通	
1975（昭和50）			「仰木会館」竣工
1979（昭和54）		大津湖南都市計画事業仰木土地区画整理事業（市街地開発事業）決定．住宅・都市整備公団による仰木の里地域の宅地造成事業着手（事業予定：2000（平成12）年まで189ha 開発対象，計画人口1万6,000人）	
1985（昭和60）		ほ場整備事業認可，事業開始	

年代	行政	開発	むらの暮らし
1986（昭和61）		JR湖西道路開通 レークピア大津・仰木の里、街びらき→一大ベッドタウンの誕生（2,000戸、7,000人居住。計画としては4,000戸、1万6,000人）	
1987（昭和62）		ほ場整備事業認可、1988（昭和63）年に整備事業開始	
1989（平成元）			簡易水道から上水道に転換する
1994（平成6）	仰木の里学区発足		仰木中学校開校 仰木太鼓会館会館

■参考資料3【本籍人口と現住人口】

年度	本籍人口	現住人口	現住戸数	年度	本籍人口	現住人口	現住戸数
1874（明治7）	—		440	1916（　　5）	2,989	2,319	480
1878（　　11）	2,178		457	1917（　　6）	2,986	2,290	482
1879（　　12）	2,187		491	1918（　　7）	2,986	2,210	479
1881（　　14）	2,246		505	1919（　　8）	3,022	2,235	478
1884（　　17）	2,360		507	1920（　　9）	3,016	2,224	491
1887（　　20）	2,403		480	1921（　　10）	3,046	2,309	487
1890（　　23）	2,492	2,445	491	1922（　　11）	3,070	2,222	488
1891（　　24）	2,503	2,463	487	1923（　　12）	3,064	2,255	491
1892（　　25）	2,495	2,447	481	1924（　　13）	3,095	2,200	465
1893（　　26）	2,525	2,470	486	1925（　　14）	3,021	2,457	468
1894（　　27）	2,519	2,450	490	1926（昭和1）	3,005	2,197	460
1895（　　28）	2,518	2,461	495	1927（　　2）	3,026	2,392	463
1896（　　29）	2,518	2,446	490	1928（　　3）	3,207	2,653	451
1897（　　30）	2,558	2,463	496	1929（　　4）	3,227	2,530	460
1898（　　31）	2,635	2,507	494	1930（　　5）	3,247	2,702	460
1899（　　32）	2,646	2,472	483	1931（　　6）	3,249	2,565	457
1900（　　33）	2,689	2,508	488	1932（　　7）	3,294	2,577	457
1901（　　34）	2,722	2,555	483	1933（　　8）	3,327	2,597	460
1902（　　35）	2,750	2,575	474	1934（　　9）	3,360	2,625	456
1903（　　36）	2,800	2,614	475	1935（　　10）	3,339	2,273	470
1904（　　37）	2,791	2,533	474	1936（　　11）	3,554	—	—
1905（　　38）	2,813	2,547	478	1937（　　12）	3,411	—	—
1906（　　39）	2,807	2,579	476	1939（　　14）	3,452	—	—
1907（　　40）	2,815	2,294	479	1940（　　15）	—	2,346	481
1908（　　41）	2,839	2,343	472	1941（　　16）	3,395	—	—
1909（　　42）	2,837	2,478	474	1945（　　20）	—	3,091	629
1910（　　43）	2,861	2,489	469	1947（　　22）	—	2,916	580
1911（　　44）	2,913	2,508	465	1948（　　23）	—	2,975	581
1912（大正1）	2,944	2,530	463	1950（　　25）	—	2,905	578
1913（　　2）	2,947	2,617	463	1952（　　27）	—	2,891	576
1914（　　3）	2,965	2,316	460	1954（　　29）	—	2,894	581
1915（　　4）	2,993	2,352	480				

出典：滋賀県市町村沿革史編さん委員会 1967：172。

■参考資料4 【植田井堰社寺所有田面積】

	神社名	口数	反別 (a)
1	田所神社	2	27.93
2	専念寺	1	9.2
3	慈明庵	1	11.15
4	華開寺	2	27.53
5	真迎寺	1	12.07
6	正法寺	1	19.29

出典：植田井堰親所有文書「植田井瀬料及水口帳」。

■参考資料5 【仰木村の神社】

神社名	鎮座地	祭神	例祭月日	氏子数	社伝
小椋神社	仰木	闇於加美神 源満仲 闇龗神	5月3日	545	志賀郡小倉庄波昆呂由郡巨木生乃御樹鎮座，田所大名神宮則小椋神社広山五社大権現の内木宮明神に合祀，多田備仲の木像あり（村社）（本文ママ）
八坂神社	下仰木	素盞嗚尊	8月15日	120	右に多賀明神，左に石清水八幡宮がある
大神宮神社	下仰木	天照皇太神	1月16日	120	不詳
稲荷神社	下仰木	倉稲魂神	2月初午日	33	油屋吉良兵衛豊川稲荷を崇敬し復活す
山地神社	上仰木	稲田媛命	3月15日	545	不詳
幸神社	上仰木	猿田彦神	2月10日	220	不詳
中ノ宮	辻ヶ下	大山咋尊	12月3日	10	多田満仲仰木御所の時山王二ノ宮を信仰し勧請す
稲荷神社	平尾	倉稲魂神	3月初午日	130	寛保元年2月堀井弥左衛門慰重治社殿建立・勧請，明治元年10月社殿再建
若宮神社	平尾	小白山神	5月2日	130	不詳

出典：仰木村資料。

■参考資料6【仰木村の寺院】

寺院(教会)名	所在地	宗派	本尊	開基(設立)とその年代	檀徒(信者)数	寺伝
専念寺	仰木	真宗（本）	阿弥陀如来	恵心 康保年間	210	心山と号す，もと天台宗，寛永六年准如のとき改宗，宝暦七年恵海本堂再建
薬師堂	仰木	真宗（本）	薬師如来	不詳	210	本尊はもと横川にあり，兵火のため堂宇焼失し，のち再建本尊安置す，明治34年3月国宝に指定
真迎寺	仰木	天台宗	阿弥陀如来	恵心 正暦4年5月	60	延暦寺派
慈明庵	仰木	天台宗	阿弥陀如来	法恩 正治3年	—	不詳
開華寺	仰木	天台宗	阿弥陀如来	恵心 天文年間	55	光輝山と号す，天台宗山門派恵心院末，飛地境内に虚空蔵堂あり
覚性庵	仰木	天台宗	阿弥陀如来	妙喜 享保2年	—	不詳
龍光寺	仰木	真宗（本）	阿弥陀如来	正仏房 元禄2年	60	もと竜陽寺と称す，天延3年叡光山竜光寺と称し，嘉禎3年真宗本願寺派に属す
正法寺	仰木	天台宗	阿弥陀如来	舜厳 宝暦4年	—	不詳
三宝寺	仰木	天台宗	阿弥陀如来	伝教 天正年間	—	もと高日山天座寺と号す，のち三宝院と改称，上野山と号す
東光寺	仰木	天台宗	阿弥陀如来	真玄 天文2年	100	不詳
光照寺	仰木	真宗（本）	阿弥陀如来	超宗 慶長六年	12	本願寺末，南正山と号す

出典：仰木村資料。

■参考資料7 [仰木全図]

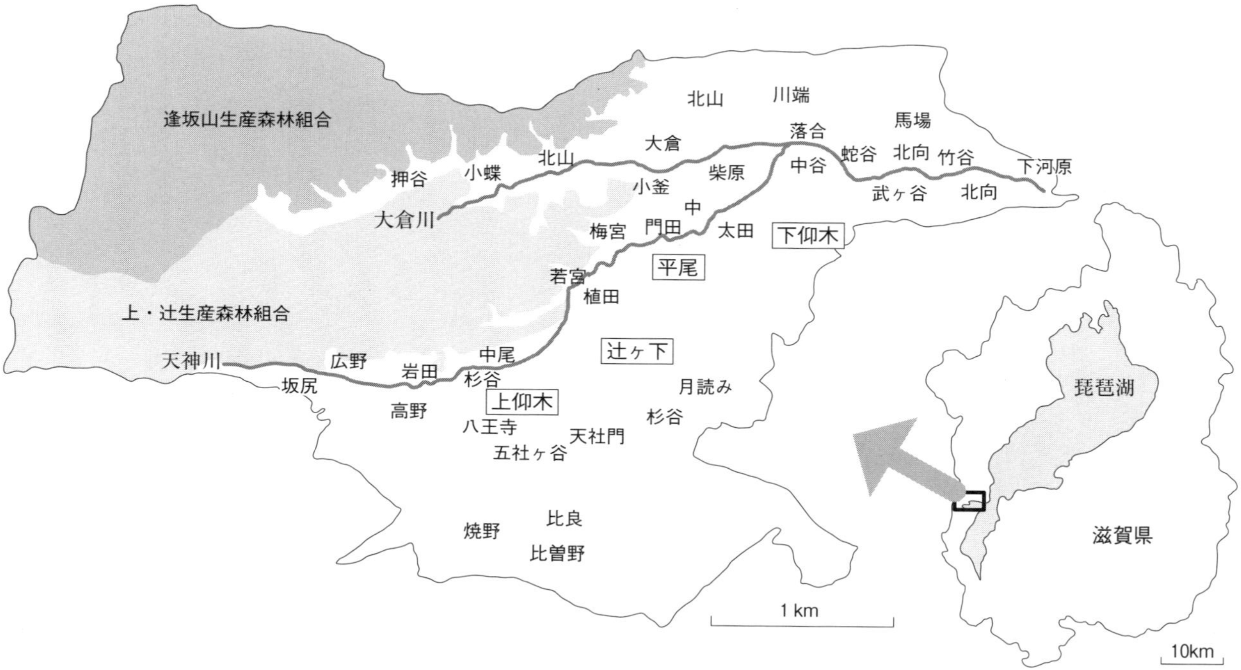

出典：国土地理院「2万5千分の1地形図（堅田・大原）」、大津市「5千分の1大津市森林計画図」、聞き取り調査をもとに筆者作成。

■参考資料8【井堰がかり田と天水田の分布（上仰木、辻ヶ下）】

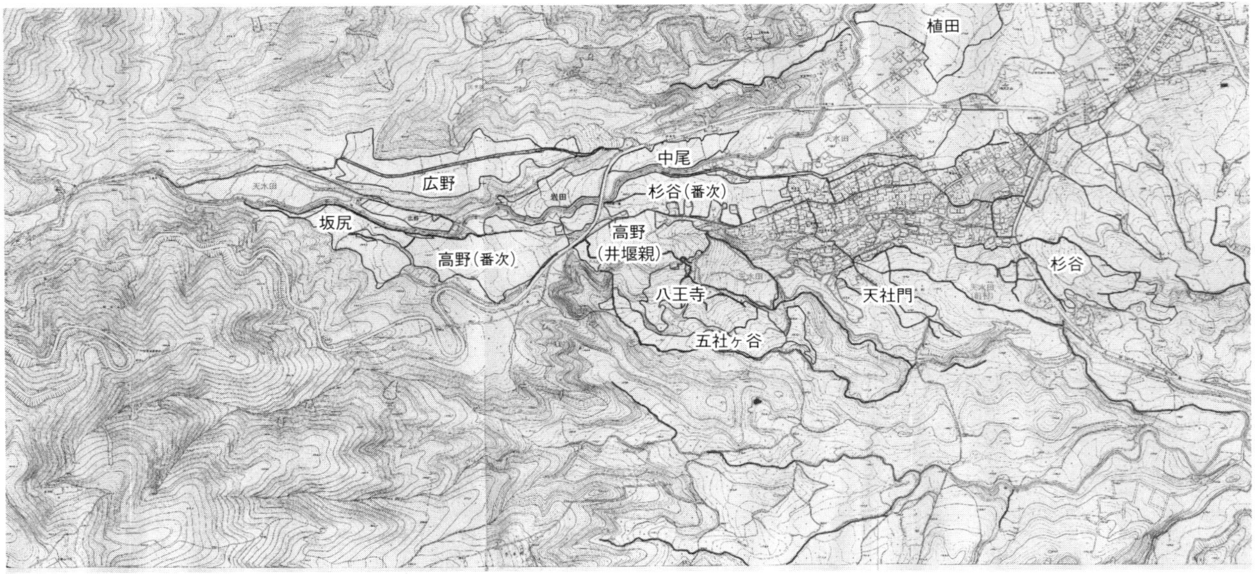

出典：大津市（1973）「2500分の1大津市市域図」．聞き取り調査をもとに筆者作成．

■ 参考資料9 [井堰がかり田と天水田の分布（平尾，下仰木）]

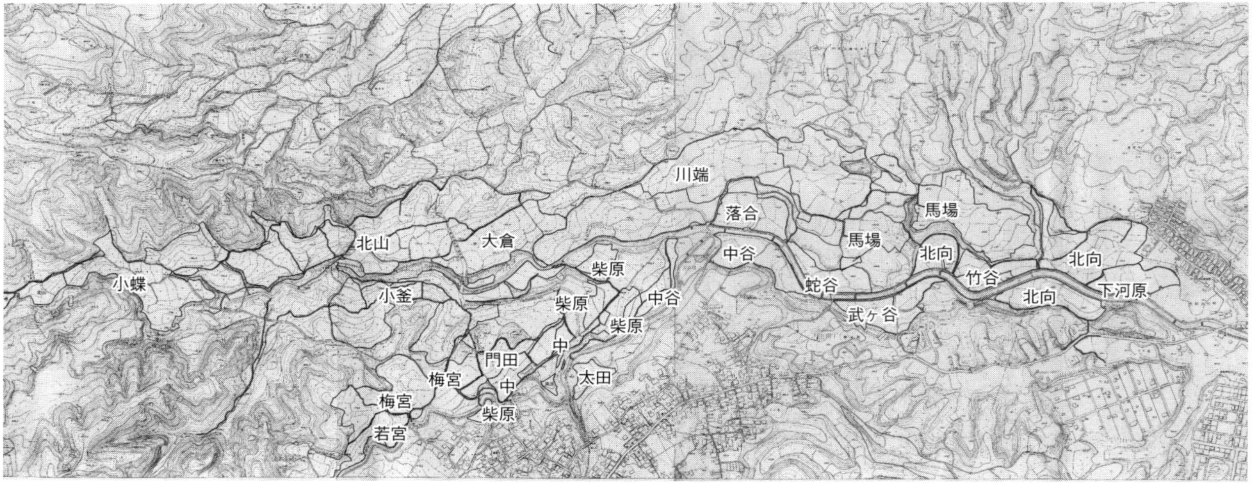

出典：大津市（1973）「2500分の1大津市市域図」．聞き取り調査をもとに筆者作成．

■参考資料10【開拓および近代的土地改良の展開】

年代	開拓法制	土地改良制度	森林管理	国土政策関連法制度
1868（慶応4）				百姓町人の土地所有権を確認
1869（明治2）	開拓使設置 東京府に開墾会社役所設立、千葉の小金原を開墾、5月に民部省開墾局に移管）に手賀沼・印旛沼・那須野開墾を許可			田畑の売買自由を認める
1871（明治4）	開墾適地を調査 荒蕪不毛地払下規則公布（入札払下、印旛沼開墾など）		官林規則	田畑勝手作を許可
1872（明治5）	官有林を無制限に払下（山形の松ヶ岡開墾など） 北海道土地払下規則			土地永代売買解禁 地券の交付本格化 農民の転業自由を認める
1873（明治6）	官林荒蕪地払下規則 民有地荒蕪地処分規則			地租改正条例制定
1874（明治7）	窮迫士族に不毛地無償下付		地所の官民有区分はじまる	
1875（明治8）	北海道に屯田兵制度実施（1899（明治32）年まで）			
1876（明治9）	内務省が国営開墾の候補地調査		土地の官有民有区分が本格化	
1879（明治12）	国有地開地処分法 那須原野の士族開墾 安積疎水・明治用水の工事開始 北海道に開進会社	区町村会法8条に水利土功会の組織を規定		
1880（明治13）	那須開墾社 渋沢栄一らの耕牧舎（箱根仙石原） 北海道日高の赤心社			

［許可移民制度］

年代	開拓法制	土地改良制度	森林管理	国土政策関連法制度
1881 (明治14)	旧長州藩主・旧佐賀藩主が北海道に土佐授産開墾			地租改正事業終了
1884 (明治17)	開墾の鍬下年季が15年にのびる	区町村会法改正 (水利土功会の組織変更)		地租条例公布 (地価の据置)
1886 (明治19)	政府は士族授産を打ち切り北海道土地払下規則 (大面積払下のはじまり)			
1888 (明治21)	旧長州藩毛利祥久が愛知県渥美郡三千拓新田を開く那須野に多くの華族牧場と群馬県に神津牧場が創設	暗渠排水の着目		市制・町村制三池炭鉱を三井に払下
1889 (明治22)	区画整理の鍬下年季が30年となる北海道で5万町の華族組合農場や前田利嗣の開墾開始			土地台帳規則 (地券廃止)土地収用法市制町村制
1890 (明治23)	米騒動が起こる	水利組合条例公布 (水利土功会廃止)公有水面埋立法官有地取扱規則 (官有地の埋立・干拓の免租期間を定める)		
1896 (明治29)				河川法 (国営堤防工事の拡大)
1897 (明治30)	北海道国有未開地処分法 (無償)渋沢栄一ら北海道に十勝開墾会社		砂防法森林法寄生地主制確立	寄生地主制確立
1898 (明治31)		耕地区画改良期成同盟結成		地租条例改正田畑地価修正公布 (増税)

年代	開拓法制	土地改良制度	森林管理	国土政策関連法制度
1899（明治32）		耕地整備法		
1902（明治35）	北海道土功組合法公布			
1905（明治38）		耕地整理法改正（灌漑配水事業が中心となる）：農商務省		
1906（明治39）		耕地整理および土地改良奨励費規則（国庫補助のはじまり）東大で耕地整理技術員の講習を開始		
1907（明治40）			森林法改正（公有林野の整理統一）	戦後恐慌はじまる
1908（明治41）		水利組合法公布：内務省→水利組合条例廃止		
1909（明治42）		改正耕地整理法公布（灌漑排水が重点）耕地整理および土地改良奨励規則		
1910（明治43）	北海道第1期拓殖計画			
1911（明治44）			部落有林の統一事業はじまる山林局が第1期森林治水事業を開始	地租条例改正（地租軽減）臨時治水調査会（第1次治水計画）

年代	開拓法制	土地改良制度	森林管理	国土政策関連法制度
1912（大正元）	上野英三郎「農地拡張論」などで食糧の国内自給論を主張			
1913（大正2）		農業水利慣行調査		
1914（大正3）		耕地整理法改正（海面埋立・干拓を追加）		
1916（大正5）				官有林野のうち開墾適地を民間に予約払下
1918（大正7）	米騒動	はじめて農業水利法案		
1919（大正8）	満州への武装移民　農商務省：土地利用計画事業を開始（100町以上415区45万町）　第2回耕地拡張見込地調査　内地の食糧増産，開墾地拡張			農商務省が農業水利法案，内務省も水利法案
1922（大正11）	開墾助成法　主要食糧農産物改良増殖奨励規則			日本農民組合結成　新農会法
1923（大正12）	指定移民制度	用排水改良事業補助要項（500町以上の県営工事に国費補助のはじまり）		このころ内務省で河水統制事業の発想起こる
1926（昭和元）	北海道第2期拓殖計画	用排水改良事業補助を支援の30〜500町に拡大		
1927（昭和2）	北海道で泥炭地客土事業に半額補助	帝国耕地協会（各都道府県に置かれた耕地協会の全国的組織）		

年代	開拓制		土地改良制度	森林管理	国土政策関連法制度
1928（昭和3）	大規模開墾見込地の開発計画樹立				化学肥料の製造と輸入はじまる
1929（昭和4）		集団移民制度	開墾助成法による補助は工事費の4割 農地転用20万町をこえる		
1930（昭和5）	失業救済土木事業に政府から低利融資 国営大規模開墾10年計画		巨椋国営干拓が県会通過		
1931（昭和6）	失業救済農山漁村の耕地拡張改良事業 白根郷で耕地整理開始		耕地整理法改正（組合費の強制徴収）		
1932（昭和7）	満州武装移民はじまる 救農土木事業開始（1934（昭和9）年まで）				農山漁村経済更正計画策定方針 米作減反案
1934（昭和9）	災害復旧応急施設耕地事業（1937（昭和12）年までの3分の2の助成）				農業水利調整法案 戦後恐慌はじまる 日本製鉄設立
1936（昭和11）	東北地方集団農耕地開発事業（1940（昭和15）年まで）				米穀自治管理法（過剰米処理）
1937（昭和12）	拓務省の満州移民計画実施 青森県三木原・秋田県田沢湖疎水 国営開墾開始		500町以下の用排水事業にも国庫補助 帝国治山治水協会設立		
1938（昭和13）	農産資源開発開墾助成事業開始		農地調整法（自作農創設）		
1939（昭和14）	重要農林水産物増産助成規則（戦時食糧増産計画開始） 宮崎県川南原国営開墾着手 満州開拓政策基本要綱制定	失業対策土木事業			小作料統制法 米穀配給統制法

年代	開拓法制	土地改良制度	森林管理	国土政策関連法制度
1940（昭和15）	救農動員決定 福島矢吹原国営開墾開始	農業水利改良事業補助規則（規則の統合） 農業水利臨時調査令 河水統制事業に国費補助		米の供出制度開始
1941（昭和16）	農地開発法 農地開発営団設立（国営事業の代行）　開拓行政が戦争目的にむけて完全に再編成			米穀配給制度開始
1942（昭和17）				食糧管理法（全面的国家統制）
1943（昭和18）	第1次食糧増産事業開始 いも開墾 第2次食糧増産土地改良事業（5〜6年分の工事量）			農業自給法（農業会に統合、強制加入） 琵琶湖河水統制事業着工
1944（昭和19）	第3次食糧増産土地改良事業			
1945（昭和20）	緊急開拓実施要綱決定 第4〜5次緊急食糧増産事業			第1次農地改革案 GHQ農民解放指令 農地調整法改正法公布
1946（昭和21）	食糧緊急措置令（強権発動供出） 食糧メーデー			第2次農地改革2法公布（自作農創設特別措置法制定、農地調整法改正）
1947（昭和22）	食糧緊急対策本部 開拓事業実施要項	「帝国耕地協会」から「全国耕地協会」に改名		農業協同組合法公布
1948（昭和23）	農林省開拓研究所設立（1949（昭和24）年農業技術研究所へ改組）			農業改良助長法施行

年代	開拓法制	土地改良制度	森林管理	国土政策関連法制度
1949 (昭和24)		土地改良法施行（耕地整理組合から土地改良区へ）（各県の耕地改良協会も「土地改良協会」へ）		
1950 (昭和25)	牧野法・国土総合開発法公布 開拓信用基金制度決定			農地価格統制廃止
1951 (昭和26)	積雪寒冷単作地帯振興法公布			農林漁業金融通法 河水統制事業は河川総合開発事業と改称
1952 (昭和27)	食糧増産5年計画	社団法人 全国土地改良協会設立（全国耕地協会解散）		農地法公布 電源開発促進法
1953 (昭和28)	農村漁業金融公庫設立			
1955 (昭和30)				全国解放農地国家補償連合会組織 この年から連年豊作
1956 (昭和31)	八郎潟干拓計画にオランダ技術援助契約 千葉県長浦干拓起工 開墾などに国際復興開発銀行から借款契約	農業改良資金助成法制定	森林開発公団法制定	新農山漁村建設総合対策要綱決定
1957 (昭和32)	八郎潟干拓着工　　土地改良協会の財政基盤脆弱	土地改良法改正（全国および都道府県に、土地改良区、農業協同組合、市町村営土地改良事業の施行者の協同組織などを団体営土地改良事業団体連合会」を設置することが法制化）		

年代	開拓法制	土地改良法制度	森林管理	国土政策関連法制度
1958（昭和33）		全国土地改良事業団体連合会（農林大臣の許可）農地集団化第2次計画発表		
1959（昭和34）				農林漁業基本問題調査会設置
1960（昭和35）				所得倍増計画 農機具・農業人口・飼料輸入が激増
1961（昭和36）	開拓パイロット事業	農業近代化資金助成 圃場整備事業創設		農業基本法施行 水資源開発促進法制定
	食糧増産基調から、自立経営の育成・構造改善による生産性の向上・選択的拡大へ			
1962（昭和37）		草地改良にも公共事業開始		「三ちゃん農業」広がる 水資源開発公団法施行
1963（昭和38）	児島湾の干拓完成	総合土地改良整備事業発足 団体営（ほ場整備事業発足（ほ場整備の制度化）		火主水従
1964（昭和39）	秋田県八郎潟干拓地に大潟村誕生	土地改良法改正（土地改良事業の長期計画制度）	林業基本法	新河川法
1965（昭和40）	八郎潟新農村建設事業団	土地改良法改正（草地の土地改良開始）		山村振興法 国営土地改良事業発足

年代	開拓法制	土地改良制度	森林管理	国土政策関連法制度
1966 (昭和41)		土地改良長期計画閣議決定 内水排除事業発足		入会林野近代化法
1967 (昭和42)		大規模ほ場整備事業発足		
1968 (昭和43)		畑作振興特別土地改良事業制度創設		
1969 (昭和44)	基本法農政から総合農政へ	農業振興地域特別整備法 米生産過剰(米作転換問題) 自主流通米制度		新全国総合開発計画
1970 (昭和45)		公害対策の特別土地改良事業設定		農地法改正(農地移動制限の緩和) 米の生産制限、減反政策
1971 (昭和46)				
1972 (昭和47)		土地改良法改正		田中角栄「日本列島改造論」 農地転用激増
1973 (昭和48)		土地改良長期計画		
1974 (昭和49)		国土庁の農村総合整備事業		国土利用計画法 農村総合開発モデル事業
1975 (昭和50)				第3次全国総合開発計画の基本構想
1997 (平成9)	親水 住民参加 多面的機能			河川法改正

年代	開拓法制	土地改良制度	森林管理	国土政策関連法制度
1999（平成11）				食料・農業・農村基本法
2001（平成13）	環境との調和へ配慮	土地改良法一部改正		
2002（平成14）		土地改良区の愛称が全国公募で「水土里ネット」に		
2006（平成18）		土地改良法最終改正		

出典：今村他（1977）をもとに作成。項目および分類は筆者が設定した上で編集した。

■参考資料11【辻ヶ下の井戸分布調査結果】

第1回

井戸利用	井戸の数
使っている	4
使っていない	7
枯れた	0
井戸なし	1
池（イケ）	1

第2回

井戸利用	井戸の数
使っている	2
使っていない	4
枯れた	0
井戸なし	3
池（イケ）	0

補足調査

井戸利用	井戸の数
使っている	10
使っていない	18
枯れた	1
井戸なし	24
池（イケ）	0

注：調査した軒数は73軒。
　　井戸ありは46（使っている16），井戸なしは28，池は1。1軒で複数の井戸をもつ場合があるため，「井戸あり」と「井戸なし」の合計値が調査軒数を上回っている。
　　井戸を埋めたのは1軒。使っていない家の多くは井戸に「息抜き」つきのフタをしているだけ。

■参考資料12【下仰木の井戸分布調査結果】

第1回

井戸利用	井戸の数
使っている	5
使っていない	8
枯れた	0
井戸なし	4
池（イケ）	1

第2回

井戸利用	井戸の数
使っている	2
使っていない	7
枯れた	0
井戸なし	0
池（イケ）	1

第3回

井戸利用	井戸の数
使っている	22
使っていない	24
枯れた	0
井戸なし	12
池（イケ）	0

第4回

井戸利用	井戸の数
使っている	7
使っていない	1
枯れた	1
井戸なし	3
池（イケ）	1

補足調査

井戸利用	井戸の数
使っている	13
使っていない	21
枯れた	1
井戸なし	20
池（イケ）	5

注：調査した軒数は107軒。
　　井戸ありは112（使っている井戸49），井戸なしは39，池8。1軒で複数の井戸をもつ場合があるため，「井戸あり」が調査軒数を上回っている。
　　井戸なしは分家か新しい家の場合。井戸を埋めたのは1，使っていない井戸の多くは「息抜き」つきのフタをしているだけ。
　　ツルベ5，おくどさん4，井戸小屋1，家のなかの井戸3。
　　井戸のことも「イケ」と呼ぶ。ため池のことも「イケ」と呼ぶ。

■ 参考資料13 [辻ヶ下・下仰木の井戸たんけん調査シート]

探してみよう！ [むかしの水・いまの水]

たずねた相手の名前：
山本権一(やまもと よしかず)さん 昭和　年
(男)・女　生まれた年　昭和　　年
だれと住んでいるか：奥さん、親

調べた人：
US (小4年)
UU (親)
SM (小5年)
SK (小5年)
調べた日：2005 (平成17年) 10月2日

1 昔（昭和30年代ごろ）と現在のくらしの中での水の使い方を教えてください
（たとえば、井戸水、川の水、琵琶湖の水、山水、水道水など）

	むかし（昭和30年ごろ）	いま
飲み水	井戸水	水道
食器洗い	井戸水	水道
野菜洗い	井戸水	井戸水（土おとし）
米をとぐ	井戸水	水道
顔を洗う	井戸水	水道
お風呂	井戸水	水道
洗たく	井戸水	水道
トイレ	なし	水道
草花水やり	井戸水	井戸水

2 井戸について
◆どんな井戸ですか？（浅い？深い？ポンプはあるか？）
　浅くてつるべでくむ井戸
◆昔は何に使いましたか？
◆いまも使っていますか？　　　　　　　　　　　（はい）・いいえ
◆水の量は十分ありますか？　　　　　　　　　　（はい）・いいえ
◆何に使っていますか？
　1と同じ

◆井戸のまわりに水神さんなどはありますか？　　　（はい）・いいえ
◆井戸を使ってよいにことはありますか？
　夏はつめたい、冬はあたたかい、水温が一定
◆もし地震などで水道が止まったら井戸を使いますか？（はい）・いいえ
◆そのようなとき、近所の人にも井戸水を分けてあげますか？
　　　　　　　　　　　　　　　　　　　　　　　（はい）・いいえ

3 近くに河川・湖・ため池・わき水などがありますか？

なまえ	使い方	そこで遊びますか	掃除はどうしますか？
イケ	シモものを洗う	遊んだ	イケを使う人たちで順番にする
水神さん こし池	たえず砂をいれかえて、砂で浄化する（山のとり水）		

4 お話を聞いて、どんなことがわかったかな
・仰木にはいくつかの水脈があると考えられている。
・仰木が高いところに水が湧くのは、サイフォンのような地形になっているから。
・豊岡稲荷の井戸は鬼門にあるから、きれいに使っている。「境内井戸は手間一の秋にしゅんこうしたりしている。井戸は、深さが10メートルぐらい。大正13年の秋にしゅんこうしたりしている。ぜんぜんかれてない。標高20～30メートル人名標」が残っているところ。手間人数57人。
　この井戸、深くて雨水をためているから。牛が冬場にたべれるサ（飼料）としても草をくわえておくところ。ここしをいれると、はっこう（醗酵）してつけもの（漬物）みたいになる。お皿とか洗いものに井戸水を使う。洗たくには水道を使う。
・熊谷さんの井戸は、深くて雨水をためている。
・あさい井戸が多かった。

探してみよう！「むかしの水・いまの水」

たずねた相手の名前：
佛性寿雄（ぶっしょう ひさお）さん
男・女　生まれた年　昭和＿＿年
だれと住んでいるか：奥さん、息子
夫婦と孫3人

調べた人：
KU（小5年）
KS（小1年）
KK（保育園）
調べた日：2005（平成17）年10月2日

1 昔（昭和30年代ごろ）と現在の暮らしの中での水の使い方を教えてください
（たとえば、井戸水、川の水、琵琶湖の水、山水、水道水など）

	むかし（昭和30年ごろ）	いま
飲み水	井戸水	水道
食器洗い	井戸水	水道
野菜洗い	使い池、流れ川	水道
米をとぐ	井戸水	水道
顔を洗う	井戸水	水道
お風呂	井戸水	水道
洗たく	井戸水天社門（てんじゃかど）と宮の川	水道
トイレ	なし	水道
草花水やり	井戸水	水道

2 井戸について
◆どんな井戸ですか？（浅い・深い？ポンプはありますか？）
　浅くてポンプのある井戸。
◆昔は何に使いましたか？
　スイカをひやしたり飲み水に使っていた。
　おむつは、下の川で洗った。天社門（てんじゃかど）、瀬戸川、宮の川のすぐそのすぐの方でも洗った。

◆いまも使っていますか？　　　　　　　　　　　　　（**はい**・いいえ）
◆水の量は十分ありますか　　　　　　　　　　　　　（はい・いいえ）
◆何に使っていますか
　水をためて1日に使う量をつねにほくむ。

◆井戸のまわりに水神さんなどはありますか？　　　　（はい・**いいえ**）
◆井戸を使ってよいことはありますか　　　　　　　　（はい・いいえ）
　水がうまい。

◆もし地震などで水道が止まったら井戸を使いますか？（**はい**・いいえ）
◆そのようなとき、近所の人にも井戸水を分けてあげますか？（**はい**・いいえ）

3 近くに河川・湖・ため池・わき水などありますか？

なまえ	使い方	そこで遊びますか？	掃除はどうしますか？

4 お話を聞いて、どんなことがわかったかな

- 井戸水は、使ったら、下からきれいな水がでてくる。使わなかったらきたなくなる。
- 井戸の水がなくなることはあまりない。
- 地下水の流れがかわると、井戸の水はなくなる。
- 池には米の種をつける。
- 石うすで豆にゅうを作り、家でとうふなどを作ることができる。

■**参考資料14【川端井堰に関する慣行】**

河川名　天神川
水路名　大倉水源，川端水路
引水者　仰木村
一．堤防嵩上禁止ニ関スル慣行
　　全線低地ニアリ次テ該当事項無シ
二．樋管ノ門扉開閉ニ関スル慣行
　　田用水ナルヲ次テ春ノ彼岸ヨリ門扉ヲ開キ秋ノ彼岸ニ閉ズ
　　旱魃ノ際ハ引水者集合シテ水路浚ヘヲナシ集会協議ノ上一晝夜（二十四時間）ヲ引水者ニテ當分シ上流ノ引水者ヨリ順番ニ引水ス之レヲ番水ト云フ
三．洪水防禦ノ際ニ費シタル費用負担ニ関スル慣行
　　本村ハ洪水ノ憂無シ

出典：滋賀県行政文書（昭ぬ20，1．河川ニ関スル慣習協約事項等調査ノ件）『河川法処分』土木課（昭和3年3
　　　～6月），差出人　滋賀郡仰木村（調書添付）。

■参考資料15【河川法処分旧慣ニ依リ河川ヨリ引水ヲ為スモノノ整理ノ件】

調査事項	馬場イゼ
一．河川名	天神川
二．水路ノ種類及名称	田養水路　名称　馬場イゼ
三．水路ノ所在地	滋賀郡仰木村
四．敷高	一尺三寸
五．取水口及水路ノ構造	取水口　天神川ニ鎧田ニ段設置ス 水路　堀割
六．引水量及引水期間	1.2個 自　四月十五日　至九月三十日
七．引水区域及反別	仰木村　八反
八．余水ノ有無	ナシ
九．水路ノ沿革	不詳
一〇．引水量引水期間其他取締上ノ条件	ナシ
一一．其他参考事項	ナシ

調査事項	大倉イゼ
一．河川名	天神川
二．水路ノ種類及名称	田養水路　名称　大倉イゼ
三．水路ノ所在地	滋賀郡仰木村
四．敷高	一尺六寸
五．取水口及水路ノ構造	取水口　天神川ニ石積堰：田ニ段設置シ分流セシム 水路　堀割
六．引水量及引水期間	1.4個 自　四月十五日　至九月三十日
七．引水区域及反別	仰木村　八反
八．余水ノ有無	ナシ
九．水路ノ沿革	不詳
一〇．引水量引水期間其他取締上ノ条件	ナシ
一一．其他参考事項	ナシ

調査事項	下川原下イゼ
一．河川名	天神川
二．水路ノ種類及名称	田養水路　名称　下川原下イゼ
三．水路ノ所在地	滋賀郡仰木村
四．敷高	一尺
五．取水口及水路ノ構造	取水口　天神川ニ杭柵：田一段設置シ分流セシム 水路，堀割
六．引水量及引水期間	0.2個 自　四月十五日　至九月三十日
七．引水区域及反別	仰木村　二反歩
八．余水ノ有無	ナシ
九．水路ノ沿革	不詳
一〇．引水量引水期間其他取締上ノ条件	ナシ
一一．其他参考事項	ナシ

調査事項	下川原イゼ
一．河川名	天神川
二．水路ノ種類及名稱	田養水路　名稱　下川原イゼ
三．水路ノ所在地	滋賀郡仰木村
四．敷高	一尺五寸
五．取水口及水路ノ構造	取水口　天神川ニ杭柵止一段設置シ分流セシム 水路，堀割
六．引水量及引水期間	0.6個 自　四月十五日　至九月三十日
七．引水区域及反別	八反歩
八．余水ノ有無	ナシ
九．水路ノ沿革	不詳
一〇．引水量引水期間其他取締上ノ條件	ナシ
一一．其他参考事項	ナシ

調査事項	北向イゼ
一．河川名	天神川
二．水路ノ種類及名稱	田養水路　名稱
三．水路ノ所在地	滋賀郡
四．敷高	九寸
五．取水口及水路ノ構造	取水口　天神川ニ杭柵止一段設置シ分流セシム 水路，堀割
六．引水量及引水期間	2.0個 自　四月十五日　至九月三十日
七．引水区域及反別	二町五反
八．余水ノ有無	ナシ
九．水路ノ沿革	不詳
一〇．引水量引水期間其他取締上ノ條件	ナシ
一一．其他参考事項	ナシ

調査事項	落合イゼ
一．河川名	天神川
二．水路ノ種類及名稱	田養水路　名稱　落合イゼ
三．水路ノ所在地	滋賀郡仰木村
四．敷高	一尺一寸
五．取水口及水路ノ構造	取水口　天神川ニ蛇篭止二段設置シ分流セシム 水路，堀割
六．引水量及引水期間	2.0個 自　四月十五日　至九月三十日
七．引水区域及反別	八反歩
八．余水ノ有無	ナシ
九．水路ノ沿革	不詳
一〇．引水量引水期間其他取締上ノ條件	ナシ
一一．其他参考事項	ナシ

調査事項	小畑イゼ
一．河川名	天神川
二．水路ノ種類及名称	田養水路　名称　小畑イゼ
三．水路ノ所在地	滋賀郡仰木村
四．敷高	六寸
五．取水口及水路ノ構造	取水口　天神川ニ鎧：田一段設置シ分流セシム 水路，堀割
六．引水量及引水期間	1.6個　自　四月十五日至九月三十日
七．引水区域及反別	十七町三反
八．余水ノ有無	ナシ
九．水路ノ沿革	不詳
一〇．引水量引水期間其他取締上ノ條件	ナシ
一一．其他参考事項	ナシ

出典：滋賀県行政文書（大ぬ221，31　天神川仰木村（田養水及水車用アリ））『河川法処分旧慣ニ依リ河川ヨリ引水ヲ為スモノノ整理ノ件』土木課（1926（大正15）～1927（昭和2）年にかけて行われた，県の河川引水の調査による）。

■**参考資料16【下仰木の慣行水利権一覧】**

	井堰名	井堰親名	水利使用の種類	灌漑面積(ha)	河川名	届出年月日	水源種別	取水方法
1	中井堰	北村喜一	灌漑	2.0	天神川	1967.3.13	表流水	自然取水
2	中谷井堰	伊藤吉郎	灌漑	0.7	天神川	1967.3.13	表流水	自然取水
3	芝原井堰	辻勉	灌漑	2.0	天神川	1967.3.13	表流水	自然取水
4	馬場用水場	八木泰治	灌漑	0.7	天神川	1967.3.13	表流水	自然取水
5	北向水利組合	上田彰	灌漑	1.0	天神川	1967.3.13	表流水	自然取水
6	落合井堰	玉井興治	灌漑	1.0	天神川	1967.3.13	表流水	自然取水
7	竹谷井堰	倉田隆伍	灌漑	1.2	天神川	1967.3.13	表流水	自然取水
8	川端井堰	深田亮三	灌漑	16.0	天神川	1967.3.13	表流水	自然取水
9	生甫井堰	飯田専治	灌漑	8.0	天神川	1967.3.13	表流水	自然取水
10	下川原井堰	八木泰治	灌漑	0.6	天神川	1967.3.13	表流水	自然取水
11	蛇谷井堰	今坂寅吉	灌漑	10.0	天神川	1967.3.13	表流水	自然取水
			合計	43.2				

出典：下仰木土地改良区事務所資料。

■参考資料17【仰木の井堰親制度と天水田】

井堰名	成員(戸)	総反別(a)	一戸あたり平均反別(a)	番次	番水	集落
高野	24	433	18	11戸，238a	あり（番次・高野・八王寺）	上仰木
広野	27	634	25.4	あり	あり	上仰木
岩田	6	100	16.6	なし	なし	上仰木
八王寺	14	250	17.9	なし	あり	上仰木
坂尻	5	249	49.8	なし	あり	上仰木
杉谷	34	240	7.1	番次田20戸	あり	上・辻
天社門	15	−	−	なし	あり	上仰木
得田	5	180	36	なし	天水	上仰木
比曽野	8	−	−		あり	上仰木
月読	−	(200)	−		あり	上・辻
焼野	9	321	35.7			上・辻
大久保	−	−	−			上・辻
上ノ比良	−	−	−			上・辻
中谷	−	70	−	なし		平尾・下
五社ヶ谷	13	355	27.3			上・辻
安養寺	−	−	−			上・辻
中尾	18	253	14.1			上・辻
細道	−	−	−		天水	上・辻
柱	−	−	−			上・辻
前村	22	538	24.5		天水	上・辻
若宮	5	−	−	なし	タレウケ	平尾
押谷	6	−	−	なし		平尾
梅宮	12	−	−			平尾
植田	41	449	10.9	番次田5口，3戸，総面積17a	あり（番次と5組の番）	平尾
大倉	25	564	22.6	なし	あり	平尾
門田	16	200	12.5	なし	あり	平尾
小釜	25	−	−	なし	あり	平尾
芝原	13	200	15.4	なし	あり	平尾
小蝶	11	250	25	なし	あり	平尾
北山	70	−	−	なし	あり	平尾
中	−	200	−	なし		平尾
押谷	−	−	−	なし		平尾
月谷		173				上・辻
川端	46	1,600	27.4	なし	あり	下仰木
竹谷	7	120	17.1	なし	天水	下仰木
太田	4	−	−	なし	天水	下仰木
生甫	14	800	57.1	なし	天水　イバ池	下仰木
馬場	7	70	10	なし	あり	下仰木
下川原	7	60	8.57	なし		下仰木
落合	10	100	10	なし		下仰木
蛇谷	25	1,000	40	なし		下仰木
北向	7	100	14.3	なし		下仰木
武ヶ谷	−	−	−	なし	ため池	下仰木
中谷	−	70	−	なし	川	下仰木
山ノ神	−	−	−	なし		下仰木
塩田	−	−	−	なし		下仰木

注：聞き取り調査をもとに，筆者作成。ただし，土地改良事業（ほ場整備）事業がなされる以前に仰木に存在していた井堰組織および天水田の一覧。−は聞き取り調査で詳細不明であった。

■**参考資料18【水害による井堰復旧事業】**

　昭和10（1935）年6月28日の豪雨によって，仰木内の4つの井堰が流失したため，その復旧工事を申請している。期間は，昭和11（1936）年5月20日から同年5月31日にかけてとなっている。井堰復旧工事豫算明細書（月谷井堰，竹谷井堰，馬場下井堰）より関係部分のみを以下抜粋する。

　設計書
　一．位置　受益地積及現況
　　（イ）　位置　滋賀郡仰木村……（プライバシー保護のため四部落名消される）
　　（ロ）　受益地積
　　　　　　耕地　五町歩
　　　　　　耕地　壱町歩
　　　　　　耕地　三町歩
　　　　　　耕地　一町歩
　　（ハ）　現況
　　　　　　前記地域ヲ灌漑スル井堰ナルモ昭和十年六月末ノ豪雨襲来ニヨリ堤防決潰ト共ニ流失シ之レガ復旧工事ヲ急務トスル状態ニアリ

　二．事業の目的計畫説明
　　（イ）　事業ノ目的　井堰ヲ混凝土造ニ復旧シ灌漑用水ノ充実ヲ計ラントス
　　（ロ）　井堰工ノ復旧断面ハ大体ニ於テ旧井堰ニ倣ヒ堰直高一・〇米床壁厚四糎ノ玉石入混凝土ノ堰体トス
　　　　　　堰頂ハ常時ニ於テ取入導水路床ヨリ〇・三〇米下ゲ灌漑期ニ於テハ土俵ヲ次テ自由ニ堰止表面水ヲ取入レ得ル様ニナルモノトス
　　　　　　擁壁は高二・五〇米ノ内混凝土一・八〇米トス　壁厚上巾二五糎下巾四〇糎其ノ延長五・八〇米基礎杭長サ一・二〇米間隔〇・九米毎ニ打込ムモノトス
　　　　　　裏込粘土並ニ土砂ヲ次テ搗固メ漏水ヲ防止セントス
　　　　　　詳細別紙構造図ノ通トス

一金七百圓也
　　　　内譯　堰高一・〇米　幅七・〇米
　　　　　　　擁壁高二・五〇米　長サ五・八〇米

排水費　　一二円。ポンプ及発動機借入。一日三円トシテ三日間及雑費。

出典：滋賀県行政文書（昭ぬ79「29　滋賀郡仰木村地先　天神川田養水引用井堰修築願許可ノ
　　　件」）『河川法処分　田養水井堰作業12』（1936（昭和11）年

■参考資料19【井堰親・宮座に関する文書目録】

	井堰名（井堰親名）	資料名	年月日
1	高野井路親　小鑓善吉	番組稲苅覚帳	改大正六年壱月
2	高ヤ八王子・番次	高野水路之帳　水割表	
3	高野分　小鑓政次	高屋水路賦課割割	昭和四十六年度　一号
4	高や	水路反別表	
5	高ヤ	水路反別表	
6	植田井瀬親　堀井一雄	植田井瀬諸作業記憶帳	昭和三十年度以降
7	植田井瀬親　堀井孫三郎・華開寺	植田井瀬料及水口帳	昭和六年起
8	植田井瀬親堀井孫三郎・一雄，市田	植田井瀬料及水口帳	昭和三十年
9	植田井瀬親　堀井一雄	植田井瀬料徴収帳	昭和三十三年十二月
10	植田井瀬親　堀井一雄	植田井瀬料及水口帳	昭和六十年改
11	植田井瀬親　堀井一雄	植田井瀬料徴収帳	昭和六十一年十二月
12	植田井瀬親　堀井一雄	水口災害復旧工事負担金徴収帳	平成九年度
13	植田井瀬親　堀井一雄	平成八年九月災害及水路修理工事植田井瀬水口復旧工事平尾受益者負担金	平成十年六月
14	植田井瀬	平成９年度　植田井瀬災害水口及び水路復旧工事負担費	平成九年度
15	杉谷井堰	賣渡証書	昭和貳年壹月拾四日
16	杉谷井堰	土地賣渡証書	明治参拾参年
17	杉谷井堰	委任状	明治参拾参年
18	杉谷井堰	土地所有権ノ保存二付申請書	明治参拾参年
19	杉谷井堰	領収書	
20	杉谷井堰	水路図	
21	杉谷井堰	杉谷井瀬加古帳	大正三年壱月
22	杉谷井堰	杉谷井路（表紙欠損）	大正六年
23	杉谷井堰	杉谷井瀬料覚帳	大正
24	杉谷井堰	表紙欠損	昭和三年
25	杉谷井瀬親・年行事	杉谷井瀬料勘定帳	昭和三年吉月十八日
26	杉谷井瀬親・年行事	杉谷井瀬料勘定帳	昭和四年吉月十七日
27	杉谷井瀬親・年行事	杉谷井瀬料勘定帳	昭和五年吉月
28	杉谷井瀬親・年行事	杉谷井瀬料勘定帳	昭和六年吉月
29	杉谷井瀬親・年行事	杉谷井瀬料勘定帳	昭和七年弐月
30	杉谷井瀬親・年行事	杉谷井瀬料勘定帳	昭和八年吉月
31	杉谷井瀬親・年行事	杉谷井瀬料勘定帳	昭和九年吉月
32	杉谷井瀬親・年行事	杉谷井瀬料勘定帳	昭和十年弐月八日
33	杉谷井瀬親・年行事	杉谷井瀬料勘定帳	昭和十一年一月二十三日

井堰名（井堰親名）	資料名	年月日
34 杉谷井瀬親・年行事	杉谷井瀬料勘定帳	昭和十二年一月二十五日
35 杉谷井瀬親・年行事	杉谷井瀬勘定帳	昭和拾五年一月三十一日
36 杉谷井瀬親・年行事	杉谷井路勘定帳	昭和拾六年弐月十三日
37 杉谷井瀬親・年行事	杉谷井路勘定帳	昭和拾七年一月
38 杉谷井瀬親・年行事	杉谷井路精算帳	昭和拾八年弐月一日
39 杉谷井瀬親・年行事	杉谷井瀬勘定帳	昭和拾八年七月
40 杉谷井瀬親・年行事	杉谷井路料勘定帳	昭和十四年弐月弐十壱日
41 杉谷井路親・年行事	杉谷井瀬勘定帳	昭和拾九年弐月
42 杉谷井瀬親・年行事	杉谷井瀬水路修復費勘定帳	昭和拾七年四月十日
43 杉谷井瀬親・年行事	杉谷井瀬勘定帳	昭和二十年一月三十一日
44 杉谷井瀬親・年行事	杉谷井瀬割精算	昭和弐十壱年八月廿四日
45 杉谷井瀬親・年行事	杉谷井瀬勘定帳	昭和弐十弐年二月
46 杉谷井瀬親・年行事	杉谷井路勘定帳	昭和廿三年二月
47 杉谷井瀬親・年行事	杉谷井路勘定帳	昭和弐拾四年壱月
48 杉谷井瀬親・年行事	杉谷井瀬勘定帳	昭和弐拾五年拾二月
49 杉谷井瀬親・年行事	杉谷井瀬特別精算帳	昭和弐拾六年九月
50 杉谷井瀬親・年行事	杉谷井瀬精算帳	昭和弐拾七年弐月
51 杉谷井瀬親・年行事	杉谷井瀬勘定帳	昭和弐拾八年壱月
52 杉谷井瀬親・年行事	杉谷井路樋代精算帳	昭和弐拾八年五月
53 杉谷井瀬親・年行事	杉谷井瀬精算帳	昭和弐拾九年一月
54 杉谷井瀬親・年行事	杉谷井瀬古樋壹代割戻精算帳	昭和弐拾九年九月弐拾八日
55 杉谷井瀬親・年行事	杉谷井瀬勘定帳	昭和参拾年壱月
56 杉谷井瀬親・年行事	杉谷井瀬勘定帳	昭和三拾一年弐月
57 杉谷井瀬親・年行事	杉谷井瀬勘定帳	昭和三拾二年三月
58 杉谷井瀬親・年行事	杉谷井瀬勘定帳	昭和三拾三年弐月
59 杉谷井瀬親・年行事	杉谷井瀬勘定帳	昭和三拾四年一月二拾九日
60 杉谷井瀬親・年行事	杉谷井瀬勘定帳	昭和三拾五年
61 杉谷井瀬親・年行事	杉谷井瀬勘定帳	昭和三拾六年
62 杉谷井瀬親・年行事	杉谷井瀬勘定帳	昭和三拾七年度
63 杉谷井瀬親・年行事	杉谷井瀬勘定帳	昭和三十九年度
64 杉谷井瀬親・年行事	杉谷井瀬勘定帳	昭和四〇年度
65 杉谷井瀬親・年行事	杉谷井瀬勘定帳	昭和四拾壱年度
66 杉谷井瀬親・年行事	杉谷井瀬勘定帳	昭和四拾弐年度
67 杉谷井瀬親・年行事	杉谷井瀬勘定帳	昭和四拾参年度
68 杉谷井瀬親・年行事	杉谷井瀬精算帳	昭和弐拾六年壱月

■参考資料20 [高野井堰と八王寺井堰の水がかり]

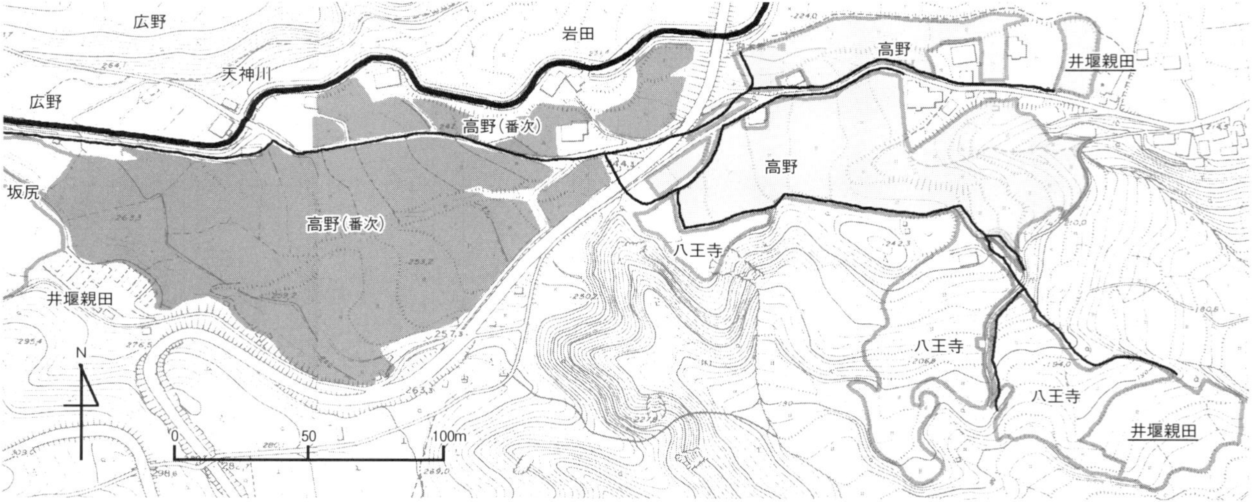

出典：大津市（1973）「2500分の1大津市市域図」、聞き取り調査をもとに筆者作成。

■ 参考資料21【仰木・宮座関係資料，その他】

	資料名	著者	年月日
1	一　祝部（ハフリベ）行茂 江州滋賀郡仰木五社権現縁起	解読：中川正二	享保十一年十二月
2	一　親村置文 仰木庄田所大明神親村由緒之次第誌須	解読：中川正二	文明乙年（イツミ）卯月
3	親村考　老長考		年代不詳
4	真法株規約	市田治平	昭和八年
5	親村定式		昭和十一年
6	村社祭典録	滋賀郡仰木村四組	明治二十九年十二月
7	式内小椋神社略縁起	真法株第一和尚　集約：岡田昭吾	平成七年七月
8	神社御由緒調進綴	石川松太郎	昭和十三年二月
9	小椋神社年表略縁起	集約：岡田昭吾	平成十一年二月
10	滋賀郡仰木村家屋番号	北村見吉	明治二十九年十二月調
11	常備儲蓄積立米法則全	滋賀県滋賀郡仰木村平組	明治二十三年十二月

■参考資料22【滋賀県行政文書目録（仰木の河川・ため池関係）】

	行政文書記号	文書名	年月日
1	（明へ1-43仰木村）	『滋賀郡各村絵図』	
2	（明へ11-2-1上仰木村・辻ヶ下村・平尾村・下仰木村合村絵図）	『滋賀郡町村分合願ニ関スル絵図』	
3	（明ぬ31，平尾村，上仰木村，下仰木村，辻ヶ下村）	『明治六年三月近江国滋賀郡村々川々堤防等官自筒所取調帳』	
4	（明ぬ104，5租丙5934滋賀郡仰木村字生甫，井瀬敷付替願聞届ク）	『溜池・養悪水路新設変更願件』	明治13年7月27日
5	（明ぬ104，9租丙8262滋賀郡仰木村字前村ニ養水溜池新設御頼書聞届ク）	『溜池・養悪水路新設変更願件』	明治13年11月24日
6	（明ぬ104，14租丙3991滋賀郡仰木村字長谷ニ養水池開墾御願聞届ク）	『溜池・養悪水路新設変更願件』	明治13年6月2日
7	（明ぬ104，15租丙3990滋賀郡仰木村字北谷ニ養水池開墾御願聞届ク）	『溜池・養悪水路新設変更願件』	明治13年6月2日
8	（明ぬ104，16租丙3992滋賀郡仰木村字山ノ中ニ養水池開墾御願聞届ク）	『溜池・養悪水路新設変更願件』	明治13年6月2日
9	（明ぬ126，32租丙3326滋賀郡仰木村字後谷ニ養水溜池新設願聴届ク）	『溜池・養悪水路新設変更願件』	明治14年7月19日
10	（明ぬ130，57溜池取拡　滋賀郡仰木村）	『明治10年7月河港道路橋梁養悪水路・溜樋管新設変更明細表』	明治9年12月6日
11	（明ぬ130，141用水路附替滋賀郡仰木村）	『明治11年河港道路橋梁養悪水路・溜樋管新設変更明細表』	明治13年7月23日
12	（明ぬ130，145溜池新設　滋賀郡仰木村　小林吉右エ門）	『明治11年河港道路橋梁養悪水路・溜樋管新設変更明細表』	明治13年6月4日
13	（明ぬ130，148溜池新設　滋賀郡仰木村　大槻吉助）	『明治11年河港道路橋梁養悪水路・溜樋管新設変更明細表』	明治13月6月4日
14	（明ぬ130，159溜池新設　滋賀郡仰木村　佛性嘉平次）	『明治11年河港道路橋梁養悪水路・溜樋管新設変更明細表』	明治13年6月4日
15	（大ぬ221，31　天神川仰木村（田養水及水車用アリ））	『河川法処分旧慣ニ依リ河川ヨリ引水ヲ為スモノノ整理ノ件』	大正15～昭和2年調査
16	（昭ぬ79，29　滋賀郡仰木村地先天神川田養水引用井堰修築願許可ノ件）	『河川法処分　田養水井堰作業12』	昭和11年
17	（昭ぬ20，1河川ニ関スル慣習協約事項等調査ノ件）	『河川法処分』	昭和33年3～6月

参考文献

阿部謹也，1981『中世の風景』中公新書。
――，1988『ハーメルンの笛吹き男――伝説とその世界』筑摩書房。
Ahlers, R. 2005, Fixing Water to Increase its Mobility: The Neoliberal Transformation of a Mexican Irrigation District. (A dissertation presented to the faculty of the graduate school of Cornell University)
ジョン・アーリ，2006，吉原直樹訳『社会を越える社会学――移動・環境・シチズンシップ』法政大学出版局。
赤坂憲雄，2002『境界の発生』講談社。
秋道智彌，1995『なわばりの文化史――海・山・川の資源と民俗社会』小学館。
――，2004『コモンズの人類学』人文書院。
秋津元輝，1986「村落における合意形成の基準――農業水利と村落との関連の側面から」『ソシオロジ』31（2）：39-66。
秋山道雄，1988「水利研究の課題と展望」『人文地理』40（5）：38-62。
網野善彦他編，1993『北陸地方の荘園近畿地方の荘園Ⅰ』吉川弘文館。
ベネディクト・アンダーソン，1997（1991），白石さや他訳『増補　想像の共同体――ナショナリズムの起源と流行』NTT出版。
新井信男，1977「農業の用水スプロールの農業的基盤――わが国の旧村落秩序の地域的崩壊の結果として」『高崎経済大論集』20：53-70。
――編，1983『水利制度論』農山漁村文化協会。
有賀喜左衛門，2000「親方と子方」『第二版　有賀喜左衛門著作集Ⅵ　婚姻・労働・若者』未来社：151-191。
浅子和美・國則守年，1998「コモンズの経済理論」宇沢弘文・茂木愛一郎編『社会的共通資本――コモンズと都市』東京大学出版会。
鮎川幸雄，1963「河川行政の新方向――新河川法案の構想をめぐって」『法律時報』35（9）：19-24。
Barden, J. A. and Noonan, D. S., 1998, *Managing the Commons*, second edition, Indiana University Press.
ウルリッヒ・ベック他，1997，松尾精文他訳『再帰的近代化――近現代の社会秩序における政治，伝統，美的原理』而立書房。
――他編，2011『リスク化する日本社会――ウルリッヒ・ベックとの対話』岩波書店。
モード・バーロウ，トニー・クラーク，2003，鈴木主税訳『「水」戦争の世紀』集英社。

ピエール・ブルデュー,1991,石崎晴己訳『構造と実践——ブルデュー自身によるブルデュー』藤原書店.

Burke, Peter, 1997, *Varieties of Cultural History*, Cambridge, UK: Polity Press.

Chang, Kyung-Sup, 2010, *South Korea under Compressed Modernity: Familial Political Economy in Transition*, Routledge.

アンソニー・ポール・コーエン,2005,吉瀬雄一訳『コミュニティは創られる』八千代出版.

大同淳之,1997「フィリピン農村の草の根の耕作権 Zanjera」『立命館国際研究』9 (4): 87-97.

ジェラード・デランティ,2006,山之内靖・伊藤茂訳『コミュニティ——グローバル化と社会理論の変容』NTT 出版.

遠藤惣一・光吉利之・中田実編,1990『現代日本の構造変動——1970年以降』世界思想社.

Feeny, D., et al., 1990, The Tragedy of the Commons: Twenty-Two Years Later, *Human Ecology* 18 (1): 1-19. (reprinted by Baden, J. A., and Noonan, D. S. eds., 1998, *Managing the Commons*, Indiana University Press, 76-94)

藤村美穂,1996「社会関係からみた自然観」『村落社会研究』32: 69-95.

深町加津枝・佐久間大輔,1998「里山研究の系譜——人と自然の接点を扱う計画論を模索する中で」『ランドスケープ研究』61 (4): 27-280.

福田アジオ,1980「村落領域論」『武蔵大学人文学会雑誌』12 (2): 217-247.

——,1982『日本村落の民俗的構造』弘文堂.

——,1997『番と衆——日本社会の東と西』吉川弘文館.

——,2002『近世村落と現代民俗』吉川弘文館.

福田榮次郎,1993「近江国」網野善彦他編『講座日本荘園史6 北陸地方の荘園・近畿地方の荘園Ⅰ』吉川弘文館: 159-236.

舟橋和夫,1977「湖西農村における水利と葬礼の共同組織——滋賀県安曇川町三重生の事例」『ソシオロジ』22 (1)(通巻69): 99-109.

古川彰,1986「水利用と日常生活の論理——科学知と生活知の構造」『中京大学社会学部紀要』1 (1): 111-131.

——,2004『村の生活環境史』世界思想社.

Geertz, Clifford, 1983, *Local Knowledge: Further Essays in Interpretive Anthropology*, Basic Books.

クリフォード・ギアーツ,1990,小泉潤二訳『ヌガラ——19世紀バリの劇場国家』みすず書房.

——,2001,池本幸生訳『インボリューション——内に向かう発展』NTT 出版.

デヴィッド・ハーヴェイ，2005，本橋哲也訳『ニュー・インペリアリズム』青木書店。
林屋辰三郎他編，1984『新修大津市史7　北部地域』大津市役所。
氷見山幸夫・菊地裕太，2007「わが国における1980年度以降のほ場整備事業の動向」
　　『北海道教育大学大雪山自然教育研究施設研究報告』41：9-18。
『北方の農民』復刻版刊行委員会，1999『北方の農民　第1号～第13号　復刻版』『北方
　　の農民』復刻版刊行委員会。
池田寛二，1986「水利慣行とムラの現在」『社会学論考』7：13-40。
──，1987「モラル・エコノミーとしての入会とその現代的意義──兵庫県下の生産
　　森林組合の動向を中心にして」『人文研究』16：25-72。
──，1995「環境社会学の所有論的パースペクティブ」『環境社会学研究』1：21-37。
池上甲一，1991『日本の水と農業』学陽書房。
──，2003「農業水利の意味論に向けて──「身体」と「語り」」祖田修監修『持続
　　的農業農村の展望』大明堂：37-63。
イバン・イリイチ，1986，伊藤るり訳『H$_2$Oと水──「素材（スタッフ）」を歴史的に
　　読む』新評論。
今村仁司・今村真介，2007『儀礼のオントロギー──人間社会を再生産するもの』講談
　　社。
今村奈良臣他編，1977『土地改良百年史』平凡社。
井上真，1997「コモンズとしての熱帯林」『環境社会学研究』3：15-32。
──，2001「自然資源の共同管理制度としてのコモンズ」井上真・宮内泰介編『コモ
　　ンズの社会学──森・川・海の資源共同管理を考える』新曜社：1-28。
井上真・宮内泰介編，2001『コモンズの社会学──森・川・海の資源共同管理を考え
　　る』新曜社。
伊豫谷登士翁編，2007『移動から場所を問う──現代移民研究の課題』有信堂。
陣内義人，1974「戦後の農業水利問題」『農業総合研究』28（3）：1-42。
Johnson, Sue, 1974, Recent Sociological Contribution to Water Resources Management
　　and Development, in James L. Douglas eds., *Man and Water*, The University Press
　　of Kentucky, 164-199.
嘉田由紀子，1991「環境管理主体としての村落組織とその変容──琵琶湖岸の村の百年
　　の歴史から」『村落社会研究』27：79-112。
──，1995『生活世界の環境学──琵琶湖からのメッセージ』農山漁村文化協会。
──，1997「生活実践からつむぎ出される重層的所有観」『環境社会学研究』3：72-
　　85。
──，2001『水辺暮らしの環境学──琵琶湖と世界の湖から』昭和堂。
──，2002『環境学入門9　環境社会学』岩波書店。

──他，1997「特集コモンズとしての森・川・海」『環境社会学研究』3：5-99。
戒能通孝，1943『入会の研究』日本評論社。
　　──，1964『小繋事件──三代にわたる入会権紛争』岩波新書。
貝塚和実，1985「明治維新期における直轄県政と民衆──利根川中流域の治水・水利問題をめぐって」『歴史学研究』548：42-57。
柿崎京一，1964「水理秩序と村落」『社会科学論集』11：1-74。
　　──，1978「村落統合と水利組織──香川県における溜池灌漑村落の事例」渡辺兵力編『農業集落論』龍渓書写：203-269。
　　──他編，2008『東アジア村落の基礎構造──日本・中国・韓国村落の実証的研究』御茶の水書房。
亀田隆之，1973『日本古代用水史の研究』吉川弘文館。
金沢良雄，1970a「慣行水利権の合理化」『法学協会雑誌』87（6）：714-739。
　　──，1970b「水利権と水資源の高度利用」『ジュリスト』464：14-19。
金子良編，1968『圃場整備の調査・計画』畑地農業振興会。
春日直樹，2007『〈遅れ〉の思考──ポスト近代を生きる』東京大学出版会。
川端洽平，1982「仰木ニュータウンの建設」『新都市』36（10）：160-168。
川本彰，1966「農業発展と村落組織──輪中地帯村落組織に及ぼした大規模土地改良事業の社会的影響」『明治学院論叢　研究年報』（社会学・社会事業特集2）：227-307。
　　──，1972『日本農村の論理』龍渓書舎。
　　──，1990『農村社会論』明文書房。
川島武宜，1986『川島武宜著作集9　慣習法上の権利』岩波書店。
木村和弘，2002「急傾斜地水田の整備と今後の土地利用」『農業土木学会誌』70（3）：1-4。
木村和弘・内川義行，2002「棚田保全のための地区区分」『農業土木学会誌』70（2）：41-46。
喜多村俊夫，1946『近江経済史論考』大雅堂。
　　──，1950a『日本灌漑水利慣行の史的研究　総論編』岩波書店。
　　──，1950b『日本灌漑水利慣行の史的研究　各論編』岩波書店。
喜多野清一，1983「柳田国男の家族論における二，三の基本的見解」喜多野清一編『家族・親族・村落』早稲田大学出版部：329-339。
喜安朗，2008『パリの聖月曜日──19世紀都市騒乱の舞台裏』岩波書店。
小林和美，1994「近世的水利組織と近現代──兵庫県加古郡稲美町国岡の事例」『社会学雑誌』11：206-235。
　　──，1995「農業水利研究への社会構造論的アプローチ──余田博通「溝掛かり」論の学説史的検討」『社会学雑誌』12：80-97。

──，1996a「河川管理をめぐる相克と展開──明治前期の加古川治水事業と官民区分」『文化学年報』15：191-218。
──，1996b「混住化地域における用水管理──共同所有・共同利用・共同管理の主体をめぐって」『社会学雑誌』14：246-257。
──，1996c「日本村落社会における用水管理組織の社会史的研究」神戸大学博士論文。
小林三衛，1970「慣行水利権の私権性と問題点」『ジュリスト』464：20-25。
──，1972「慣行水利権の性質」『法学セミナー』195：57-59。
──，1979「慣行水利権の性格とこれをめぐる問題」緒方博之編『水と日本農業』東京大学出版会：201-221。
──，1981「上流堰の改修と下流慣行水利権──福岡県小群市大板井堰の事例」『茨城大学地域総合研究所年報』14：55-59。
Korten, F. F. and Siy, jr. R. Y. eds., 1988, *Transforming a Bureaucracy: The Experience of the Philippine National Irrigation Administration*, Kumarian Press.
口羽益生，1975「東南アジアにおける水と村──水利と共同組織」『ソシオロジ』20（2）（通巻64）：37-54。
黒木三郎，1986「水法論序説──とくに国有林野上の普通河川をめぐって」『早稲田法学』61巻3・4合併（Ⅱ）：29-65。
桑子敏雄，1999「環境思想と行動原理」鬼頭秀一編『環境の豊かさをもとめて──理念と運動』昭和堂：54-76。
──，2001『感性の哲学』日本放送出版協会。
──，2005『風景のなかの環境哲学』東京大学出版会。
町村敬志編，2006『開発の時間　開発の空間』東京大学出版会。
丸山徳次，2009「里山学のねらい──〈文化としての自然〉の探求」丸山徳次・宮浦富保編『里山学のまなざし──〈森のある大学〉から』昭和堂：1-35。
真勢徹，1994『水がつくったアジア──風土と農業水利』家の光協会。
松田素二，2004「変異する共同体──創発的連帯論を超えて」『文化人類学』69（2）：247-269。
松本通晴，1984「戦後の近畿村落研究の諸系譜」『村落社会研究』20：209-251。
松村和則編，1997『山村の開発と環境保全──レジャー・スポーツ化する中山間地域の課題』南窓社。
南埜猛，1995「都市化地域における農業水路の利用と管理──広島市川内地区を事例として」『人文地理』47（2）：1-18。
──，2001「水利の諸相──姫路市域の事例」『兵庫大学研究紀要』第2分冊21：105-116。

三俣学・小林志保，2002「共有山と灌漑用水管理をめぐる共的ルールの検討」『エコソフィア』9：81-97。
宮地米蔵，1970「慣行水利権の実態と問題点——筑後川」『ジュリスト』464：26-33。
宮本常一，1968a『宮本常一著作集1』未来社。
――，1968b『宮本常一著作集7』未来社。
――，1973『宮本常一著作集13』未来社。
――，1984『宮本常一著作集29』未来社。
――，2003『宮本常一著作集43』未来社。
宮本常一・山本周五郎・楫西光速・山代巴監修，1995『日本残酷物語5　近代の暗黒』平凡社ライブラリー。
宮内泰介，1998「重層的な環境利用と共同利用権」『環境社会学研究』4：125-141。
――，2001a「コモンズの社会学」鳥越皓之編『講座環境社会学3』有斐閣：25-46。
――，2001b「住民の生活戦略とコモンズ」井上真・宮内泰介編『コモンズの社会学』新曜社：144-164。
――，2009「「半栽培」から考えるこれからの環境保全」宮内泰介編『半栽培の社会学――これからの人と自然』昭和堂：1-20。
――編，2006『コモンズをささえるしくみ』新曜社。
――編，2009『半栽培の社会学――これからの人と自然』昭和堂。
水と文化研究会，1998『水環境カルテ』。
森實，1989「新たなる水利権の生成――親水水利権・克雪水利権」『社会労働研究』36（1）：71-102。
――，1990『水の法と社会――治水・利水から保水・親水へ』法政大学出版局。
――，1992「河川法案の審議における慣行水利権」『社会労働研究』39（2・3）：97-119。
――，1993「農業水利権の概念とその主体」『社会労働研究』39（4）：68-103。
守谷一郎，1970「農業用水の合理化について」『ジュリスト』464：58-62。
室田武・三俣学，2004『入会林野とコモンズ――持続可能な共有の森』日本評論社。
長堀金造・山根俊弘・菊川誠士・斉江俊彦，1986「棚田の圃場整備のあり方」『農業土木学会誌』54（3）：5-9。
永田恵十郎・南侃，1982『農業水利の現代的課題』農林統計協会。
中島峰広，1999『日本の棚田――保全への取組み』古今書院。
――，2002「棚田の分布と特質」『農業土木学会誌』70（3）：5-8。
中村吉治，1980『村落構造の史的分析』御茶の水書房。
中野卓，1983「祇園町万亭一力とその先祖祀り――その暖簾内と親方子方関係」喜多野清一編『家族・親族・村落』早稲田大学出版部：69-93。

―――，1995『口述の生活史――或る女の愛と呪いの日本近代』(増補版)，御茶の水書房。

中田実，1993『地域共同管理の社会学』東信堂。

二宮哲雄，1975「地域開発と農業用水」『ソシオロジ』20（2）（通巻64）：22-36。

野田公夫，1983「滋賀県におけるポンプ灌漑の進展とその意義に関する一考察――大正期・昭和戦前期における」『農業経営研究』21（1）：31-42。

農業土木学会古典復刻委員会編，1989『農業水利慣行』日本経済評論社。

農業水利問題研究会，1970「都市化過程における農業水利」『ジュリスト』464：70-73。

―――編，1961『農業水利秩序の研究』御茶の水書房。

野本寛一，1997『焼畑民俗文化論』雄山閣。

農林省経済更正部，1933『経済更正計画資料 第15 昭和8年度 農山漁村経済更正計画ノ樹立町村概況（第2）』1933年度。

農林省農務局，1941『旧慣守ニ依ル農業水利調整事例（第1集）』農林省農務局。

農水省構造改善局計画部資源課・日本土壌協会，1994『傾斜地帯水田適正利用対策調査報告書』。

野沢勝美，2003「伝統的水利組織と協同組合――フィリピンのイロコス・ノルテ州における事例」『国際関係紀要』12（2）：1-60。

野添憲治，1996『開拓農民の記録』社会思想社。

小川竹一，1987「水利権の構造変化」『早稲田法学会誌』37：1-27。

大庭健，2004『所有という神話』岩波書店。

仰木村　1912『仰木村誌　仰木小学校文書』。

仰木史跡会，1996『ふるさと仰木』仰木史跡会。

大越勝秋，1980「和泉地方における重要井堰と湧水帯」『歴史地理学紀要』22：169-175。

大橋力・河合徳枝，1982「近江八幡十三郷の伝統的環境制御メカニズム――祭りによる水系とムラのシステム化Ⅰ」『社会人類学年報』8：31-67。

岡部守，1983『農業・水管理論』日本イリゲーション・クラブ。

岡本雅美，1973「農村と都市との「水争い」――その事例的検討」『ジュリスト』533：38-43。

大熊孝，2003『洪水と治水の河川史――水害の制圧から受容へ』平凡社。

大野晃，2005『山村環境社会学序説――現代山村の限界集落化と流域共同管理』農山漁村文化協会。

大塚英二，1989「水利秩序の変容と地域・村落間格差――近世後期の遠州地方の用水相論を通して」『地方史静岡』17：12-46。

小栗栖健治，1985「近江国滋賀郡仰木庄の宮座」『近江地方史研究』21：28-46。

―――，2003「荘園鎮守社における祭祀の歴史的変容」『国立歴史民俗博物館研究報

告』98：45-113。
――，2005『宮座祭祀の史的研究』岩田書院。
小野芳朗，2001『水の環境史――「京の名水」はなぜ失われたのか』PHP研究所。
Ostrom, Elinor, 1990, *Governing the Commons: The Evolution of Institutions for Collective Action*, Cambridge University Press.
――, 1992, *Crafting Institutions for Self-Governing Irrigation Systems*, San Francisco, California: Institute for Contemporary Studies.
――, et al. eds., 2003, *The Drama of the Commons*, National Academy Press.
サンドラ・ポステル，2000，福岡克也監訳『水不足が世界を脅かす』家の光協会。
坂本慶一，1980『日本農業の転換』ミネルヴァ書房。
桜井厚，1986「水と社会の変動――水道化のプロセス」『社会学論考』7：1-12。
――，1987「生活世界の葛藤としての環境問題」『中京大学社会学部紀要』1（2）：47-77（179-209）。
佐藤仁，2002『稀少資源のポリティクス――タイ農村にみる開発と環境のはざま』東京大学出版会。
佐藤賢三・武田勉・杉山茂，1967「開田化のむら――専営的畑作から大規模水田農業へ・山形県新庄市昭和部落」『農業総合研究』21（1）：207-235。
佐藤政良，1981「水利団体の構造と機能――土地改良区を中心として」『ジュリスト』増刊総合特集23：217-222。
佐藤武夫，1970「河川水利秩序の再編過程」『ジュリスト』464：34-39。
佐藤哲，2009「半栽培と生態系サービス――私たちは自然から何を得ているか」宮内泰介編『半栽培の社会学――これからの人と自然』昭和堂：22-44。
西頭徳三，1991『土地改良費用負担論』大明堂。
関礼子他，2009『環境の社会学』有斐閣。
Sennett, Richard, 2006, *The Culture of the New Capitalism*, Yale University Press.
柴田匡平，1985「大都市近郊における農業水利組織の変容――埼玉県見沼土地改良区の場合」『地学雑誌』94（1）：1-20。
四手井綱英，1993，『森に学ぶ――エコロジーから自然保護へ』海鳴社。
滋賀県庁蔵，1979『近江国滋賀郡村誌6　仰木村誌』弘文堂書店（仰木村誌　明治十五年一月廿七日）。
滋賀県市町村沿革史編さん委員会，1967『滋賀県市町村沿革史2』。
――編，1962「滋賀県物産誌1　滋賀郡」『滋賀県市町村沿革史5　資料編1』5-29, 50-51。
島武男他，2002「中山間地水路の維持管理実態と自動止水ゲートの開発」『農業土木学会誌』70（2）：27-31。

志村博康，1977『現代農業水利と水資源』東京大学出版会。

―――，1982『現代水利論』東京大学出版会。

―――，1987『農業水利と国土』東京大学出版会。

―――編，1992『水利の風土性と近代化』東京大学出版会。

篠崎五六，1966『小繋事件の農民たち』勁草書房。

新沢嘉芽統，1958「農業水利の基本的問題点――用水合口を例として」『地理』3（3）：332-342。

―――，1963「水利権の内容と調整――いくつかの事例を中心として」『法律時報』35（9）：13-18。

白井義彦，1994「河川水利と流域管理」『地理科学』49（3）：130-138。

白井義彦・片岡正光，1992a「近世における河川灌漑と入会慣行Ⅰ――播州東条川の一の井堰構築材料をめぐって」『水利科学』206：1-25。

―――，1992b「近世における河川灌漑と入会慣行Ⅱ――播州東条川の一の井堰構築材料をめぐって」『水利科学』207：48-65。

―――，1992c「近世における河川灌漑と入会慣行Ⅲ――播州東条川の一の井堰構築材料をめぐって」『水利科学』208：37-60。

ヴァンダナ・シヴァ，2003，神尾賢二訳『ウォーター・ウォーズ――水の私有化，汚染そして収益をめぐって』緑風出版。

Shivakoti, G. P. and Vermilion, D. L., Lam, W-F., Ostrom, E., Pradhan, U., Yoder, R. eds., 2005, *Asian Irrigation in Transition: Responding to Challenges*, Sage Publication.

Siy, R. Y. Jr. foreword by Coward, E. W. Jr., 1982, *Community Resource Management: Lessons from the Zanjera*, University of the Philippines Press.

村落社会研究研究会編，1977『村落社会研究（復刻版）第Ⅵ輯 村落共同体論の展望』御茶の水書房。

ピーター・ストリブラス，アロン・ホワイト，1995，本橋哲也訳『境界侵犯――その詩学と政治学』ありな書房。

Stephen P. Glasser, July/August 2005, History of Watershed Management in the US Forest Service: 1897-2005, *Journal of Forestry*: 255-258.

須田政勝，2006『概説 水法・国土保全法――治水，利水そして環境へ』山海堂。

菅豊，2004「平準化システムとしての新しい総有論の試み」寺島秀明編『平等と不平等をめぐる人類学的研究』ナカニシヤ出版：240-273。

―――，2005『川は誰のものか――人と環境の民俗学』吉川弘文館。

角節郎，1975「さぬきの水についての覚書――主としてため池とそれをめぐる民俗にことよせて」『ソシオロジ』20（2）（通巻64）：11-21。

住谷一彦，1953「村落共同体と用水強制――農村共同体研究についての覚書」『社会学評

論』3（3）：39-60。
鈴木栄太郎，1968『鈴木栄太郎著作集　日本農村社会学原理（上・下）』未来社。
高牧實，1973「灌漑用水の用益」高牧實『幕藩制確立期の村落』吉川弘文館：295-318。
武内和彦他編，2001『里山の環境学』東京大学出版会。
竹内常行，1984『続・稲作発展の基盤』古今書院。
玉城哲，1972「比較灌漑農業論序説」『アジア経済』13（7）：18-37。
――，1979『水の思想』論創社。
――，1983『水社会の構造』論創社。
玉城哲・旗手勲，1974『風土――大地と人間の歴史』平凡社。
玉城哲・旗手勲・今村奈良臣編，1984『水利の社会構造』国際連合大学。
田村善次郎・TEM研究所，2003『棚田の謎――千枚田はどうしてできたのか』農山漁村文化協会。
田辺繁治・松田素二，2002『日常的実践のエスノグラフィ――語り・コミュニティ・アイデンティティ』世界思想社。
田中滋，2001「河川行政と環境問題」『講座環境社会学2　被害・加害と解決過程』有斐閣：117-143。
立岩真也，1997『私的所有論』勁草書房。
東郷佳朗，1998「農業水利権の現代的構造」『法社会学』50：135-139。
鳥越皓之，1982『トカラ列島社会の研究――年齢階梯制と土地制度』御茶の水書房。
――，1997「コモンズの利用権を享受する者」『環境社会学研究』3：5-14。
鳥越皓之・嘉田由紀子編，1991『水と人の環境史――琵琶湖報告書』増補版，御茶の水書房。
鳥越憲三郎，1958『摂津西能勢のガマの研究』（民俗調査報告第一輯），豊中市立民俗館。
坪井洋文，1979『イモと日本人――民俗文化論の課題』未来社。
塚本市朗，2003『わがふるさと』私家版。
鶴見和子，1977『漂泊と定住と――柳田国男の社会変動論』筑摩書房。
内田隆三，1996『さまざまな貧と富』岩波書店。
上越允彦，1969「近世の用水管理と村機能」『史観』80：21-37。
宇沢弘文・茂木愛一郎編，1994『社会的共通資本』東京大学出版会。
渡辺兵力，1976「農家と村落の相互規定」『村落社会研究』12：183-213。
渡辺洋三，1963「水利権の現代的課題」『法律時報』35（9）：4-7。
――，1964「現代福祉国家の法学的検討」『法律時報』36（8）：49-56。
――，1970『農業水利権の研究』増補，東京大学出版会。
――，1972『入会と法』東京大学出版会。

和辻哲郎，1979『風土』岩波書店．
山本早苗，2003「土地改良事業による水利組織の変容と再編――滋賀県大津市仰木地区の井堰親制度を事例として」『環境社会学研究』9：185-201．
――，2004「棚田における水利組織の構成原理と領域保全――滋賀県大津市仰木地区の事例より」『水資源・環境研究』16：21-32．
――，2007「棚田における水の共同性――琵琶湖辺集落・仰木1200年の歴史を刻むムラ」秋道智彌編『資源人類学8　資源とコモンズ』弘文堂：187-213．
――，2008「棚田に生きる人々と水とのつきあい方」山泰幸・川田牧人・古川彰編『環境民俗学――新しいフィールド学へ』昭和堂：161-180．
――，2009「ローカルな協働による里山の再創造」丸山徳次・宮浦富保編『里山学のまなざし――〈森のある大学〉から』昭和堂：139-156．
柳田國男，1970「農業用水ニ就テ」『定本柳田國男集31』新装版，筑摩書房．
家中茂，2002「生成するコモンズ」松井健編『開発と環境の文化学』榕樹書林：81-112．
安井眞奈美，2006「共有地利用の変遷と村の行方――石川県旧鳳至郡門前町七浦地区における植林と村の規約」『国立歴史民俗博物館研究報告』132：181-208．
安井正巳，1963「農業水利紛争の実態」『法律時報』35（9）：25-28．
安丸良夫，1999『日本の近代化と民衆思想』平凡社．
――，2007『文明化の経験――近代転換期の日本』岩波書店．
余田博通，1961『農業村落社会の論理構造』弘文堂．
――，1975「水とむら」『ソシオロジ』20（2）（通巻64）：3-10．
余田博通博士追悼論文集編集委員会編，1985『村落社会――構造と変動』余田博通博士追悼論文集，関西学院大学生活協同組合出版会．
米田実，2006「市町村合併と民俗――滋賀県を事例として」『日本民俗学』245：99-110．
米村昭二，1983「契約的親子関係の一考察――山廻嘉作を中心として」喜多野清一編『家族・親族・村落』早稲田大学出版部：127-148．
米山俊直，1967『日本のむらの百年』NHK出版．
――，1969『過疎社会』NHK出版．
吉原直樹，2008『モビリティと場所――21世紀都市空間の転回』東京大学出版会．
全国土地改良事業団連合会編，農林水産省構造改善局建設部整備課監修，1982『圃場整備事業20年のあゆみ』全国土地改良事業団連合会．

索　引

あ行

あきらめの連鎖 ……………… 137, 142
アクセス権の格差と不平等 ……… 187
あたたかい自然 ………………… 127
「圧縮された」近代 …………… 3, 186
雨乞い ……………………………… 77
雨水→天水
荒井堰立て（アライゼタテ）…… 54, 59
安全 …………………………… 9, 172
アンダーユース→低位利用・放置
イケ ………………… 202, 208, 210
「イケ」がかり ………………… 216
異質 ……………………………… 185
井堰 …………………… 48, 50, 51, 53, 60
　　──がかり ……………………… 49
　　──刈り（イゼカリ）…… 52, 55, 59
　　──組織 ……… 48, 51, 52, 54, 65, 101
　　──立て（イゼタテ）……… 52, 55
　　──料 ………………………… 56
井瀬（イゼ）……………………… 50
井堰親 ……… 48, 50, 51, 55, 56, 59, 62, 65
　　──（イゼオヤ）制度 … 17, 48, 50, 52, 63, 70
　　──田 ………………………… 57
　　──の権利 …………………… 51
井堰子（イゼコ）………………… 52
井戸 …… 168, 195, 196, 198, 202, 204, 206, 211, 213
　　──の神さま ………………… 206
　　──水 ………………………… 204

イメージ ………………………… 136
入会林野 ………………………… 48
美しい村 ………………………… 129
美しい村づくり（農村の文化的景観）
　　………………………………… 94
ウマ小屋 ………………………… 204
恵心僧都源信 ………………… 33, 74
延暦寺 …………………………… 34
「応分」の水分配 ………………… 116
仰木 ……………… 12, 15, 30, 31-33, 48, 72
　　──祭（泥田祭）………… 34, 74
　　──村誌 ……………………… 74
　　──町 ………………………… 36
　　──庄 ……………………… 33, 34
　　──村 ………………… 35-40, 74, 76
大倉川 ………………………… 38, 48
オーバーユース→過剰利用
小椋神社 ……………………… 33, 74
お神酒 …………………………… 79
　　──料 ………………………… 56
オヤコ ………………………… 64, 69
　　──関係 ………… 63, 65, 66, 111

か行

開拓 ……………………………… 11
　　──移民 ……………………… 90
　　──政策 ……………………… 89
　　──面積 ……………………… 42
開発 …………………… 3, 8, 9, 163
　　──主義 ……………………… 10
　　──の正統性 ……………… 166

277

改良	114	共有資源利用	184
格差の是正	163	共有林野	169
隠田（カクシダ）	24, 176, 177	居住者	14
賭け	177, 180	近代化	3, 113
過酷な労働	177	景観	186
過剰利用（オーバーユース）	165	——の〈政治化〉	186
河川灌漑	48	——の文化遺産化	129
伽太夫仙人	34	源氏の棚田	34
過度の依存	153	権利の格差	181
カミ	49, 179	合意	107
——・シモ区分	48, 166	郊外	9
——とシモ	167, 168	——の誕生	96
——のもの	209	——ベッドタウン	38
上仰木	32, 34, 35	公共工事の残土処分	96, 97
下流	66	公共事業	106, 183
——の脆弱性	62	耕作放棄	26, 68, 94, 130, 137
——優位	52, 58	——地	25, 68
簡易水道	198	——率	44, 47
灌漑	27	〈公私〉区分	182
環境社会学	13	公私二元的な管理	91
環境認識	17	高度経済成長	4
環境への配慮	92	効率性	26, 113
観光化	129, 142, 144	交流	140
慣行水利権	91	——圏	44
換地	105	高齢化	94, 137
機械化	42	——率	31
境界	108, 182	個人化	111
——設定	184	個人の創意工夫	30
——・領域	66, 68	湖西	31
——・領域のゆらぎ	70	子ども水環境カルテ調査	16, 196
共的資源の利用	117	湖辺コミュニティ	ii, iii, 10, 15, 172
協働	150	コミューナルな資源	182
共同性	85	コミュニティ	6, 14, 182, 184, 187, 188
共同利用権	86	コモンズ	85, 117, 187
共有資源の管理	164	——複合	116, 117

──論 ……………………… 184
困窮島 …………………………… 163
コントロールの装置 …………… 170

さ行

災害 ……………… 23, 169, 172, 179, 181
　　──常襲地帯 ………………… 16
　　──とのつきあい方 ………… 114
　　──の防止 ………………… 127
　　──のリスク …………… 25, 188
　　──リスクの増大 ………… 165
（自然の）再コード化 …………… 7, 8
再生・復元 ……………………… 7
里山 ……………………………… 6
　　──イメージ ………… 132, 136
　　──再生 ………………… 155
　　──／棚田イメージ ……… 156
　　──の現実 ………………… 132
　　──保全 ……… 10, 19, 132, 134, 147
　　──や棚田というフレーム … 130
3分の2の同意 ………………… 115
山林入会 ………………………… 71
支援と介入 ……………………… 154
シケウケ ………………………… 174
資源 ……………………………… 3
　　──管理 …………………… 85
　　──の流動性 ……………… 87
　　──利用 …………………… 16
　　──利用・管理システム … 14
地すべり ……………… 25, 167, 211
　　──防止 ………………… 105
　　──防止事業 …………… 213
施設を媒介とした監視・管理 … 170
地蔵 ……………………………… 204
　　──講 …………………… 204

持続性→存続性
実践的知 ………………………… 16
地主小作関係 …………………… 42
下仰木 ……………………… 32, 34, 35
シモ ……………………… 49, 179
　　──のもの ……………… 209
地元住民と都市住民との協働 … 152
地元主体 ………………………… 144
社会実験の場 …………………… 156
社会的実践 ……………………… 155
社会的承認 ……………………… 16
社会的統制 ……………………… 170
弱者救済的な機能 ……………… 164
衆 ……………………… 64, 65, 80
獣害 ……………………………… 142
　　──対策 ………………… 140
住宅開発 ………………………… 96
住民参加 ………………………… 92
　　──型調査 ………………… 12
10％の地元負担 ……………… 107
受容と順応 ……………………… 180
循環利用 ………………………… 10
『荘園志料』 …………………… 73
上水道 …………………………… 204
承認 ……………………………… 179
小流域 …………………………… 170
上流 ……………………………… 66
　　──優位 ………… 49, 52, 59
食の安全性 …………………… 151
食糧増産 …………………… 39, 89
所有 ……………………………… 85
　　──権 …………………… 86
親村（シンムラ） …… 32, 58, 72, 80
水系一貫主義 …………………… 91
水源林 …………………………… 48

索　引　279

水車	211
——組	211
水道	195
——化	71, 195
水利	27, 170
——慣行	30
——共同関係	29
——共同体規制	29
——近代化	29
——権	50, 88
——研究	28, 183
——システム	17, 28, 69
——制度	91
水力	211
ストック化	110
成員権	109, 111
生活	216
——環境主義	14
——環境問題	133
——世界	15
——の近代化	133
——の場	23
——排水がかり	216
——文化	134, 136
——用水	12, 166
生業	44
生産	216
——の場	23
生産者としての責任	143
正当性	107, 114, 185
正統な用水権	178
制度設計	188
世代	109, 143
設計	8
善意	153
全国総合開発計画	4
戦後の食糧増産政策	90
選択肢	114
存続性（持続性）	117

た行

代替可能	110
タイトな管理	87
宅地造成	95
田越し灌漑	173
棚田	6, 12, 13, 23-27, 58, 127
——オーナー制度	140, 144, 146
——景観	100
——水利	58, 62
——地域	4, 44, 175, 176
——トラスト制度	148
——復元	137, 155
——復元プロジェクト	142, 144, 154, 155
——復旧	169
——保全	10, 11, 19, 137, 139, 147
——ボランティア制度	138
——米のブランド化	143
——面積	71
ため池	202, 214
多面的機能	27, 100
多様な主体	134
タレウケ	174
だんだんばたけ（段々畑）	132
地域	
——アイデンティティ	128, 157
——開発	18
——コミュニティ	85
——住民の生活	86
——通貨	13, 148

──への愛着 …………………… 151
──用水 ……………………… 29
「小さな」共同性 …………………… 69
地下資源 …………………………… 182
地下水 ………………… 12, 182, 198
中山間地域 ……………………… 4, 120
中世荘園制村落 …………………… 31
通学・通勤圏 …………………… 96
ツカイイケ（使い池）………… 210, 214
辻ヶ下 …………………… 32, 34, 35
低位利用・放置（アンダーユース）…iii,
　　158, 165
天神川 ……………………… 38, 48
天水（雨水）…………………… 38
天水田 ……… 48, 67, 101, 173, 175, 177
同意 ……………………………… 114
同質性 …………………………… 185
都市
　　──開発 ……………………… 133
　　──近郊 ……………… 134, 136, 137
　　──住民 …………………… 150
　　──住民と地元住民の協働 ……… 140
　　──・農村交流 …………… 146
土地
　　──所有観 …………………… 85
　　──の境界 …………………… 106
　　──の言葉 …………………… 130
　　──の歴史 …………………… 134
土地改良 …………………… 92, 94
　　──区 ………… 94, 97, 98, 102, 103
　　──事業 ……… ii, iii, 87, 88, 91, 112, 183
　　──政策 ……………………… 90
賭博→博打
泥田祭→仰木祭

な行

ニーズ ……………………… 156, 165
日常 ……………………………… 56
　　──時 ……………………… 51
ニュータウン 143, 149, 150, 155, 196, 216
認識 ……………………………… 8
「ねじれた」状況 ………………… 166
農業水利 ……………………… 28, 86
　　──秩序 …………………… 28
農業の近代化 …………………… 96
農業用水 ……………………… 12, 92
農村の文化的景観→美しい村づくり
農地改革 ………………………… 42
農地転用 ………………………… 90
農地の荒廃 ……………………… 90
ノスタルジー ………………… 11, 129
ノラのヤマ化 …………………… 68

は行

排除／包摂 ……………………… 14
排水 ……………………… 127, 172
博打（バクチ、賭博）……… 175, 177
場所の履歴 ……………………… iii
パッケージ化 …………………… 7
発言権 ……………… 108, 109, 111
番 ……………………………… 64
番水（バンスイ）……………… 52, 56
　　──表 ……………………… 61
番次（バンツギ）…………… 52, 57, 62
樋（ヒ、トユ、トユ）……… 50, 60, 214
東アジアの近代化 ……………… 186
非常時 ……………… 51, 56, 104, 115
人と水との関係性 ……………… 175
「秘密」の要素 ………………… 177

索　引　281

ヒヤケ（日焼け）	174, 215
平尾	32, 34, 35
平尾 里山・棚田守り人の会	146
平場水利	70
琵琶湖総合開発	10, 95
——計画	ii
貧者救済	164
不安定	215
風景	181
風土性	29, 30
復元	129
複数性	111
伏流水	12, 23, 127, 198, 208, 209, 213, 214
古田優位	49, 59
フロー	110
ブロック化	110
文化	
——遺産	17, 128
——資源	17
——的景観	181
——的承認	129
——としての自然	7, 128
分割可能	110
分割不能性	185
「平常」時	104, 115
ベッドタウン	96
変動性	87, 117
ほ場整備	iii, 42, 96, 97, 99, 100, 104, 105, 108, 112, 113, 120
——事業（圃場整備事業）	ii, 17, 93-95, 101, 105-107, 112, 119
ボランティア	147-154
——への依存	153

ま行

末端水利	30, 70, 91, 94, 105, 106
まなざし	7, 18, 26, 127, 128, 130, 163
水	15
——環境史	15, 16, 186
——環境問題	3
——管理	170
——資源開発	4
——資源管理	170
——資源利用システムの再構築	187
——の境界	106
——のシマツ	208
——の商品化	183-185
——の道	213
もらい——	208
漏れ——	174, 175, 178, 179, 180, 214
水がかり	180
——関係	172
——共同性	179, 180
——の関係性	109
「溝がかり」制	86
「溝がかり」論	182
水土里（みどり）ネット	94
源満仲	33
宮座	72
むら	iii, 102
むらの「総意」	108
物語化の装置	136, 154
守り	153

や行

ヤマアガリ慣行	163
ヤマノノラ化	68
湧水	23, 127, 215

用水 …………………………… 97, 172
　――権 ……………………………… 173
用排分離 …………………………… 99
余暇 ………………………………… 175
余剰人口 …………………………… 89
欲張らない農業 ………………… 144

ら行

リスク …………………………… 9, 165
　――への許容度 ………………… 188
　――保障の処方箋 ……………… 186
リゾート開発 ……………………… 9

リピーター ……………………… 151
流域 ………………………… 8, 151, 156
　――ガバナンス ………………… 156
利用権 ……………………………… 86
林野 ………………………………… 44
累積の秩序 ……………………… 183
ルースな管理 ……………………… 87
零細化 ……………………………… 42
ローカル・コミュニティ ………… 18
ローカルな資源利用 ……… 163, 188
ローカルなシステム ……………… 14
ローカルな心性 …………………… 18

索　引　283

■著者紹介

山本早苗（やまもと　さなえ）

常葉大学社会環境学部講師。
2007年関西学院大学大学院社会学研究科博士課程後期課程修了、博士（社会学）。2008年から2010年まで、北京師範大学文学院高級研修生として中国に留学し民俗学を学び、甘粛省の農山村にてフィールドワークに取り組む。2010年9月より現職。専門は環境社会学。
おもな著作に「棚田における水の共同性――琵琶湖辺集落・仰木1200年の歴史を刻むムラ」（秋道智彌編『資源人類学――資源とコモンズ』第8巻、弘文堂、2007年）、「棚田に生きる人々と水とのつきあい方」（山泰幸・川田牧人・古川彰編『環境民俗学――新しいフィールド学へ』昭和堂、2008年）、「流域環境としての里山――琵琶湖辺コミュニティの取り組み」（牛尾洋也・鈴木龍也編『里山のガバナンス――里山学のひらく地平』晃洋書房、2012年）など。

棚田の水環境史――琵琶湖辺にみる開発・災害・保全の1200年

2013年2月28日　初版第1刷発行

著　者　山本早苗
発行者　齊藤万壽子
〒606-8224　京都市左京区北白川京大農学部前
発行所　株式会社昭和堂
振込口座　01060-5-9347
TEL（075）706-8818／FAX（075）706-8878
ホームページ　http://www.showado-kyoto.jp

印刷　亜細亜印刷

Ⓒ 山本早苗　2013
ISBN 978-4-8122-1257-8
＊落丁本・乱丁本はお取り替え致します
Printed in Japan

本書のコピー，スキャン，デジタル化等の無断複製は著作権法上での例外を除き禁じられています。本書を代行業者等の第三者に依頼してスキャンやデジタル化することは，たとえ個人や家庭内での利用でも著作権法違反です。

丸山徳次 宮浦富保 編	里山学のまなざし〈森のある大学〉から	定価三三一〇円
帯谷博明 著	ダム建設をめぐる環境運動と地域再生 対立と協働のダイナミズム	定価三一五〇円
宮内泰介 編	半栽培の環境社会学 これからの人と自然	定価二六二五円
葉山茂 著	現代日本漁業誌 海と共に生きる人々の七十年	定価五〇四〇円
山泰幸 川田牧人 古川彰 編	環境民俗学 新しいフィールド学へ	定価二七三〇円
秋道智彌 著	生態史から読み解く環・境・学 なわばりとつながりの知	定価二七三〇円

昭和堂

（定価には消費税5%が含まれています）